面向"十二五"高职高专规划教材·计算机系列

服务器配置与管理

（Windows）

（第2版）

李文池　编著

清华大学出版社

北京交通大学出版社

·北京·

内 容 简 介

本书以企业内部网络的组建和管理为出发点，对实际工作任务进行归纳，转换为易于实现的学习情景，通过学习情景导入，由浅入深、系统地介绍 Windows Server 2012 R2 的安装、使用，以及 Windows Server 2012 R2 中的主要网络服务的安装、配置与管理。

本书在内容安排上立足于高职教育，本着"以实践为主，理论服务实践"的原则，确保学生学以致用，内容由浅入深。全书共 13 章，包括：服务器操作系统概述、Windows Server 2012 R2 的安装与配置、管理服务器磁盘存储、管理本地账户、文件服务器的配置与管理、DNS 服务器的配置与管理、使用 Active Directory 管理网络、为网络中的计算机自动分配 IP 地址、打印服务器的配置与管理、架设企业网站和 FTP 站点、用 Exchange Server 建立企业邮局、备份与灾难恢复、使用 Hyper-V 实施服务器虚拟化等内容。

本书可作为高职院校计算机网络技术及相关专业的教材，也可供从事计算机网络工程设计、安全管理和系统运维的技术人员使用。

图书在版编目（CIP）数据

服务器配置与管理：Windows/李文池编著 . —2 版 . —北京：北京交通大学出版社：清华大学出版社，2017. 9（2022. 8 重印）

ISBN 978-7-5121-3287-0

Ⅰ. ①服… Ⅱ. ①李… Ⅲ. ①Windows 操作系统-网络服务器 Ⅳ. ①TP316. 86

中国版本图书馆 CIP 数据核字（2017）第 162794 号

服务器配置与管理
FUWUQI PEIZHI YU GUANLI

责任编辑：谭文芳

出版发行：清 华 大 学 出 版 社　　邮编：100084　　电话：010-62776969　　http://www.tup.com.cn
　　　　　北京交通大学出版社　　邮编：100044　　电话：010-51686414　　http://www.bjtup.com.cn
印 刷 者：北京虎彩文化传播有限公司
经　　销：全国新华书店
开　　本：185 mm×260 mm　　印张：20　　字数：506 千字
版　　次：2017 年 9 月第 2 版　　2022 年 8 月第 3 次印刷
书　　号：ISBN 978-7-5121-3287-0/TP・846
定　　价：45.00 元

本书如有质量问题，请向北京交通大学出版社质监组反映。对您的意见和批评，我们表示欢迎和感谢。
投诉电话：010-51686043，51686008；传真：010-62225406；E-mail：press@bjtu.edu.cn。

第 2 版前言

由于 Windows Server 系列操作系统易学易用，针对企业级的网络应用和管理提供了一体化的解决方案，拥有极高的安全性和稳定性，在企业服务器操作系统市场上长期占据统治地位。

Windows Server 2012 R2 是微软最新一代服务器操作系统，提供了企业级数据中心，以及从私有云到公有云的解决方案，易于部署，成本低，可用性高，是灵活高效的现代办公基础。其功能涵盖服务器虚拟化、存储、软件定义网络、服务器管理和自动化、Web 和应用程序平台、访问和信息保护、虚拟桌面基础结构等。随着市场的高度认可，Windows Server 2012 R2 将逐渐成为企业网络更新升级的首选服务器操作系统。

目前，许多高职院校将 Windows Server 配置列为计算机网络专业核心课程。由于 Windows Server 更新频繁，导致相关教材总是很缺乏，适合在实验环境学习，又贴近实际工作任务的教材就更少。为满足职业教育的需要，作者编写了这本"基于工作任务，学习情景化"的 Windows Server 2012 R2 服务器配置与管理教材。本书以企业内部网络的组建和管理为出发点，对实际工作任务进行归纳，转换为易于实现的学习情景，通过学习情景导入，由浅入深、系统地介绍 Windows Server 2012 R2 的安装、使用，以及 Windows Server 2012 R2 上主要网络服务的安装、配置与管理。

全书共 13 章，包括：服务器操作系统概述、Windows Server 2012 R2 的安装与配置、管理服务器磁盘存储、管理本地账户、文件服务器的配置与管理、DNS 服务器的配置与管理、使用 Active Directory 管理网络、为网络中的计算机自动分配 IP 地址、打印服务器的配置与管理、架设企业网站和 FTP 站点、用 Exchange Server 建立企业邮局、备份与灾难恢复、使用 Hyper – V 实施服务器虚拟化等内容。

本书在内容安排上本着"以实践为主，理论服务实践"的原则，确保学生学以致用，内容由浅入深，从各种服务与应用的基本概念、安装配置、基本管理与维护到实际应用案例的配置，每一章都根据工作任务设计了学习情景，提供了易于实现的网络拓扑图，在每一章最后还设计了相应的实训案例。

本书建议学时数为 60 学时左右，采用"教、学、做"一体化教学，具体教学内容的组织和课时安排可视情况适当调整。

本书在编写过程中，得到了许多老师的关心和帮助，并提出许多宝贵的修改意见，对于他们的关心、帮助和支持，编者表示十分感谢！

在编写本书的过程中，参考了大量的相关资料，从中汲取了许多宝贵经验，在此对这些资料的作者谨表谢意。由于作者水平有限，书中的不妥和错误在所难免，恳请各位专家、读者不吝指正，以不断提高本书的质量。作者联系邮箱：lwckl@ 163. com，QQ：462592798。

编　者

2017 年 7 月

目　　录

第1章　服务器操作系统概述

服务器作为网络的核心，为网络提供内容和服务。作为网络管理员，我们应知道服务器是如何工作的，服务器需要运行什么样的操作系统，以及如何向网络提供服务。

学习目标：
- 理解服务器在网络中的地位和作用
- 理解服务器操作系统的功能
- 掌握选择服务器操作系统的基本原则

1.1　认识计算机在网络中的角色

当使用个人计算机浏览网页时，计算机在使用网络提供的服务，这时计算机就是客户机，在网络中提供网页的计算机就是服务器，通常称为 Web 服务器。

服务器是网络中为客户机提供各种服务的计算机，它承担网络中数据的存储、转发和发布等关键任务，是网络应用的基础和核心。服务器能为用户提供什么样的服务，与服务器上运行的服务程序有关，每一种服务程序都是为解决某种具体的应用问题而设计的，比如收发电子邮件、提供文件共享，等等。用户在客户机上使用相应的客户端程序访问服务器来获得服务。图 1-1 所示为某企业网络的服务器方案，其中包含了常见的服务器角色。

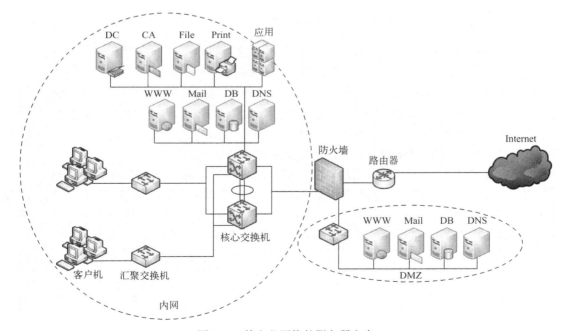

图 1-1　某企业网络的服务器方案

　　在计算机系统中，把正在运行的计算机程序称为进程（process）。因此，客户机与服务器的通信可以进一步看作客户进程与服务进程之间的通信，它们使用专用的应用层协议通信，比如 HTTP、FTP、SMTP 等。

　　在网络中，网络服务系统通常采用客户－服务器（Client/Server）模式构建，简称 C/S 模式。特定服务系统的客户与服务器之间使用特定应用层协议通信。这里的客户（Client）和服务器（Server）都是指通信中所涉及的两个应用进程，即服务器端的服务进程和客户端的客户进程。

　　客户－服务器模式所描述的是进程之间服务和服务使用者的关系，如图 1-2 所示。客户是服务请求方，服务器是服务提供方。

图 1-2　客户与服务器的关系

　　客户－服务器模式是所有 Internet 和 Intranet 服务的基本结构，图 1-3 显示的是基于 C/S 模式的常见网络服务（应用）系统的结构。

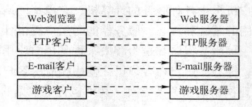

图 1-3　基于 C/S 模式的网络服务系统的结构

　　当将应用程序置于 Web 服务器之后，让用户通过浏览器来访问应用程序时，就形成了一种新的应用系统结构，即浏览器－服务器（Browser/Server）模式，简称 B/S 模式。

　　B/S 模式是随着 Internet 技术兴起的，对 C/S 进行改进的应用体系结构。在这种模式下，用户工作界面是通过浏览器来实现的，不需要专门的客户软件，用户使用浏览器访问 Web 服务器，将用户操作信息提交给 Web 服务器，Web 服务器通过一些中间组件访问后台应用服务器，并将操作结果以 HTML 页面的形式返回给前端浏览器。

　　由于在前端采用了统一的浏览器界面，所以用户在使用时只需要掌握一些简单的 Web 页面操作方法，这样就大大降低了培训成本。由于应用系统的配置和管理全部集中在服务器端进行，不需要对用户端进行特殊的设置，也不需要安装专用的客户端软件，所以可以降低系统维护成本。图 1-4 显示的是基于 B/S 模式的网络服务（应用）系统的结构。

图 1-4　基于 B/S 模式的网络服务系统的结构

1.2　认识服务器操作系统

服务器操作系统又称为 NOS（network operating system，网络操作系统），是服务器得以运行的系统软件。服务器操作系统安装在网络服务器上，管理网络资源和网络应用，控制网络上计算机的通信和网络用户的访问。

服务器操作系统与运行在工作站上的单用户操作系统（如 Windows 桌面系统）不同。一般情况下，服务器操作系统的目的是使网络相关特性达到最佳，如共享数据文件、软件应用，以及共享硬盘、打印机、调制解调器、扫描仪和传真机等。工作站上的操作系统（比如 Windows 7）的目的是让用户与系统，以及用户与各种应用之间的交互效果达到最佳。

1.2.1　服务器操作系统功能与特性

1. 服务器操作系统的基本功能

服务器操作系统的基本任务是用统一的方法管理网络中计算机之间的通信和共享资源的利用。服务器操作系统除了应提供单机操作系统的各项功能外，还应具有以下主要功能。

（1）网络通信

网络通信的主要任务是给通信双方之间提供无差错的、透明的数据传输服务，主要功能包括建立和拆除通信链路，对传输中的分组进行路由选择及流量控制，传输数据的差错检测和纠正等。这些功能通常由链路层、网络层和传输层硬件，以及相应的网络软件共同完成。

（2）共享资源管理

共享资源管理是指采用有效的方法统一管理网络中的共享资源（硬件和软件），协调各用户对共享资源的使用，使用户在访问远程共享资源时就好像访问本地资源一样方便。

（3）网络管理

网络管理最基本的功能是安全管理，主要反映在通过“存取控制”来确保数据的安全，通过“容错技术”来保证系统故障时的数据安全。此外，还包括对网络设备故障进行检测，对使用情况进行统计，以及为提高网络性能和记账而提供必要的信息。

（4）网络服务

直接面向用户提供多种服务，例如电子邮件服务，文件的传输、存取和管理服务，共享硬件服务以及共享打印服务。

（5）互操作

互操作就是把若干相像或不同的设备和网络互联，用户可以透明地访问各服务点、主机，以实现更大范围的用户通信和资源共享。

（6）提供网络接口

向用户提供一组方便有效的、统一的取得网络服务的接口，以改善用户界面，如命令接口、菜单和窗口等。

2. 服务器操作系统的基本特性

（1）开放性

为了便于把配置了不同操作系统的计算机系统互联起来形成计算机网络，使不同的系统之间能协调地工作，实现应用的可移植性和互操作性，而且能进一步将各种网络互联起来组成互联网。国际标准化组织（ISO）推出了开放系统互联参考模型（OSI/RM），服务器操作系统应遵循 OSI/RM。

（2）一致性

由于网络可能是由多种不同的系统所构成，为了方便用户对网络的使用和维护，要求网络具有一致性。所谓网络的一致性，是指网络向用户，低层向高层提供一个一致性的服务接口。

（3）透明性

一般来说，透明性即指某一实际存在的实体的不可见性，也就是对使用者来说，该实体看起来是不存在的。在网络环境下的透明性，表现十分明显，而且显得十分重要，几乎网络提供的所有服务无不具有透明性，即用户只需要知道他应得到什么样的网络服务，而无须了解该服务的实现细节和所需资源。例如，一个网络工作站的用户在访问远程的共享文件夹时，就像访问本地的文件夹一样，两者采用同样的操作方法，使用户感觉不到他所访问的文件位于远程的服务器上，而网络为实现该功能要执行大量的操作。

1.2.2　主要的服务器操作系统

1. UNIX

UNIX 1969 年诞生于美国 AT&T 公司的贝尔实验室，是一个多用户、多任务的操作系统。UNIX 已发展为两个重要的分支，一个分支是 AT&T 公司的 UNIX System V，在微机上主要采用该版本；另一个分支是 UNIX 伯克利版本（BSD），主要运行于大中型计算机上。

UNIX 操作系统在结构上分为核心层和应用层。核心层直接与硬件打交道，提供系统级服务；应用层提供用户接口。核心层把应用层与硬件隔离，使应用层独立于硬件，便于移植。网络传输协议已被结合到 UNIX 的核心之中，因而 UNIX 操作系统本身具有通信功能。

UNIX 操作系统可以运行在从个人计算机到超级计算机的非常广泛的服务器平台上，并支持网络文件系统（NFS）和提供数据库应用。

目前它的商标权由国际开放标准组织所拥有，只有符合单一 UNIX 规范的 UNIX 系统才能使用 UNIX 这个名称，否则只能称为类 UNIX（UNIX – like）。

比较有名的类 UNIX 有以下几种。

AIX（Advanced Interactive eXecutive）是 IBM 开发的一套 UNIX 操作系统。它符合 Open group 的 UNIX 98 行业标准。它可以在所有的 IBM p 系列和 IBM RS/6000 工作站、服务器和大型并行超级计算机上运行。

Solaris 是 SUN 公司研制的类 UNIX 操作系统。2009 年，SUN 公司被 Oracle 公司收购，目前最新的版本为 Oracle Solaris 11.3。Solaris 运行在两个平台：Intel x86 及 SPARC/Ultra-SPARC。

HP – UX 取自 Hewlett Packard UNIX，是 HP 公司以 System V 为基础所研发成的类 UNIX 操作系统。HP – UX 可以在 HP 的 PA – RISC 处理器、Intel 的 Itanium 处理器的计算机上运行，另外过去也能用于后期的阿波罗计算机（Apollo/Domain）系统上。

2. Linux

Linux 是一个自由的、遵循 GNU 和 GPL（general public license，通用公共许可证）原

则，并且类似于 UNIX 的一个操作系统。Linux 最初由芬兰的赫尔辛基大学的学生 Linus Tor-valds 开发，1991 发行了版本 0.11。目前存在许多发行版本，比如：Red Hat Linux、Ubuntu Linux、Debian Linux，等等。

Linux 是一个优秀的操作系统，它具有开放性，支持多用户、多进程、多线程，实时性较好，功能强大而稳定。

Linux 可在 GNU 自由软件基金会组织公共许可权限 GPL 下免费获得，是一个符合 POSIX（portable operating system interface of unix，UNIX 可移植操作系统接口）标准的操作系统。

Linux 操作系统软件包还包括了文本编辑器、高级语言编译器等应用软件。

Linux 使用 x – Windows 图形用户界面，如同使用 Windows Server 一样，允许使用窗口、图标和菜单对系统进行操作。

3. Windows Server

Windows Server 系列操作系统包括 Windows NT 4.0、Windows 2000 Server 和 Windows Server 2003、Windows Server 2008、Windows Server 2008 R2、Windows Server 2012 和 Windows Server 2012 R2 等，Windows Server 系列的设计目标主要是针对网络中的服务器而使用的服务器操作系统。

Windows Server 的特点是：硬件的独立性较强，能在不同的硬件平台上运行；具有强大的可管理特性，如系统备份、高可用性、性能控制等。

Windows Server 是一个高性能的客户 – 服务器应用平台，支持多种网络协议，具有 C2 级安全性，具有活动目录服务功能；通过活动目录对用户资源进行控制，并提供简单的方法来控制用户对网络的访问；具有良好的用户界面，支持多窗口操作；具有自动再连接特性，即当服务器从故障中恢复正常时，能重新建立与工作站的通信。Windows Server 对硬件的要求较高，所占的内存较大。

1.3　如何选择服务器操作系统

每个操作系统都有其优势应用范围，不能片面地说 Windows 或 Linux 系统哪一个最好，所以面对不同的应用环境，选择合适的操作系统很重要。就大部分应用部署来说，用 Windows 和 Linux 都可以完成，但基于长期发展的眼光，需要在操作系统中做出抉择。影响抉择的因素有很多，比如服务器是在企业内部部署还是部署在 Internet 上，应用程序对平台的特殊要求，应用系统集成方面的要求，成本、技术风险、运行维护费用，等等。

一般来说，企业内部组网要求对服务器、客户端计算机、用户高度可控，各种信息系统之间能紧密互联，提供足够的稳定性和可用性，网络规模会随企业成长而扩大，要求有较强的伸缩性。微软的 Windows Server 为企业提供了系统化的解决方案，针对不同规模的企业、不同应用场情提供了多样化的选择，还有一系列以 Windows Server 平台为基础的企业级应用 Exchange Server、Lync Server、SQL Server、SharePoint、Office、System Center 供用户选择，构建内部高效办公环境 Windows Server 有着极大的技术优势。Windows 简单易用，具有较强的伸缩性，适合各种规模的企业网络，人力成本和维护成本低廉，但系统成本高。系统本身占用资源较多，如果公司运营得不错，突然压力激增，需要部署更多的服务器，Windows 在这方面会带来不小的成本支出。

　　而部署在 Internet 上的服务器，通常是用于提供单一的服务，对安全性、稳定性、系统效率要求较高，还要求系统功能可定制，方便远程自动化管理。这方面，Linux 系统有明显的优势。Linux 人力成本和维护成本相比 Windows 要高一些，但 Linux 系统本身是免费的，特别是应用、集群、数据库系统都是免费的，这点受到很多用户的青睐。

　　当然，建设成本和运行成本也是选择服务器操作系统的重要因素。要考虑系统的稳定性和坚固性能否让人力和运营成本最低，使公司利润达到最大化。

　　选择服务器操作系统时应当尽量避免出现平台迁移风险。因为一旦选择了操作系统的平台，基本后期迁移的可能性就很小，迁移平台必然会造成人力和运营成本的增大。初期的偷工减料，必然造成后期大规模部署时系统的不兼容，再进行改造，开支巨大，浪费更多。

　　HP－UX/AIX 在大规模集群和并行计算方面做得非常出色，架设简单，维护易用。但操作系统是随服务器一起购买，成本计入服务器金额，人力成本偏高。

　　由此可见，正确地选择服务器操作系统既能实现建设网络的目标，又能省钱、省力，还能提高系统的效率。

　　选择服务器操作系统的准则随着市场、技术及生产厂商的变化而变化，在许多情况下，要根据实际情况决定，既要分析原有网络系统的情况，又要分析服务器操作系统的情况。对原有网络系统的分析，着重在两个方面：一是需要实现的目标，即要建立具有什么功能的网络；二是现有网络系统的配置、实现的难易程度、技术配备等。

　　在对原有网络系统进行分析后，再考察服务器操作系统的现状，主要考察以下 4 个方面：

　　① 服务器操作系统的主要功能、优势及配置，能否与用户需求达成基本一致。

　　② 服务器操作系统的生命周期。服务器操作系统正常发挥作用的周期越长越好，需要了解技术主流、技术支持及服务等方面的情况。

　　③ 分析服务器操作系统能否顺应网络计算的潮流。

　　④ 对当前市场流行的服务器操作系统平台的性能和品质，比如，运行速度、可靠性、安全性、安装、配置与管理的难易程度等方面，列表进行分析，综合比较，选择性能价格比最优者。

习题

一、单项选择题

1. 对于中小企业来说，网络规模较小，用于为中小企业提供 Web、Mail 等服务的服务器一般应选用（　　）。

　　A. 入门级服务器　　　　　　　　　　B. 工作组级服务器

　　C. 部门级服务器　　　　　　　　　　D. 企业级服务器

2. C/S 模式是指（　　）。

　　A. 浏览器－服务器模式　　　　　　　B. 客户－服务器模式

　　C. 终端－服务器模式　　　　　　　　D. 控制器－服务器模式

3. B/S 模式是指（　　）。

　　A. 浏览器－服务器模式　　　　　　　B. 客户－服务器模式

C. 终端 – 服务器模式　　　　　　　　D. 控制器 – 服务器模式

4. 在下面的选项中，（　　　）全部属于应用层的协议。

A. SMTP，TCP，UDP，ICMP　　　　B. IP，FTP，IGMP，Telnet

C. SNMP，DNS，DHCP，FTP　　　　D. ARP，IGMP，SNMP，SMTP

5. 在 Windows 系统中，使用（　　　）命令可以查看到系统的 TCP/IP 配置。

A. ping　　　　　B. ipconfig　　　　　C. netstat　　　　　D. tracert

6. 在 TCP/IP 网络中使用（　　　）组合来唯一地标识网络中正在通信的应用进程。

A. MAC 地址与进程 ID　　　　　　　B. IP 地址与端口号

C. MAC 地址与端口号　　　　　　　　D. IP 地址与进程 ID

7. （　　　）将 IP 地址动态地映射到 NetBIOS 名称，并可跨网段解析 NetBIOS 名称。

A. 广播解析　　　　　　　　　　　　B. LMHOST

C. WINS　　　　　　　　　　　　　　D. 以上都可以

二、多项选择题

1. 提高服务器性能的主要措施有（　　　）。

A. 部件冗余技术　　　　　　　　　　B. RAID 技术

C. 内存纠错技术　　　　　　　　　　D. 管理软件

2. 下列操作系统中，（　　　）是服务器操作系统。

A. Windows Server 2012　　　　　　B. Windows 2000 Professional

C. Windows XP　　　　　　　　　　D. Windows 7

E. Windows Server 2003　　　　　　F. Windows NT Server 4.0

三、问答题

1. B/S 模式与 C/S 模式比较有什么优点？

2. TCP/IP 网络中发送方与接收方在通信时，是如何进行寻址的？

3. 目前主要的服务器操作系统有哪些？各有些什么优势？

第 2 章 Windows Server 2012 R2 的安装与配置

部署和管理 Windows Server 2012 R2 服务器的第一步就是在服务器上安装 Windows Server 2012 R2，并进行初始化配置，使得服务器能被网络中的客户机正常访问。

学习目标：

- 了解 Windows Server 2012 R2 各版本的特点及适用范围
- 掌握 Windows Server 2012 R2 安装前注意事项
- 掌握安装或升级 Windows Server 2012 R2 的操作
- 掌握 Windows Server 2012 R2 初始化配置

学习环境（见图 2-1）：

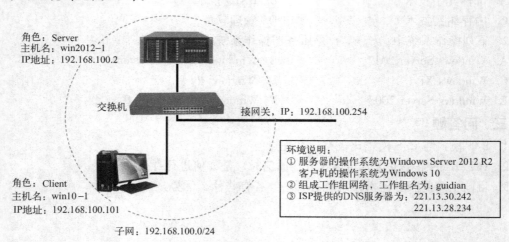

角色：Server
主机名：win2012-1
IP地址：192.168.100.2

交换机

接网关，IP：192.168.100.254

环境说明：
① 服务器的操作系统为Windows Server 2012 R2
   客户机的操作系统为Windows 10
② 组成工作组网络，工作组名为：guidian
③ ISP提供的DNS服务器为：221.13.30.242
                           221.13.28.234

角色：Client
主机名：win10-1
IP地址：192.168.100.101

子网：192.168.100.0/24

图 2-1　安装 Windows Server 2012 R2 学习环境

2.1　认识 Windows Server 2012 R2

Windows Server 2012 R2 是微软新一代服务器操作系统，发布于 2013 年 10 月 18 日，是 Windows Server 2012 的升级版本。

Windows Server 2012 R2 提供了企业级数据中心和混合云解决方案，易于部署，成本低，可用性高。其功能涵盖服务器虚拟化、存储、软件定义网络、服务器管理和自动化、Web 和应用程序平台、访问和信息保护、虚拟桌面基础结构等。

2.1.1　Windows Server 2012 R2 的版本

Windows Server 2012 R2 的版本比 2008 版本少了许多。微软将 Windows Server 2012 R2

简化到了四个版别：Datacenter 版、Standard 版、Essentials 版和 Foundation 版。表 2-1 列出了 Windows Server 2012 R2 各版本之间的差异以及适用场合。

表 2-1　Windows Server 2012 R2 的版本差异

版　　本	适 用 场 合	主 要 差 异	连接用户上限
Datacenter 数据中心版	高度虚拟化的云端环境	完整功能，支持 64 个 CPU、2 TB 内存。虚拟机数量没有限制	不限
Standard 标准版	无虚拟化或低度虚拟化的环境	完整功能，支持 64 个 CPU、2 TB 内存。仅支持 2 个虚拟机	不限
Essentials 精华版	小型企业环境	不支持虚拟环境和服务器内核模式，仅支持 2 个处理器，64 GB 内存	25 个
Foundation 基础版	一般用途的经济环境，仅提供给 OEM 厂商	不支持虚拟环境和服务器内核模式，仅支持 1 个处理器，32 GB 内存	15 个

2.1.2　Windows Server 2012 R2 对系统的硬件要求

表 2-2 列出了 Windows Server 2012 R2 对系统的硬件要求。如果计算机未满足"最低"要求，将无法正确安装 Windows Server 2012 R2。实际要求因系统配置和所安装应用程序及功能而异。

表 2-2　Windows Server 2012 R2 对系统的硬件要求

要求的硬件	最 低 配 置	推 荐 配 置
CPU 速度	1.4 GHz（×64）	≥2 GHz
RAM 容量	512 MB	≥2 GB
可用磁盘空间	32 GB	≥40 GB
显示器	VGA（1024×768）或更高	
光驱	DVD - ROM	
其他	键盘、鼠标、可以连接 Internet	

注意：

① 处理器性能不仅取决于处理器的时钟频率，还取决于处理器内核数以及处理器缓存大小。

② 如果要使用支持的最低硬件配置（1 个处理器核心，512 MB RAM）创建一个虚拟机，然后尝试在该虚拟机上安装此版本，则安装将会失败。为了避免这个问题，应该为虚拟机分配 800 MB 以上的 RAM。在完成安装后，可以根据实际服务器配置更改 RAM 分配，最小分配量可为 512 MB。

③ 可用磁盘空间 32 GB 是指可确保成功安装的绝对最低值。满足此最低值应该能够以服务器核心模式安装包含 Web 服务（IIS）服务器角色的 Windows Server 2012 R2。服务器核心模式安装比完全安装模式安装所占磁盘空间大约小 4 GB。

2.1.3　Windows Server 2012 R2 的安装选项

1. 支持的安装模式

Windows Server 2012 R2 提供完全安装和服务器核心（server core）安装两种安装模式。

（1）完全安装

这是一般的安装模式，安装完成后的 Windows Server 2012 R2 具有内置的图形用户界面（GUI）。它可以充当各种服务器角色，例如 DHCP 服务器、DNS 服务器、域控制器等，能使用各种图形化管理工具管理服务器。

（2）服务器核心安装模式

可以把服务器核心安装看成是 Windows Server 2012 R2 的最小化环境安装，其显著特点是没有图形化用户界面，只能在命令提示符或 Windows PowerShell 下使用命令来管理服务器。它能有效地提高安全性和降低管理复杂度，实现最大程度的稳定性，还可以减少硬盘空间的占用。

服务器核心能够帮助企业快速地实现四种服务器角色的部署，即文件服务器、DHCP 服务器、DNS 服务器和域控制器。

2. 全新安装与升级安装

用户可以选择全新安装或是将原有的 Windows 操作系统升级到 Windows Server 2012 R2。

（1）全新安装

全新安装是将新的操作系统装入计算机，如果原来已经安装了操作系统，则以前的操作系统和应用程序会被删除。

（2）升级安装

升级安装是从原有的操作系统发行版过渡到更新的发行版，同时使用相同的硬件，安装过程会尽可能保留原系统中的应用程序，当然不被支持的应用程序会被删除。升级安装具有一定的失败风险，升级前应对系统做一次完全备份，以备升级失败后还原系统。

例如，如果服务器运行的是 Windows Server 2012，可以将它升级到 Windows Server 2012 R2。也可以从操作系统评估版升级到零售版，从早期的零售版升级到较新版本，在某些情况下，还可以从操作系统批量授权版升级到普通零售版。

Windows Server 2012 R2 不支持从 32 位到 64 位体系结构的就地升级，所有 Windows Server 2012 R2 版本都只能是 64 位；不支持从一种语言到另一种语言的就地升级；也不支持从 Windows Server 2012 R2 的预发布版本进行升级。

表 2-3 简单列出了哪些授权的 Windows 操作系统（即非评估版）可以升级到 Windows Server 2012 R2。

表 2-3　可以升级到 Windows Server 2012 R2 的版本

原系统版本	可以升级到的版本
Windows Server 2008 R2 Datacenter SP1	Windows Server 2012 R2 Datacenter
Windows Server 2008 R2 Enterprise SP1	Windows Server 2012 R2 Standard 或 Windows Server 2012 R2 Datacenter
Windows Server 2008 R2 Standard SP1	Windows Server 2012 R2 Standard 或 Windows Server 2012 R2 Datacenter
Windows Web Server 2008 R2 SP1	Windows Server 2012 R2 Standard
Windows Server 2012 Datacenter	Windows Server 2012 R2 Datacenter
Windows Server 2012 Standard	Windows Server 2012 R2 Standard 或 Windows Server 2012 R2 Datacenter
Hyper－V Server 2012	Hyper－V Server 2012 R2
Windows Storage Server 2012 Standard	Windows Storage Server 2012 R2 Standard
Windows Storage Server 2012 Workgroup	Windows Storage Server 2012 R2 Workgroup

2.1.4　Windows Server 2012 R2 安装时的注意事项

在安装 Windows Server 2012 R2 之前，需要做以下准备工作。

1. 断开 UPS 设备

如果目标计算机与不间断电源（UPS）相连，那么在运行安装程序之前，需要断开串行电缆。安装程序会自动尝试检测连接到串行端口的设备，而 UPS 设备可能导致在检测过程中出现问题。

2. 备份服务器

在备份中应当包含计算机运行所需的全部数据和配置信息。对于服务器，尤其是提供网络基础服务的服务器（比如 DHCP 服务器），进行配置信息的备份十分重要。执行备份时，务必包含启动分区和系统分区以及系统状态数据。备份配置信息的另一种方法是创建用于自动系统恢复的备份集。

3. 停止病毒保护软件

病毒保护软件可能会干扰安装过程。例如，扫描复制到本地计算机的每个文件，可能会明显减慢安装速度。

4. 准备好大容量存储设备的驱动程序

如果制造商提供了单独的驱动程序文件，需要将该文件保存到 CD、DVD 或 USB（通用串行总线）闪存驱动器的媒体根目录中或 amd64 文件夹中。若要在安装期间提供驱动程序，在【磁盘选择】界面中，单击【加载驱动程序】或按 F6 键。可以通过浏览找到该驱动程序，也可以让安装程序在媒体中搜索。

5. 规划磁盘分区

出于安全考虑，通常将操作系统与数据分隔开来，让操作系统单独占用一个分区，即系统分区。系统分区大小除了要保证能安装操作系统外，还要有一定的剩余空间来保证系统正常运行，大概占 30%。建议该分区大于 40 GB。

6. 获取安装序列号

在安装前找到 Windows Server 2012 R2 安装序列号，如果购买的是盒装 Windows Server 2012 R2 产品，产品序列号可以在包装盒中找到，如果通过网络购买 Windows Server 2012 R2 产品，产品序列号则是由微软发到购买者的电子邮箱。

2.2　安装 Windows Server 2012 R2

2.2.1　全新安装 Windows Server 2012 R2

使用 Windows Server 2012 R2 安装光盘，在服务器 win2012-1 上执行全新安装的操作步骤如下。

步骤 1：设置从光盘引导计算机。启动服务器 win2012-1 进入 BIOS 设置，把光盘驱动器设置为第一启动设备，保存设置。

步骤2：将光盘插入 win2012-1 的光驱中，重新启动计算机。如果硬盘中没有安装任何操作系统，计算机会直接从光盘启动到安装界面；如果硬盘内安装有操作系统，计算机就会显示"Press any key to boot from CD or DVD…"的提示信息，按任意键从 DVD - ROM 启动。

步骤3：系统显示如图 2-2 所示的【Windows 安装程序】界面，可以根据需要选择安装语言、时间格式和输入方法。然后单击【下一步】按钮。

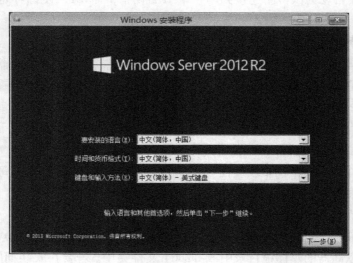

图 2-2　选择语言和其他首选项

步骤4：出现【现在安装】界面，如图 2-3 所示，询问用户是否现在安装 Windows Server 2012 R2。单击【现在安装】按钮。

图 2-3　【现在安装】界面

步骤5：出现【选择安装的操作系统】界面，如图 2-4 所示。选中【Windows Server 2012 R2 Datacenter（带有 GUI 的服务器）】，安装带图形界面的数据中心版。然后单击【下一步】按钮。

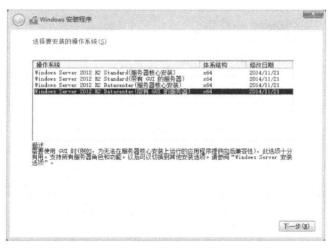

图 2-4　【选择要安装的操作系统】界面

步骤 6：出现【许可条款】界面，选中【我接受许可条款】复选框，同意许可条款。然后单击【下一步】按钮。

步骤 7：出现【你想执行哪种类型的安装？】界面，如图 2-5 所示，单击【自定义：仅安装 Windows（高级）】按钮。注意："升级"用于从 Windows Server 2012 升级到 Windows Server 2012 R2，需要先启动旧的 Windows 系统。

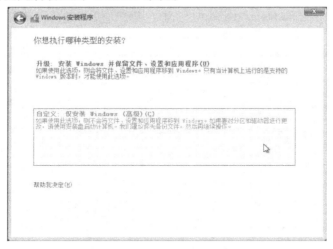

图 2-5　【你想执行哪种类型的安装？】界面

步骤 8：出现【你想将 Windows 安装在哪里？】界面，如图 2-6 所示，显示当前计算机上的分区信息。如果服务器上有多块硬盘，硬盘的编号从 0 开始，依次为驱动器 0、驱动器 1、驱动器 2……选择要安装操作系统的【驱动器 0】，单击【新建】按钮。

步骤 9：显示如图 2-7 所示的信息，在【大小】文本框中输入"51200"。然后单击【应用】按钮。

步骤 10：弹出如图 2-8 所示的对话框，提示系统会自动创建额外的分区，单击【确定】按钮，完成系统分区的创建。

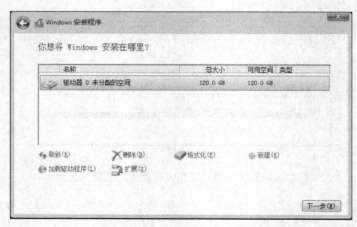

图 2-6 【你想将 Windows 安装在哪里？】界面

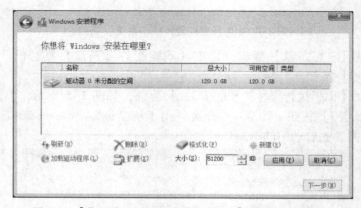

图 2-7 【你想将 Windows 安装在哪里？】界面—新建分区

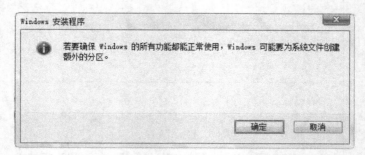

图 2-8 系统自动创建额外的分区提示对话框

步骤 11：系统分区结果如图 2-9 所示。选择【驱动器 0 分区 2】，用于安装操作系统。然后单击【下一步】按钮。

图 2-9 中所示的磁盘 0 为基本磁盘，此磁盘的分区 1 为系统保留分区，容量为 350 MB，它是系统卷，没有驱动器号，用于在计算机最初进入磁盘引导时管理计算机启动过程，系统卷内存储有 Bootmgr（boot manager，启动管理器）、BCD（boot configuration data，启动配置数据）等文件；另一个磁盘分区 2 的驱动器号为 C:，容量约 50 GB，是安装 Windows Server 2012 R2 的启动卷。

图 2-9　【你想将 Windows 安装在哪里？】界面—自动分区结果

步骤 12：出现【正在安装 Windows】界面，如图 2-10 所示，开始复制文件并安装 Windows。在安装过程中，系统会根据需要自动重新启动。安装完成后，系统自动重新启动。

图 2-10　【正在安装 Windows】界面

步骤 13：系统重新启动后，出现【设置】界面，由于是第一次登录，会要求为管理员账户设置密码，如图 2-11 所示。输入两次密码，确认无误后，单击【完成】按钮。

图 2-11　【设置】界面

Windows Server 的用户密码必须满足复杂性和长度要求这两个条件。

① 复杂性：包含大写字母、小写字母、数字、特殊字符 4 个中的任意 3 个。

② 长度：密码长度大于等于 7 个字符。

还有一个有意思的事情，按住眼睛标志不动，可以查看输入的密码，而且 Windows Server 2012 R2 里面所有涉及密码的地方，都可以查看。

步骤 14：系统会提示"按 Ctrl + Alt + Delete 登录"，按 Ctrl + Alt + Delete 键，进入登录界面，如图 2-12 所示，输入管理员密码，按 Enter 键，即可登录 Windows Server 2012 R2。

图 2-12　Windows Server 2012 的登录界面

2.2.2　熟悉 Windows Server 2012 R2 用户界面

Windows Server 2012 R2 采用 Metro Style 用户界面，登录后的默认桌面如图 2-13 所示。

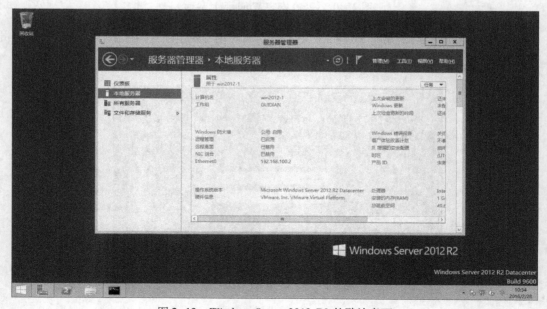

图 2-13　Windows Server 2012 R2 的默认桌面

在 Windows 桌面右侧的上下两角都有屏幕热点的功能，当将鼠标贴在这两个屏幕角落时，就会跳出右侧的工具栏（charms bar），如图 2-14 所示。

图 2-14　Windows Server 2012 R2 的默认桌面——charms bar

屏幕左下角的□为"开始"按钮，单击它可打开【开始】界面，如图 2-15 所示。

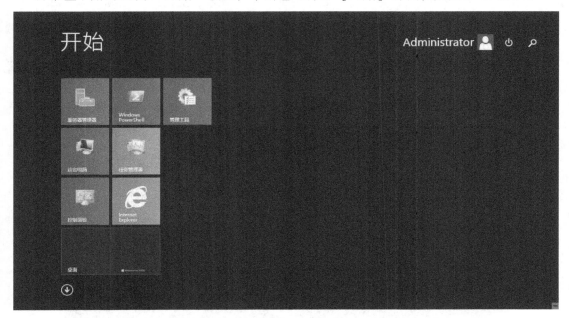

图 2-15　【开始】界面

在【开始】界面单击左下角的"下一页"按钮，可切换到【应用】界面，如图 2-16 所示。单击【应用】旁边的下拉箭头，从下拉列表中可以选择图标的分组。

图 2-16 【应用】界面

2.2.3　关闭或重新启动计算机

1. 关闭或重启计算机方式一

要在 Windows Server 2012 R2 中关闭或重启计算机，执行以下操作。

单击"开始"按钮，打开【开始】界面。单击屏幕右上角的"电源"按钮。然后在弹出菜单中单击【关机】或【重启】。

2. 关闭或重启计算机方式二

步骤 1：将鼠标指针悬停在屏幕的右上角，弹出工具栏 Charms Bar，然后单击"设置"按钮。

步骤 2：出现【设置】界面，如图 2-17 所示，然后单击"电源"按钮关机。

图 2-17 【设置】界面

2.3　配置 Windows Server 2012 R2

在 Windows Server 2012 R2 安装过程中会对系统进行初始配置，默认的初始配置如表 2-4 所示。另外，还需要根据图 2-1 所示网络环境对服务器 win2012-1 进行基本配置，win2012-1 才能正常进行网络通信。

表 2-4　Windows Server 2012 R2 初始配置

配 置 内 容	系统初始配置
计算机名称	计算机名称在安装期间随机分配
域成员身份	默认情况下计算机未加入域，它加入一个名为 WORKGROUP 的工作组
Windows 自动更新	Windows 自动更新默认情况下为关闭状态
网络连接	所有的网络连接设置为使用 DHCP 自动获取 IP 地址
Windows 防火墙	Windows 防火墙默认情况下为打开状态

2.3.1　打开服务器管理器

服务器管理器是 Windows Server 2012 R2 中的管理工具，可帮助管理员从桌面配置和管理本地 Windows 服务器和多台远程 Windows 服务器，管理员无须物理接触服务器，也无须启用每台服务器的远程桌面管理。

当管理员首次登录到 Windows Server 2012 R2 服务器时，服务器管理器会自动启动，其窗口如图 2-18 所示。

图 2-18　【服务器管理器】窗口

如果【服务器管理器】窗口是关闭的，可采用下列任一方法重新启动。

1. 从【开始】屏幕打开服务器管理器的步骤

单击"开始"按钮▦，然后在打开的【开始】屏幕上单击"服务器管理器"图标▦。

2. 从 Windows 桌面打开服务器管理器的步骤

在 Windows 任务栏上，单击"服务器管理器"图标▦。

3. 阻止服务器管理器自动启动的步骤

步骤1：在【服务器管理器】窗口中，单击【管理】→【服务器管理器属性】菜单项。

步骤2：打开【服务器管理器属性】窗口，选中【在登录时不自动启动服务器管理器】复选框，如图 2-19 所示。然后单击【确定】按钮。

图 2-19　【服务器管理器属性】窗口

2.3.2　更改计算机名和加入工作组

当用 Windows 系统组建网络时，可以很方便地将资源共享给网络中的用户。Windows 的网络结构分为工作组和域两种基本结构。既可以组建纯粹的工作组网络、域网络，也可以组建工作组和域的混合网络。

工作组网络结构是一种松散的、分布式的管理模式，适用于小型网络；而域网络结构是一种集中式的管理模式，适用于中型和大型网络。

1. 工作组

工作组是微软设计的一种网络连接模型，它可以将计算机上的文件、打印机等资源共享，网络中的用户可以访问这些共享资源。工作组可以由任何一台计算机的用户创建，通过指定一个新的工作组名称，重新启动后就创建了一个新工作组；每一台计算机也可以加入到已经存在的工作组，而不需要其他任何人同意，如图 2-20 所示。

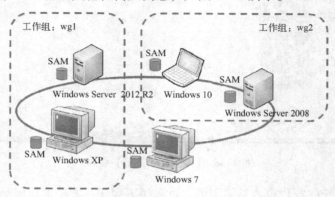

图 2-20　工作组结构网络示意图

工作组的主要特点有以下几点。

ꙮ 网络中的计算机地位相等（所以又称为对等网）。

ꙮ 每台计算机各自管理自己的用户信息，维护本地资源，并将访问权授予本机用户。

ꙮ 可以相互使用彼此的资源，但必须被授予相应的访问权限。

ꙮ 一个账户只能登录到一台计算机。

ꙮ 网络规模一般少于 10 台计算机。

2. 域

域也是微软设计的一种网络连接模型，它可以将计算机上的文件、打印机等资源共享，网络中的用户可以访问这些共享资源。与工作组不同的是，域只能由管理员在服务器上创建，其他的计算机加入到域需要由有权限的用户（比如域管理员）执行。域内所有计算机共享一个集中的目录数据库，其中存储着整个域内所有用户的账户和计算机账户等相关数据，它存放在域控制器上，由域控制器负责目录数据库的添加、删除、修改与查询。域中的计算机可以是域控制器、成员服务器和成员计算机三种角色之一，如图 2-21 所示。

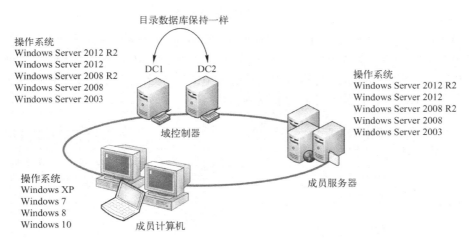

图 2-21　域结构网络示意图

域有以下几个主要特征。

ꙮ 对用户账户和网络资源集中管理。

ꙮ 用户可单点登录。

ꙮ 支持用户在网络中漫游。

ꙮ 提供分级的安全策略保护。

ꙮ 集成 DNS 服务。

3. 将计算机加入工作组

步骤 1：在【服务器管理器】窗口的左侧导航窗格中单击【本地服务器】，在详细窗格将显示【属性】界面，包含本地服务器的各种属性信息，可配置的属性值以蓝色超链接显示，如图 2-22 所示。

步骤 2：在【属性】界面中单击【计算机名】右侧的名称链接。

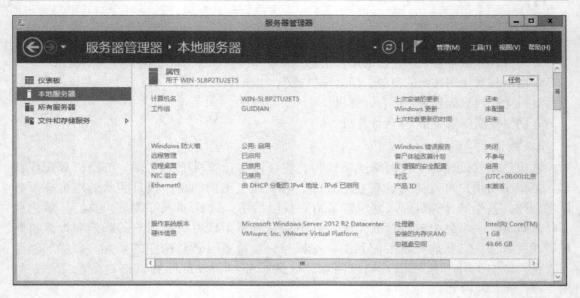

图 2-22　本地服务器【属性】界面

步骤 3：打开【系统属性】对话框，显示【计算机名】选项卡，如图 2-23 所示。

步骤 4：单击【更改】按钮，打开【计算机名/域更改】对话框，如图 2-24 所示。在【计算机名】文本框中输入新的计算机名"win2012-1"，在【工作组】文本框中输入新的工作组名"GUIDIAN"。然后单击【确定】按钮。

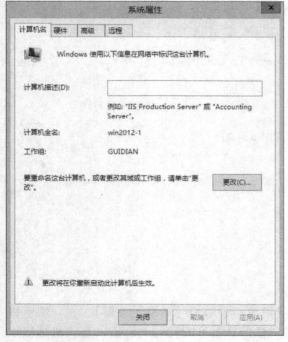

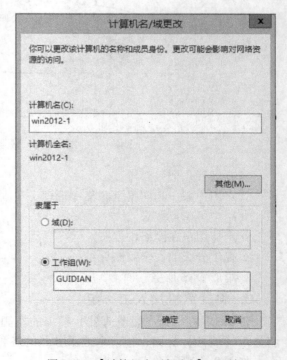

图 2-23　【计算机名】选项卡　　　　　　　　图 2-24　【计算机名/域更改】对话框

步骤 5：弹出对话框提示必须重新启动计算机才能使更改生效，单击【确定】按钮返回【系统属性】对话框，单击【关闭】按钮。

步骤 6：弹出对话框，再次提示重新启动计算机。单击【立即重新启动】按钮，重新启动计算机。

2.3.3　服务器网络设置

服务器需要接入网络才能提供各种服务。Windows Server 2012 R2 安装完成后，默认从 DHCP 服务器获取 IP 地址。为了保证服务器能正常工作，通常需要为服务器设置静态 IP 地址。

步骤 1：在【服务器管理器】窗口的左侧导航窗格中单击【本地服务器】，在详细窗格会显示【属性】界面，然后单击【Ethernet0】右侧的链接。

步骤 2：打开【网络连接】窗口，如图 2-25 所示，双击【Ethernet0】网络连接图标，打开【Ethernet0 状态】对话框，如图 2-26 所示。

图 2-25　【网络连接】窗口　　　　　　　图 2-26　【Ethernet0 状态】对话框

步骤 3：再单击【属性】按钮，打开【Ethernet0 属性】对话框，如图 2-27 所示。在【此连接使用下列项目】列表框中，清除【Internet 协议版本 6（TCP/IPv6）】复选框。然后选中【Internet 协议版本 4（TCP/IPv4）】选项，单击【属性】按钮。

步骤 4：打开【Internet 协议版本 4（TCP/IPv4）属性】对话框，选中【使用下面的 IP 地址】单选按钮，分别输入为该服务器分配的 IP 地址、子网掩码、默认网关，再选中【使用下面的 DNS 服务器地址】单选按钮，输入首选和备用的 DNS 服务器的 IP 地址，如图 2-28 所示。最后单击【确定】按钮，保存所做的修改。

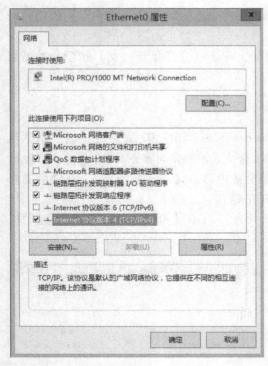
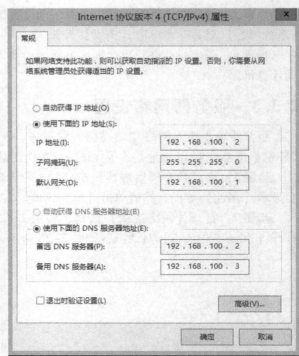

图 2-27　【Ethernet0 属性】对话框　　　图 2-28　【Internet 协议版本 4(TCP/IPv4)属性】对话框

2.3.4　测试网络连接

测试网络连接的操作如下。

步骤 1：单击"开始"按钮 ，在打开的【开始】界面中单击"下一页"按钮 ，打开【应用】界面。

步骤 2：单击【命令提示符】图标，打开【命令提示符】窗口。

步骤 3：在命令提示符下，输入命令"ping　192.168.100.254"，测试能否 ping 通网关，以确认服务器已经正确连接网络，结果如图 2-29 所示。192.168.100.254 是网关的 IP 地址。

图 2-29　ping 命令测试结果

2.3.5　激活 Windows Server 2012 R2

从 Vista 开始，所有的 Windows 操作系统必须要激活才能使用。Windows 产品许可可以通过三种基本途径获得：零售（retail），原始设备制造商（OEM），或批量许可（volume licensing）。每个途径都有自己独特的激活方法。

1. 激活零售的 Windows Server 2012 R2

Windows Server 2012 R2 产品通过零售商店获得单独授权。每一个购买的副本有一个独特的产品密钥（打印在产品包装上），用户在产品安装过程中输入。操作系统安装完成后将使用此产品密钥激活。最后的激活步骤可以在网上或通过电话完成。

激活零售的 Windows Server 2012 R2 操作如下。

步骤1：在【服务器管理器】窗口的左侧导航窗格中单击【本地服务器】，右侧详细窗格会显示【属性】界面。

步骤2：单击【产品 ID】右侧"未激活"链接，显示【输入产品密钥】对话框，如图 2-30 所示。

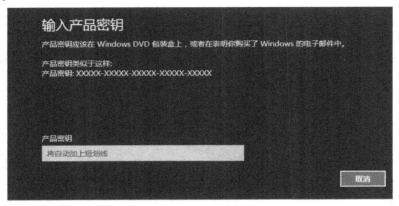

图 2-30　【输入产品密钥】对话框

步骤3：在【产品密钥】文本框中输入产品密钥。然后单击【激活】按钮返回【服务器管理器】窗口。激活后【产品 ID】右侧将显示产品 ID 值及激活状态，如图 2-31 所示。

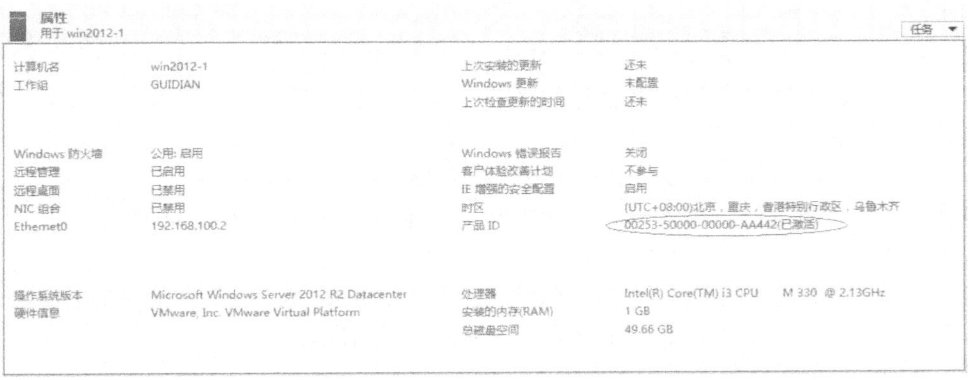

图 2-31　激活后显示的产品 ID 值

步骤 4：根据 Windows 产品获得许可的途径不同，需要采用不同的激活方式进行激活。

2. 激活 OEM 的 Windows Server 2012 R2

原始设备制造商（original equipment manufacturer，OEM）销售的服务器系统中预先安装有一个标准的 Windows Server 2012 R2 操作系统。OEM 的 Windows Server 2012 R2 通过验证计算机系统硬件（基本输入/输出系统，或计算机的 BIOS）信息自动激活，此过程发生在计算机被发送给客户之前，用户不需要任何额外的操作。这种激活的方法被称为 OEM 激活。

3. 激活批量许可的 Windows Server 2012 R2

批量激活允许批量许可客户使用自动化激活过程，激活过程对用户是透明的。批量激活适用于在批量授权程序中覆盖的计算机。微软针对批量许可证客户推出了两种新的密钥类型：MAK（multiple activation key，多次激活密钥）和 KMS（key management services，密钥管理服务）。

（1）MAK 的激活方式

MAK 是开放式许可密钥，允许多次激活。该激活是永久性的，在激活之后，只要操作系统不重新安装，激活就将一直有效。

MAK 密钥与零售密钥行为相类似，不同的是它拥有更多的激活方法。激活数量视客户购买的许可协议而定。

MAK 可以在线激活，激活过程如图 2-32 所示。要执行 MAK 在线激活，操作步骤如下。

图 2-32　MAK 在线激活方式

步骤 1：按 Win + X 键，从弹出菜单中选择【运行】。

步骤 2：打开【运行】对话框，在【打开】文本框中输入命令"slui 3"，单击【确定】按钮或按 Enter 键。

步骤 3：弹出【输入产品密钥】对话框，在【产品密钥】文本框中输入 MAK 密钥联网激活即可。

在用户没有可用的 Internet 连接时，MAK 也可采用电话激活。操作步骤如下。

步骤 1：电话联系 4008301832 微软激活热线，拨通直接按 1 和 5 进入人工激活，告知对方现场无联网条件，需要使用电话激活。

步骤 2：将公司名称、授权号、许可证号码提供给微软工作人员。

步骤 3：打开【运行】对话框，在【打开】文本框中输入命令"slui 4"，单击【确定】按钮或按 Enter 键，根据提示进行操作。

步骤 4：将获取的 9 组安装 ID 报给微软人工客服，微软人工客服会给我们对应的 8 组数字，分别对应 A B C D E F G H，逐个填写进去，可激活成功。

（2）KMS 的激活方式

KMS 方式采用客户 - 服务器方式，需要在企业内配置 KMS 管理服务器，为企业中的其他计算机提供 Windows 批量激活的服务，其工作过程如图 2-33 所示。KMS 的密钥是一对，其中用于 KMS 服务器端的，称 KMS Key，用于客户端的，则称为 VOL Key。VOL Key 是微软公开的，不需要购买。在安装 Windows Server 2012 R2 时，如果不输入序列号，则会采用这些 VOL Key 进行安装。

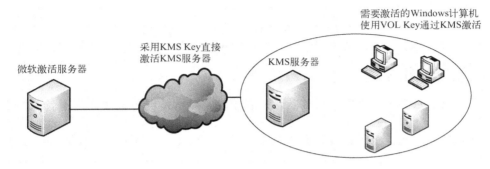

图 2-33　KMS 的激活方式

　　在采用 KMS 密钥的时候，需要网络中有一台安装 Windows Server 操作系统并采用 KMS Key 进行激活的计算机，该计算机将为网络中的其他 Windows 提供激活的服务。而被激活的计算机可以不连接 Internet。

　　在采用 KMS 机制时，有一个最低限度的计算机数量（客户端 25 台、服务器 5 台）。并且，当计算机被激活之后，每 180 天将要重新连接 KMS 服务器进行激活。

　　安装 KMS 服务器的步骤如下。

　　首先，在网络中的一台 Windows Server 2012 R2 的物理计算机上，安装 KMS Key 并激活。KMS 服务器激活步骤如下。

　　步骤 1：单击"开始"按钮，在打开的【开始】界面中单击"下一页"按钮，打开【应用】界面。

　　步骤 2：单击【命令提示符】图标，打开【命令提示符】窗口。

　　步骤 3：在命令提示符下，输入以下命令，并按 Enter 键。

　　　　slmgr. vbs 　 – ipk 　 AAAAA – BBBBB – CCCCC – DDDDD – EEEEE

　　其中 AAAAA – BBBBB – CCCCC – DDDDD – EEEEE 是购买的 KMS 激活密钥。

　　步骤 4：输入以下命令，并按 Enter 键。

　　　　slmgr. vbs 　 – ato

　　使用 KMS 服务器激活网络中的 Windows 分为两种情况：域和工作组。

　　加入到域环境中的 Windows 计算机能够自动激活。

　　对于工作组环境中的 Windows 计算机，可以通过在 DHCP 服务器上为客户端设置 DNS 后缀来实现自动激活。工作组环境中的 Windows 计算机也可以手工激活，先用命令设置 KMS 服务器的地址，再激活。操作步骤如下。

　　步骤 1：单击"开始"按钮，在打开的【开始】界面中单击"下一页"按钮，打开【应用】界面。

　　步骤 2：单击【命令提示符】图标，打开【命令提示符】窗口。

步骤 3：在命令提示符下，输入以下命令，并按 Enter 键。

　　　slmgr. vbs　　– skms　　< kms – server – ip >

步骤 4：输入以下命令，并按 Enter 键。

　　　slmgr. vbs　　– ato

其中 kms – server – ip 是 KMS 服务器的 IP 地址。

在 KMS 服务器上，可以使用 slmgr – dli 或 slmgr – dlv，查看已经激活的数量。

2.3.6　防火墙设置

Windows Server 2012 R2 的防火墙默认是启用的，默认情况下会阻止所有传入的非法的网络流量。

Windows Server 2012 R2 系统的智能化程度很高，当在服务器上安装服务角色和功能时，安装程序能够自动配置防火墙规则放行该服务端口。而当在服务器上卸载服务角色和功能时，安装程序将自动配置防火墙规则禁止该服务端口。所以，一般情况下不需要管理员去配置防火墙。但也有例外，比如安装了第三方的应用程序，系统无法识别，这时就需要手工配置防火墙规则。

1. 网络位置与防火墙策略

第一次连接到网络时，必须选择网络位置。这将为所连接网络的类型自动设置适当的防火墙和安全设置。如果服务连接到不同的网络（例如，Internet、企业内部工作组网络、企业内部域网络），则系统会根据选择的网络位置而启用适当安全级别的防火墙策略。

在 Windows Server 2012 R2 中，设有以下三种网络位置。

① 专用网络。对应小型办公网络或其他工作组网络。默认情况下，"网络发现"处于启用状态，它允许用户查看网络上的其他计算机和设备，并允许其他网络用户查看本计算机。

② 公用网络。为公共场所（例如，咖啡店或机场）中的网络选择"公用网络"。此位置旨在使用户的计算机对周围的计算机不可见，并且帮助保护计算机免受来自 Internet 的任何恶意软件的攻击。

③ 域网络。"域"网络位置用于域网络（如在企业工作区的网络）。这种类型的网络位置由网络管理员控制，因此无法选择或更改。

2. 关闭防火墙功能

在实验环境下，有时为了防止因为防火墙开启造成的干扰，会关闭防火墙。但在生产环节这会带来极大的风险，除非有其他外部防火墙的保护，严禁关闭防火墙。

要关闭 Windows 防火墙功能，操作如下。

步骤 1：在【服务器管理器】窗口的左侧导航窗格中单击【本地服务器】，详细窗格会显示【属性】界面。

步骤 2：单击【属性】界面中【Windows 防火墙】右侧的状态链接，打开【Windows 防火墙】窗口，如图 2-34 所示。

步骤 3：在【Windows 防火墙】窗口中，单击【启用或关闭 Windows 防火墙】选项。

步骤 4：出现【自定义设置】窗口，如图 2-35 所示。选中要关闭的网络类型下的【关闭 Windows 防火墙】复选框，比如域网络和专用网络是内部可信网络，就可以关闭 Windows 防火墙。然后单击【确定】按钮。

图 2-34　【Windows 防火墙】窗口

图 2-35　【自定义设置】窗口

3. 允许应用程序或功能通过 Windows 防火墙

步骤 1：在【服务器管理器】窗口的左侧导航窗格中单击【本地服务器】，详细窗格会显示【属性】界面。

步骤 2：单击【属性】界面中【Windows 防火墙】右侧的状态链接，打开【Windows 防火墙】窗口。

步骤3：在【Windows 防火墙】窗口中单击【允许应用或功能通过 Windows 防火墙】选项。

步骤4：出现【允许的应用】窗口，如图 2-36 所示。要允许某个应用或功能，在【允许的应用和功能】列表框中，选中应用或功能左边的复选框。如果只允许某一网络位置可以访问该应用或功能，则在其右侧选中相应的复选框。然后单击【确定】按钮。

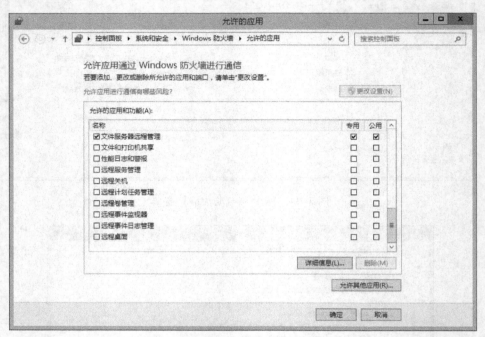

图 2-36　【允许的应用】窗口

4. 配置高级安全 Windows 防火墙

高级安全 Windows 防火墙是一种有状态的防火墙，它检查并筛选 IPv4 和 IPv6 流量的所有数据包。筛选意味着通过管理员定义的规则对网络流量进行处理，进而允许或阻止网络流量。默认情况下阻止传入的流量。可以通过指定端口号、应用程序名称、服务名称或其他标准，来显式允许传入的流量。

默认情况下，Windows 防火墙阻止 ping 本服务器。如果要从其他计算机测试到本服务器的连通性，需要放行对本服务器 ping 测试，则需要创建允许 ping 服务器的流量规则。操作步骤如下。

步骤1：在【服务器管理器】窗口的左侧导航窗格中单击【本地服务器】，详细窗格会显示【属性】界面。

步骤2：单击【属性】界面中【Windows 防火墙】右侧的状态链接，打开【Windows 防火墙】窗口。

步骤3：在【Windows 防火墙】窗口中单击【高级设置】链接。

步骤4：出现【高级安全 Windows 防火墙】窗口，单击左侧窗格中的【入站规则】，然后在详细窗格中，从【入站规则】列表中选择【文件和打印机共享（回显请求 –

ICMPv4 - In）】规则，再单击右侧【操作】区中的【启用规则】来启用该入站规则，如图 2-37 所示。

图 2-37　【高级安全 Windows 防火墙】窗口

如果【入站规则】列表中没有对应的可用规则，也可单击【新建规则】创建新的入站规则。

2.3.7　启用自动更新

尽管 Windows Server 2012 R2 的安全性很高，但这并不意味着该系统的安全已经无懈可击了。为了能够在第一时间堵住 Windows Server 2012 R2 系统最新的系统漏洞，微软公司也是马不停蹄地为最新发现的系统漏洞提供补丁安装程序，要是能够及时下载安装这些漏洞补丁程序，Windows Server 2012 R2 系统的安全风险就能被控制在一个很低的水平。

要为 Windows Server 2012 R2 及时打补丁，可启用"系统更新"设置，由系统根据设定的更新计划完成更新操作。启用自动更新的操作步骤如下。

步骤 1：在【服务器管理器】窗口的左侧导航窗格中单击【本地服务器】，详细窗格会显示【属性】界面。

步骤 2：单击【属性】界面中【Windows 更新】右侧的链接，打开【Windows 更新】窗口，如图 2-38 所示。

步骤 3：在【Windows 更新】窗口中，单击【更改设置】链接，打开【更改设置】窗口，在【重要更新】下单击下拉箭头，从下拉列表中选择【自动安装更新】选项，如图 2-39 所示。然后单击【维护窗口期间将自动安装更新】链接。

步骤 4：接着出现【自动维护】对话框，如图 2-40 所示，可以根据服务器工作负载情况来选择在什么时间安装更新，在【每日运行维护任务的时间】文本框中输入时间值，然后单击【确定】按钮。

图 2-38 【Windows 更新】对话框

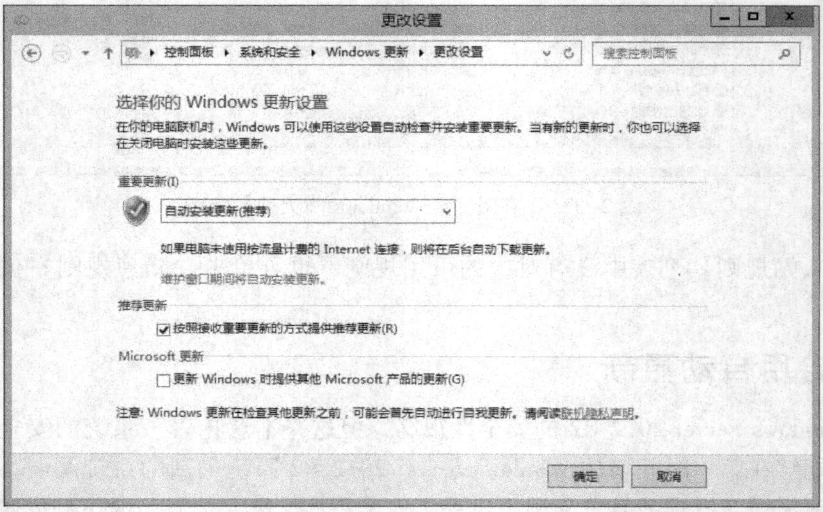

图 2-39 【更改设置】窗口

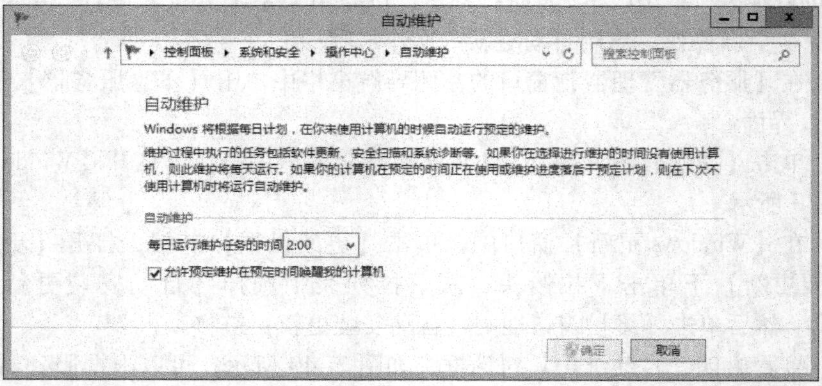

图 2-40 【Windows 更新】窗口

步骤 5：再次单击【确定】按钮返回【Windows 更新】窗口。

步骤 6：单击【启用自动更新】按钮，系统开始第一次检查 Windows 更新。

2.3.8　启用远程桌面连接

若要启用远程桌面，操作步骤如下。

步骤 1：在【服务器管理器】窗口的左侧导航窗格中单击【本地服务器】，详细窗格会显示【属性】界面。

步骤 2：单击【属性】界面中【远程桌面】右侧的链接，打开【系统属性】对话框，选择【远程】选项卡，如图 2-41 所示。可以看到，远程桌面默认是禁止的。

步骤 3：选中【允许远程连接到此计算机】单选按钮，并选中【仅允许运行使用网络级别身份验证的远程桌面的计算机连接】复选框，再单击【选择用户】按钮。启用远程桌面后，防火墙会根据网络位置自动添加远程桌面访问规则。

步骤 4：出现【远程桌面用户】对话框，如图 2-42 所示。默认管理员已有远程访问权限，若要允许其他用户远程桌面连接到本计算机，单击【添加】按钮。添加需要使用远程桌面连接到该计算机的用户或组。添加的用户和组将被添加到 Remote Desktop Users 组中。

图 2-41　【远程】选项卡

图 2-42　【远程桌面用户】对话框

2.4　实训——Windows Server 2012 R2 的安装与配置

2.4.1　实训目的

① 掌握 Windows Server 2012 R2 安装方法。

② 掌握 Windows Server 2012 R2 系统环境的基本配置。

2.4.2　实训环境

根据图 2-43 所示搭建网络环境（也可在虚拟机中进行），在 win2012-1 上完成 Windows Server 2012 R2 的全新安装，并对服务器做基本配置。

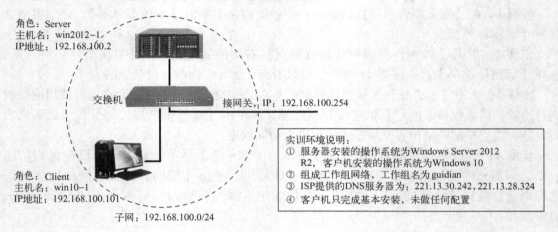

角色：Server
主机名：win2012-1
IP地址：192.168.100.2

交换机　　　接网关　IP：192.168.100.254

实训环境说明：
① 服务器安装的操作系统为Windows Server 2012
　R2，客户机安装的操作系统为Windows 10
② 组成工作组网络，工作组名为guidian
③ ISP提供的DNS服务器为：221.13.30.242，221.13.28.324
④ 客户机只完成基本安装，未做任何配置

角色：Client
主机名：win10-1
IP地址：192.168.100.101

子网：192.168.100.0/24

图 2-43　Windows Server 2012 R2 的安装与配置实训环境

2.4.3　实训内容及要求

完成以下操作任务。

任务 1：在服务器 win2012-1 上执行 Windows Server 2012 R2 的全新安装。

任务 2：根据网络拓扑图配置网 win2012-1 的网络连接。

任务 3：为 win2012-1 设置计算机名与加入工作组。

任务 4：在 win2012-1 上激活 Windows 系统。

任务 5：配置 win2012-1 的网络时间与 10.10.10.254 同步。

任务 6：启用 win2012-1 的 Windows 自动更新。

任务 7：在 win2012-1 上设置 Windows 防火墙，允许其他计算机 ping 本机。

任务 8：使用远程桌面管理服务器 win2012-1。

任务 9：创建自定义 MMC 并保存到桌面，用于管理本地计算机的磁盘和共享文件夹。

习题

一、填空题

1. Windows 产品许可可以通过三种基本途径获得：＿＿＿＿＿，＿＿＿＿＿，＿＿＿＿＿。

2. 目前，大部分计算机都支持从光盘启动，需要通过设置＿＿＿＿＿支持计算机从 CD-ROM 或 DVD-ROM 启动。

3. 微软将 Windows Server 2012 R2 简化到了四个版别：＿＿＿＿＿版、＿＿＿＿＿版、

_____版和_____版。

4. Windows 产品许可可以通过三种基本途径获得：_____。

二、单项选择题

1. 安装 Windows Server 2012 R2 的过程中，Windows 为系统文件自动创建的额外分区名称是（　　）。

A. "C:"　　　　　　B. "D:"　　　　　　B. 系统分区　　　　　D. 系统保留

2. 在以下文件系统中，（　　）是 Windows Server 2012 R2 不支持的文件系统。

A. FAT16　　　　B. FAT32　　　　C. EXT2　　　　　　D. NTFS

3. 安装加载操作系统（如 Windows Server 2012 R2）所需的分区是（　　）。

A. 逻辑分区　　　B. 扩展分区　　　C. 虚拟分区　　　　D. 主分区

4. Windows Server 2012 R2 标准版最多支持（　　）个 CPU。

A. 4　　　　　　B. 8　　　　　　C. 32　　　　　　　D. 64

三、问答题

1. 什么情况下可以执行 Windows Server 2012 R2 全新安装？什么情况下需要执行 Windows Server 2012 R2 升级安装？

2. 如何设置计算机的网络位置？设置网络位置有什么意义？

3. 安装 Windows Server 2012 R2 前应该注意哪些事项？

第 3 章　管理服务器磁盘存储

服务器中的数据与程序存储在本地磁盘或网络存储中，我们必须对存储有足够的了解，并掌握合理的存储使用技术，才能保证服务器数据的完整和安全。

学习目标：

- 了解服务器的存储需求
- 掌握基本磁盘管理
- 掌握动态磁盘管理
- 掌握存储空间的建立与管理

学习环境（见图 3-1）：

角色：Server
主机名：win2012-1
IP地址：192.168.100.2

硬盘

环境说明：
① 服务器安装的操作系统为 Windows Server 2012 R2
② 为 win2012-1 增加 4 块硬盘

图 3-1　管理服务器磁盘存储学习环境

3.1　Windows Server 2012 R2 如何管理磁盘存储

3.1.1　Windows Server 2012 R2 提供的磁盘管理工具

Windows Server 2012 R2 提供了两个图形化的磁盘管理工具——磁盘管理及文件和存储服务，以及一个命令行管理工具 DiskPart。

① 磁盘管理。使用传统方式管理磁盘，可以管理磁盘分区和动态卷。

② 文件和存储服务。存储空间以一种全新的方式来管理磁盘和存储，集成的群集共享卷具有支持集群的能力，可以为虚拟机、文件共享和其他工作负载提供高可用性和可扩展性部署。

③ DiskPart.exe。这是一个命令解释程序，允许用户通过使用脚本或从命令提示符直接输入命令来管理磁盘、分区或动态卷。

3.1.2　Windows Server 2012 R2 支持的磁盘组织形式

Windows Server 2012 R2 支持以下三种磁盘组织形式。

1. 基本磁盘

基本磁盘是 PC 机上常用的磁盘组织形式，它是以分区的形式来组织和管理磁盘空间的。目前存在 MBR（master boot record，主引导记录）和 GPT（globally unique identifier partition table，全局唯一标识磁盘分区表，也称 GUID partition table）两种磁盘分区格式。这两种磁盘分区格式 Windows Server 2012 R2 全都支持。

2. 动态磁盘

动态磁盘是 Windows 特有的磁盘组织形式，从 Windows 2000 就开始支持，它是以动态卷的形式来组织和管理磁盘空间的，拥有比基本磁盘更强的扩展性、可靠性。

为满足服务器对磁盘读写、容错和存储空间扩展等不同方面性能的需求，Windows 提供了简单卷、跨区卷、带区卷、镜像卷、RAID－5 卷等多种类型的磁盘空间划分形式。

3. 存储空间

存储空间是 Windows Server 2012 的新功能，旨在为用户的核心业务提供经济的、高可用的、可扩展的、灵活的存储解决方案。存储空间对磁盘的管理是：先创建一个或多个存储池；每个池中可以加入多个物理磁盘，形成一个统一的逻辑存储空间；在每个池中，可以创建一个或多个虚拟磁盘（虚拟磁盘有 Simple、Mirror 和 Parity 三种类型，类似于 RAID－0、RAID－1 和 RAID－5）；然后在每个虚拟磁盘上可以创建一个或多个卷（相当于分区和格式化的操作）。

3.2　管理基本磁盘

3.2.1　采用 MBR 分区形式管理基本磁盘

MBR 即主引导记录。采用 MBR 分区管理的磁盘有以下特点：

↳ 一个基本磁盘最多可以分为四个主分区，或者三个主分区与一个扩展分区；

↳ 只能有一个主分区处于活动状态，计算机默认从活动分区启动操作系统；

↳ 扩展分区可以再分成若干逻辑分区；

↳ 基本磁盘中的分区空间是连续的；

↳ MBR 不支持大于 2 TB 的磁盘。

1. 将磁盘 1 联机并初始化为 MBR 管理形式

步骤 1：打开【服务器管理器】窗口，选择【工具】→【计算机管理】菜单。

步骤 2：出现【计算机管理】窗口，在导航窗格中选择【存储】→【磁盘管理】，如图 3-2 所示，4 块新加硬盘为"脱机"状态。

步骤 3：在【磁盘 1】图标区域单击鼠标右键，从弹出菜单中选择【联机】，将"磁盘 1"置为联机状态。只有磁盘处于联机状态时才能对其进行其他管理操作。

步骤 4：在【磁盘 1】图标区域单击鼠标右键，从弹出菜单中选择【初始化磁盘】，出现【初始化磁盘】对话框，选中【磁盘 1】复选框，然后选中【MBR（主启动记录）】单选按钮，如图 3-3 所示。单击【确定】按钮，完成磁盘初始化。

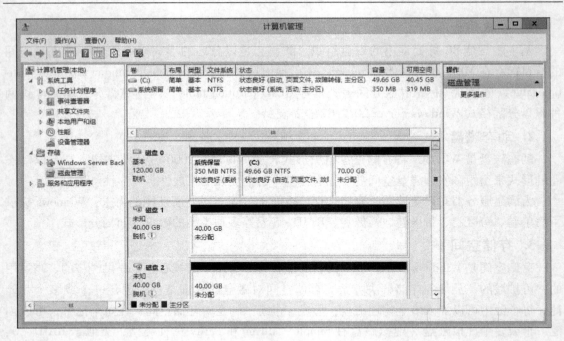

图 3-2　【计算机管理】窗口

2. 查看磁盘管理形式

在图 3-2 中，可以看到磁盘的类型和联机状态，但看不到磁盘分区管理形式。要查看磁盘分区管理形式，在【磁盘 1】图标区域单击鼠标右键，从弹出菜单中选择【属性】，出现【磁盘属性】对话框，选择【卷】选项卡，可以查看磁盘分区管理形式为"主启动记录（MBR）"，如图 3-4 所示。单击【确定】按钮，退出对话框。

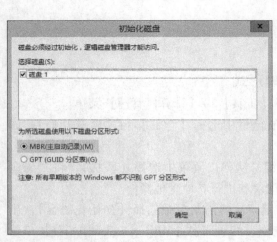

图 3-3　【初始化磁盘】对话框

图 3-4　【磁盘属性】对话框

3. 创建主分区

步骤 1：在【磁盘管理】窗口中，右键单击【磁盘 1】的【未分配】区域，在弹出菜单中单击【新建简单卷】，如图 3-5 所示。

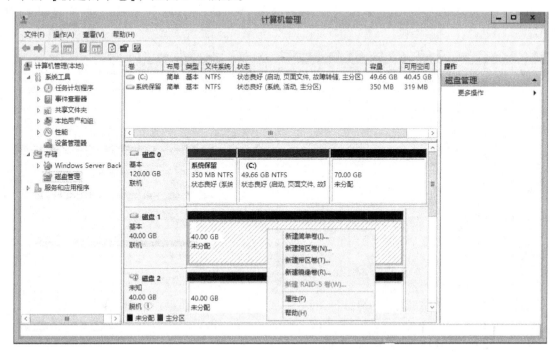

图 3-5　新建简单卷

步骤 2：打开【新建简单卷】向导，单击【下一步】按钮。出现【指定卷大小】界面，在【简单卷大小（MB）】右侧文本框中输入 "1024"，设置卷的大小为 1024 MB，如图 3-6 所示。然后单击【下一步】按钮。

步骤 3：出现【分配驱动器号和路径】界面，为新建分区分配驱动器号，默认为按未使用字母顺序，也可指定为其他未使用字母，如图 3-7 所示。单击【下一步】按钮。

图 3-6　【指定卷大小】界面　　　　　图 3-7　【分配驱动器号和路径】界面

步骤4：出现【格式化分区】界面，为新建分区选择格式化的文件系统，单击【按下列设置格式化这个卷】单选按钮，然后单击【文件系统】下拉列表选择【NTFS】，如图3-8所示。单击【下一步】按钮。

步骤5：格式化完成后，单击【完成】按钮，完成主分区的创建。结果如图3-9所示。

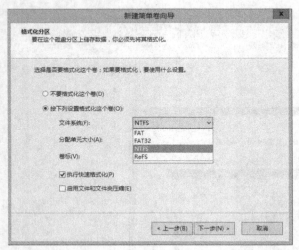

图3-8　【格式化分区】界面

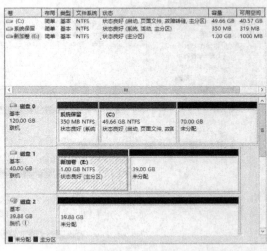

图3-9　新建的主分区

4. 创建扩展分区和逻辑驱动器

在 Windows Server 2012 R2 中不能直接创建扩展分区，必须在创建 3 个主分区之后再创建，这时则会自动创建扩展分区，并同时在扩展分区中创建一个逻辑驱动器。操作步骤如下。

重复前面"创建主分区"中介绍的步骤 3 次，继续在【磁盘 1】上创建分区，大小为1024 MB。完成后，系统自动将所有未分配空间划分到扩展分区，然后在扩展分区中创建第4 个分区，该分区被称为逻辑驱动器，用蓝色标识，如图3-10 所示。

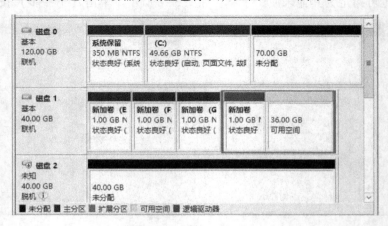

图3-10　创建的扩展分区

5. 删除分区

如果要删除"磁盘 1"上的分区【新加卷（F:）】，在【磁盘管理】窗口中，右键单击【新加卷（F:）】，在弹出菜单中选择【删除卷】。然后在弹出的对话框中单击【是】按钮，确认删除操作。

6. 设置磁盘的活动分区

基于 BIOS 启动的计算机，启动时 BIOS 会读取磁盘内的 MBR，然后由 MBR 找到活动分区，再由活动分区读取启动扇区的启动程序，然后由启动程序读取系统卷内启动文件、再由启动文件读取操作系统文件加载运行。

很明显从什么地方启动操作系统，依赖于活动分区标记。对于只装有一个操作系统的计算机，操作系统安装程序会自动设置活动分区标记，不需要人为干预。

对于安装有多个独立操作系统的计算机，有时需要手工设置活动分区标记。例如，要将磁盘 1 的主分区"新加卷（E:）"设置为活动分区，在【磁盘管理】窗口中，右键单击【新加卷（E:）】，在弹出菜单中单击【将分区标为活动分区】。

7. 更改磁盘分区的驱动器号

Windows 通过为磁盘分区分配驱动器号来访问磁盘，驱动器号由 26 个英文字母表示。用户可以根据需要更改磁盘驱动器号，要将磁盘 1 的主分区"新加卷（E:）"更改驱动器号为"Z:"，操作步骤如下。

步骤 1：在【磁盘管理】窗口中，右键单击【新加卷（E:）】，在弹出菜单中单击【更改驱动器号和路径】。

步骤 2：出现【更改 E:（新加卷）的驱动器号和路径】对话框，如图 3-11 所示，单击【更改】按钮。

步骤 3：出现【更改驱动器号和路径】对话框，选中【分配以下驱动器号(A)】单选按钮，然后单击其右侧的下拉箭头，选择新的驱动器号"Z:"，如图 3-12 所示。然后单击【确定】按钮。

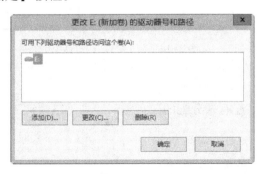

图 3-11　【更改 E:(新加卷)的驱动器号和路径】对话框

图 3-12　【更改驱动器号和路径】对话框

更改驱动器号可能会使得某些直接依赖驱动器号访问数据的应用程序无法正常运行，因此需要小心。系统卷和活动卷的驱动器号无法更改。

8. 使用路径挂载磁盘分区

当系统分区数大于 26 个时，没有足够的字母表示多余的分区，可以将分区挂在其他驱动器的空目录上进行访问。如果 C 盘空间不足，而某程序又必须安装在 C 盘上才能运行时，也可以在 C 盘上为程序创建一个空目录，再将一个分区挂载到该目录，从而扩展 C 盘空间。例如，要将"磁盘 1"中的第一个逻辑驱动器挂载到 C:\progdir。操作步骤如下。

步骤 1：在 C 盘中创建空目录 C:\progdir。

步骤 2：在【磁盘管理】窗口中，右键单击单击【磁盘 1】中的第一个逻辑驱动器【新加卷(H:)】，在弹出菜单中单击【更改驱动器号和路径】。

步骤 3：出现【更改 H:（新加卷）的驱动器号和路径】对话框，单击【添加】按钮。

步骤 4：出现【添加驱动器号或路径】对话框，选中【装入以下空白 NTFS 文件夹中(M)】单选按钮，然后在其下文本框中输入"C:\progdir"，如图 3-13 所示。最后单击【确定】按钮完成挂载。

9. 压缩分区

当磁盘上没有足够的未分配空间用于创建新的分区时，可以压缩现有分区释放空间。

要压缩分区"G"，右键单击该分区，从弹出菜单中选择【压缩卷】，出现【压缩 G:】对话框，输入要压缩出来的空间大小，如图 3-14 所示。单击【压缩】按钮，执行压缩卷。

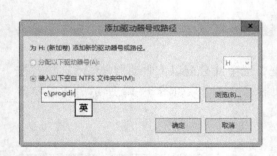

图 3-13　添加驱动器号或路径

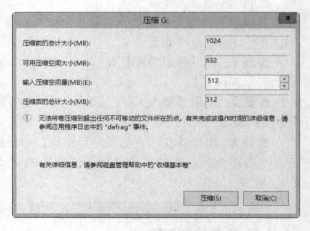

图 3-14　【压缩 G:】对话框

10. 扩展分区空间

当驱动器的空间不足时，如果其右侧相邻处还有未分配的磁盘空间，则可以为该驱动器扩展分区空间。

要扩展分区 Z 的空间，执行以下操作。

步骤 1：右键单击【新加卷(Z:)】，从弹出菜单中选择【扩展卷】。

步骤 2：打开【扩展卷向导】对话框，显示【欢迎】界面，单击【下一步】按钮。

步骤 3：出现【选择磁盘】界面，在【选择空间量(MB)】文本框中输入要扩展的空间大小，如图 3-15 所示。单击【下一步】按钮。

步骤 4：出现【完成扩展卷向导】界面，单击【完成】按钮，完成分区扩展。

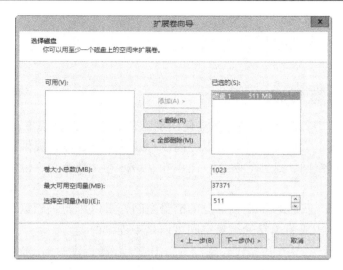

图 3-15　【选择磁盘】界面

3.2.2　采用 GPT 分区形式管理基本磁盘

GPT 是一种硬盘分区表的结构布局标准。它是 EFI（extensible firmware interface，可扩展固件接口）标准的一部分，用于替代 BIOS 系统中的存储区块地址和 MBR 分区表。采用 GPT 分区的优势如下。

↘ Windows 中，GPT 最多可以划分 128 个分区。

↘ 针对不同的数据建立不同的分区，同时为不同的分区创建不同的权限。

↘ GPT 能够保证磁盘分区的 GUID 唯一性。

↘ GPT 不允许将整个硬盘进行复制。

↘ GPT 支持大于 2 TB 的磁盘。

1. 将磁盘初始化为 GPT 管理形式

步骤 1：以管理员身份登录 win2012-1，打开【计算机管理】窗口，在导航窗格中展开【存储】，单击【磁盘管理】。

步骤 2：在【磁盘 2】图标区域单击鼠标右键，在弹出菜单中单击【联机】，将磁盘 2 置联机状态。

步骤 3：在【磁盘 2】图标区域单击鼠标右键，从弹出菜单中选择【初始化磁盘】。

步骤 4：出现【初始化磁盘】对话框，选中【磁盘 2】，然后选中【GPT（GUID 分区表）】单选项。单击【确定】按钮，完成磁盘初始化。

2. GPT 分区管理

GPT 磁盘只能创建主分区，不过也可以压缩、扩展卷，操作步骤与管理 MBR 主分区一样。要从 GPT 分区引导操作系统需要主板支持 UEFI（unified extensible firmware interface，统一的可扩展固件接口）。

已经分区的 MBR 磁盘与 GPT 磁盘之间不能互相转换，只有删除所有分区后，两者才能互相转换。

3.3　管理动态磁盘

3.3.1　认识动态磁盘

Windows Server 2012 R2 中，动态磁盘使用动态磁盘卷划分管理磁盘空间。动态磁盘支持多种类型的动态卷，它们之中有的可以提高读写效率，有的可以提供故障容错恢复，有的可以跨磁盘扩展使用空间，这些卷包括：简单卷、跨区卷、带区卷、镜像卷、RAID-5 卷。

（1）简单卷

与基本磁盘类似，仅包含单个磁盘上的磁盘空间，可以用同一磁盘上的未分配空间增加现有简单卷的大小。构成简单卷的磁盘空间可以是不连续的。

（2）跨区卷

至少由 2 个磁盘构成，最多可由 32 个磁盘构成。每块磁盘上的空间大小可以不同，成员中不含"系统卷"和"引导卷"，读写速度相当于单块磁盘，跨区卷没有容错功能，但可以扩展。

（3）带区卷

将多个磁盘上容量相同的空间组成一个卷，在写入数据时，先将数据划分为 64 KB 大小的数据块，然后按磁盘数分组数据块，再将每组数据块同时写入到带区卷的所有成员磁盘上的卷空间中，组成带区卷的磁盘数量是 2 到 32 个。由于带区卷是同时读，同时写，其读写性能最高。

（4）镜像卷

由两个磁盘上相同大小的空间构成，写入文件时，每个磁盘中都写入一份。镜像卷具备容错的功能，它的磁盘利用率不高，只有 50%。与跨区卷、带区卷不同的是，它可以包含系统卷和启动卷。

（5）RAID-5 卷

是具有容错能力的带区卷，它也是将多个分别位于不同磁盘的未分配空间组成的一个逻辑卷。在写入数据时，先将数据划分为 64 KB 大小的数据块，然后按磁盘数 -1 分组数据块，并计算出每组数据的奇偶校验数据，再将奇偶校验数据与数据块同时写入到 RAID-5卷的所有成员磁盘上的卷空间中，RAID-5 卷的奇偶校验数据是轮流写到卷的成员中的。组成 RAID-5 卷的磁盘数量是 3 到 32 个。当 RAID-5 卷中某个磁盘出现故障无法读取时，系统可以利用奇偶校验数据推算出该故障磁盘内的数据，让系统能够继续运行，具备故障转移功能。RAID-5 卷具有中等程度的写性能，出色的读性能，其磁盘空间有效利用率为（磁盘数 -1）/磁盘数。

动态卷的特色如表 3-1 所示。

基本磁盘可以转换为动态磁盘，转换后单个分区被转换为简单卷，存储的数据不受影响。Windows 不允许将已经划分有动态卷的动态磁盘转换成基本磁盘，要将动态磁盘转换为基本磁盘，需要先删除动态磁盘上的所有卷。如果采用其他磁盘工具直接转换动态磁盘到基本磁盘，磁盘上的数据将丢失，因此转换前应做好备份。

表 3-1　Windows 的各种动态卷的特色

动态卷类型	磁　盘　数	可用来存储数据的容量	性能（与单一磁盘比较）	容错恢复
简单卷	1	全部	不变	无
跨区卷	2～32 个	全部	不变	无
带区卷（RAID - 0）	2～32 个	全部	读、写都提升许多	无
镜像卷（RAID - 1）	2 个	一半	读提升、写稍微下降	有
RAID - 5 卷	3～32 个	磁盘数 - 1	读提升多、写下降稍多	有

3.3.2　创建动态卷

1. 将基本磁盘转换成动态磁盘

步骤 1：以管理员身份登录 win2012-1，打开【计算机管理】窗口，在导航窗格中展开【存储】，单击【磁盘管理】。

步骤 2：将新加磁盘 3、磁盘 4 设置为联机状态，并初始化为 MBR 基本磁盘。

步骤 3：再将磁盘 1～磁盘 4 转换为动态磁盘。右键单击基本磁盘中的任意一个（比如【磁盘 1】），从弹出菜单中选择【转换为动态磁盘】。

步骤 4：出现【转换为动态磁盘】对话框，在【磁盘】列表中选中要转换的【磁盘 1】～【磁盘 4】复选框，如图 3-16 所示。然后单击【确定】按钮。

步骤 5：出现【要转换的磁盘】对话框，在这里需要确认之前的选择，如图 3-17 所示。然后单击【转换】按钮，执行磁盘转换。

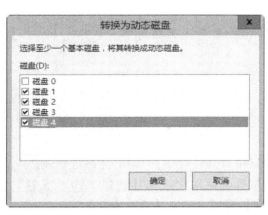

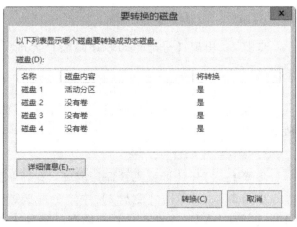

图 3-16　【转换为动态磁盘】对话框　　　　　　　图 3-17　【要转换的磁盘】对话框

2. 新建镜像卷

步骤 1：打开【计算机管理】窗口，在导航窗格中展开【存储】，单击【磁盘管理】。

步骤 2：右键单击【磁盘 2】中未分配区域，从弹出菜单中选择【新建镜像卷】，打开【新建镜像卷向导】对话框，显示【欢迎】界面。单击【下一步】按钮。

步骤 3：出现【选择磁盘】界面，如图 3-18 所示。在左侧【可用】列表中，选择与

【磁盘2】一起创建镜像卷的【磁盘3】，单击【添加】按钮，添加到【已选的】列表框中，然后在【选择空间量】文本框中输入容量大小为 1024 MB，如图 3-18 所示。两个磁盘会同时划出 1024 MB 组成镜像卷。在选择镜像卷的时候只能选择两个盘，而且两个磁盘中加入镜像卷的磁盘空间大小都必须一样。单击【下一步】按钮。

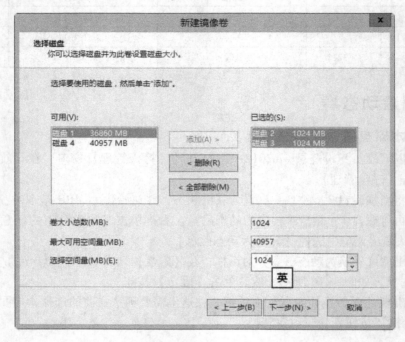

图 3-18　【选择磁盘】界面

步骤4：出现【分配驱动号和路径】界面，为镜像卷指定驱动器号。单击【下一步】按钮。

步骤5：出现【卷区格式化】界面，默认为 NTFS。单击【下一步】按钮。

步骤6：出现【正在完成新建镜像卷】界面，单击【完成】按钮，完成镜像卷创建。结果如图 3-19 所示。

3. 新建 RAID-5 卷

步骤1：打开【计算机管理】窗口，在导航窗格中展开【存储】，单击【磁盘管理】。

步骤2：右键单击【磁盘2】中未分配区域，从弹出菜单中选择【新建 RAID-5 卷】，打开【新建 RAID-5 卷向导】对话框，显示【欢迎】界面。单击【下一步】按钮。

步骤3：出现【选择磁盘】界面，在左侧【可用】列表框中，选择与【磁盘2】一起创建 RAID-5 卷的【磁盘1】和【磁盘3】，单击【添加】按钮，添加到【已选的】列表框中，然后在【选择空间量】文本框中输入容量大小为 1024 MB。三个磁盘会同时划出 1024 MB 组成 RAID-5 卷，如图 3-20 所示。单击【下一步】按钮。

步骤4：出现【分配驱动号和路径】界面，为镜像卷指定驱动器号。单击【下一步】按钮。

步骤5：出现【卷区格式化】界面，默认为 NTFS。单击【下一步】按钮。

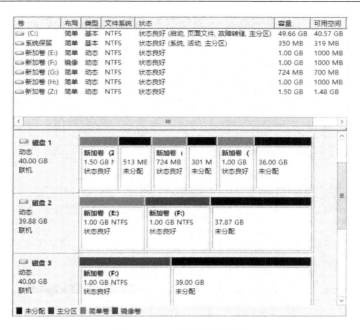

图 3-19　已创建的镜像卷

步骤 6：出现【正在完成新建 RAID – 5 卷向导】界面，单击【完成】按钮，完成镜像卷创建。结果如图 3-21 所示。

图 3-20　【选择磁盘】界面

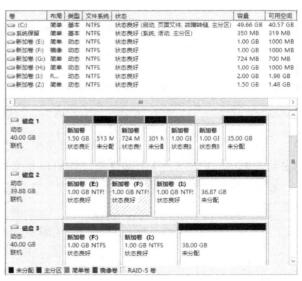

图 3-21　已创建的 RAID – 5 卷

3.3.3　恢复有故障的动态卷

1. 故障模拟

在模拟故障前，先在驱动器 F（镜像卷）和驱动器 I（RAID – 5 卷）上分别创建几个文件，用以验证当有一个磁盘出现故障时，驱动器 F 和驱动器 I 是否仍能正常读取文件。操作步骤如下。

　　步骤1：在服务器 win2012-1 上，将磁盘 2 从计算机中抽出，模拟磁盘损坏故障。

　　步骤2：打开【计算机管理】工具，选择【磁盘管理】，结果如图 3-22 所示。显示磁盘【丢失】，驱动器列表中的驱动器 F 和驱动器 I 的状态显示为"失败的重复"，说明磁盘有故障。

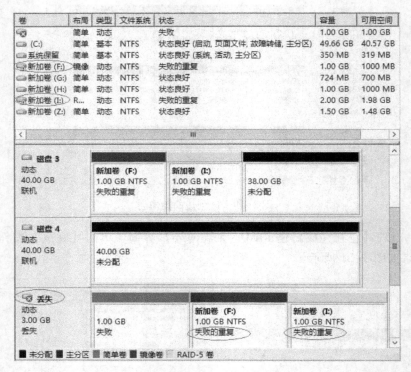

图 3-22　磁盘故障

　　步骤3：在【文件资源管理器】窗口中，打开驱动器 F，读取驱动器 F 上的文件；打开驱动器 I，读取驱动器 I 上的文件。均可以正常读取。

2. 恢复镜像卷

　　步骤1：右击镜像卷中的【丢失】磁盘，从弹出菜单中选择【删除镜像卷】。出现【删除镜像】对话框，在【磁盘】列表中选择【丢失】磁盘，单击【删除镜像】按钮，如图 3-23 所示。【丢失】磁盘上的镜像卷成员被删除，【磁盘3】上的镜像卷成员则转变为简单卷"F:"。

　　步骤2：右击【磁盘3】上的原镜像卷成员"F:"，从弹出菜单中选择【添加镜像】，打开【添加镜像】对话框，在【磁盘】列表框中选择【磁盘4】。

　　步骤3：单击【添加镜像】按钮，完成镜像卷的

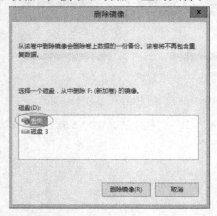

图 3-23　【删除镜像】对话框

恢复，如图 3-24 所示。

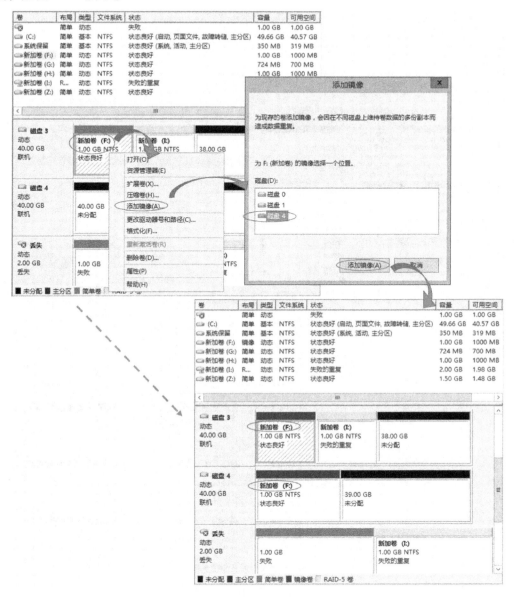

图 3-24　重建镜像卷的过程

3. 恢复 RAID‒5 卷

如果磁盘由于某些原因脱机而引起 RAID‒5 卷故障，当引起故障的磁盘重新联机后，可以使用【重新激活卷】进行修复。右击故障的 RAID‒5 卷，从弹出菜单中选择【重新激活卷】。如果是由于磁盘损坏等不可修复的原因引起的 RAID‒5 卷故障，则只能更换磁盘来恢复 RAID‒5 卷故障。操作步骤如下。

步骤 1：右击 RAID‒5 卷中的成员，从弹出菜单中选择【修复卷】。打开【修复 RAID‒5 卷】对话框，选择【磁盘 4】。单击【确定】按钮，完成 RAID‒5 卷的修复。修复 RAID‒5

卷的过程如图 3-25 所示。

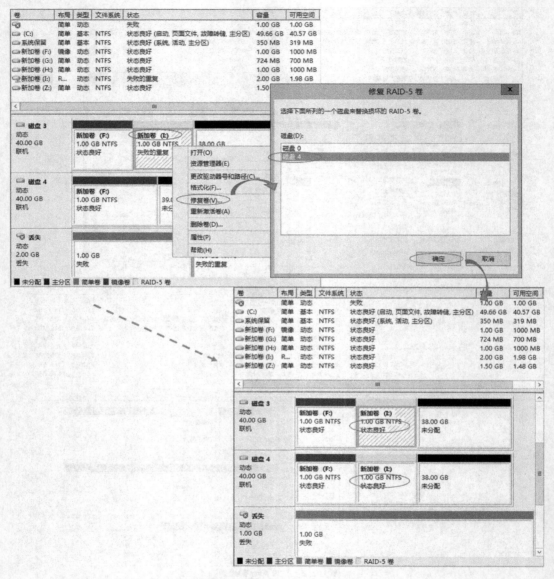

图 3-25　修复 RAID-5 卷的过程

步骤 2：删除故障磁盘。在【丢失】磁盘上右键单击，从弹出菜单中选择【删除磁盘】，将【丢失】磁盘从系统中删除。

3.4　管理存储空间

3.4.1　认识存储空间

Windows Server 2012 R2 在存储方面带来了大量的变化，其中最吸引人的是存储空间。

存储空间实际上是一种存储虚拟化技术，通过创建存储池，将物理磁盘中的未分配空间加入到存储池中，形成一个更大的"存储空间"，然后使用存储池中的可用空间创建虚拟磁盘。每一个虚拟磁盘可以像物理磁盘一样使用，进行分区格式化。但虚拟磁盘通过存储池获得了更丰富的性能，具备排错和自我复原能力。

Windows Server 2012 R2 的存储空间还提供集群的能力，可以提供高可用性和集成的群集共享卷，为虚拟机、文件共享和其他工作负载提供可扩展性部署。

在一台计算机上可以创建一个或多个存储池（storage pool），每个存储池中可以加入多个物理磁盘。在每个存储池中，可以创建一个或多个虚拟磁盘。然后在每个虚拟磁盘上可以创建一个或多个卷（相当于分区和格式化的操作）。

在 Windows Server 2012 R2 的存储池中创建虚拟磁盘时有四种类型可供选择，分别是：Simple、2-Way Mirror、3-Way Mirror 和 Parity。每种虚拟磁盘类型的特点如下。

① Simple（简单）：主要是用来扩大磁盘容量，存储池至少需要一块硬盘，系统从存储池的每块硬盘中抓取容量，大小不一定相同。

② 2-Way Mirror（2 路镜像）：同一份数据会保存两份，并且是跨越各硬盘；存储池内至少有两块硬盘；仅能容忍一块硬盘发生故障。

③ 3-Way Mirror（3 路镜像）：同一份数据会保存 3 份，并且是跨越各硬盘；存储池内至少有 5 块硬盘；能容忍两块硬盘发生故障。

④ Parity（奇偶校验）：可以提高数据访问的可靠性；奇偶校验信息会占用硬盘空间，会降低磁盘空间利用率；存储池内至少有 3 块磁盘，仅能容忍一块硬盘故障。

存储空间的主要设计目的是虚拟化廉价存储磁盘并提供高可用性和可扩展性，因此只支持以下存储磁盘类型：

↘ SAS（serial attached SCSI，串行连接 SCSI）；

↘ SATA（serial advanced technology attachment，串行 ATA 接口规范）；

↘ USB（universal serial bus，通用串行总线）；

↘ VHD（virtual hard disk，虚拟硬盘）/VHDX（微软 Hyper-V 中的虚拟硬盘标准）。

此外，每个硬盘必须大于或等于 4 GB。硬盘必须没有格式化过。

3.4.2　使用存储空间

准备磁盘环境，在服务器 win2012-1 上删除【磁盘 1】~【磁盘 3】上的所有卷，删除了所有卷的磁盘会自动转换成基本磁盘。

1. 查看所有物理磁盘容量及未分配空间

步骤 1：单击"开始"按钮█，选择"服务器管理器"按钮█，打开【服务器管理器】窗口。

步骤 2：在左侧窗格中单击【文件和存储服务】→【磁盘】，显示【磁盘】界面，如图 3-26 所示。在【磁盘】界面中列出了系统中所有基本磁盘，并显示出每个磁盘上未分配空间数。这些未分配的磁盘空间可以用于建立存储池。

2. 创建存储池

步骤 1：单击【存储池】，详细窗格中显示【存储池】界面，如图 3-27 所示。单击【物理磁盘】窗格右侧的【任务】下拉箭头，在下拉菜单中单击【新建存储池】菜单项。

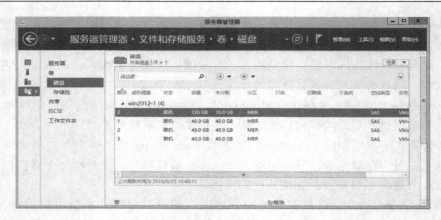

图 3-26 【磁盘】界面

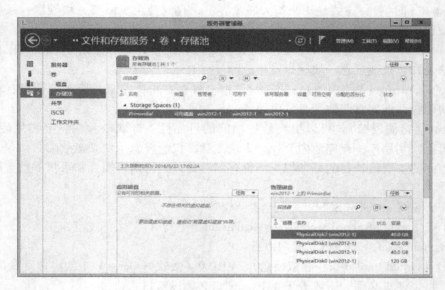

图 3-27 【存储池】界面

步骤 2：打开【新建存储池向导】窗口，显示【开始之前】界面。单击【下一步】按钮。

步骤 3：出现【指定存储池名称和子系统】界面，为存储池取名为【StoragePool】，并选择原始磁盘组【win2012-1】，如图 3-28 所示。单击【下一步】按钮。

步骤 4：出现【选择存储池的物理磁盘】界面，从【物理磁盘】列表框中选中【PhysicalDisk1】、【PhysicalDisk2】、【PhysicalDisk3】，这三个磁盘的所有未分配空间将用于创建存储池，如图 3-29 所示。单击【下一步】按钮。

步骤 5：出现【确认选择】界面，单击【创建】按钮。完成存储池的创建后，单击【关闭】按钮返回【文件和存储服务】窗口。

在创建存储池之后，接下来的任务就是创建一个虚拟磁盘，再在上面创建卷。

3. 创建虚拟磁盘

步骤 1：在【存储池】界面中，选择新建的存储池【StoragePool】，再单击【虚拟磁盘】窗格右侧的【任务】下拉箭头，在下拉列表中选择【新建虚拟磁盘】，如图 3-30 所示。

图 3-28　【指定存储池名称和子系统】界面

图 3-29　【选择存储池的物理磁盘】界面

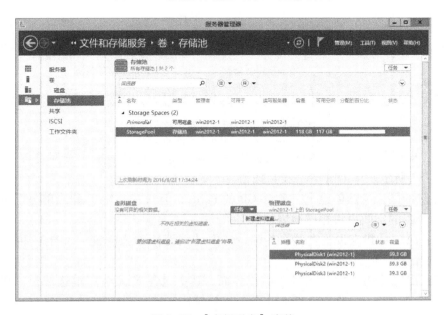

图 3-30　【虚拟磁盘】窗格

步骤 2：打开【新建虚拟磁盘向导】，显示【开始之前】界面。单击【下一步】按钮。

步骤 3：出现【选择存储池】界面，在【存储池】列表框中选择【StoragePool】，如图 3-31 所示。单击【下一步】按钮。

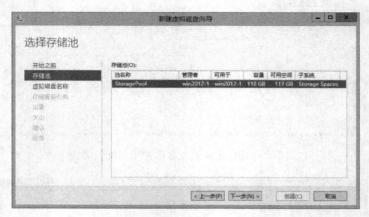

图 3-31　【选择存储池】界面

　　步骤 4：出现【指定虚拟磁盘名称】界面，在【名称】文本框中输入虚拟磁盘名称 "VDisk1"，如图 3-32 所示。单击【下一步】按钮。

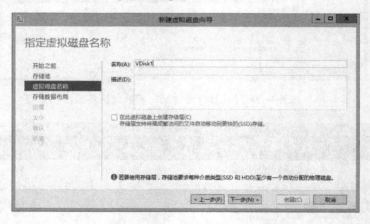

图 3-32　【指定虚拟磁盘名称】界面

　　步骤 5：出现【选择存储数据布局】界面，在【布局】列表框中选择【Parity】布局类型，如图 3-33 所示。单击【下一步】按钮。

　　需要注意的是，虽然创建了一个 10 GB 的 Parity，但只有 1.5 GB 是当前分配的。随着数据被保存，分配的空间也将相应地增加。

　　步骤 6：出现【指定设置类型】界面，选中【精简】单选按钮，如图 3-34 所示。单击【下一步】按钮。

　　步骤 7：出现【指定虚拟磁盘大小】界面，选中【指定大小】单选按钮，在其下文本框中输入 10，如图 3-35 所示。单击【下一步】按钮。

　　步骤 8：出现【确认选择】界面，显示所选信息，确认无误后单击【创建】按钮。完

图 3-33　【选择存储数据布局】界面

图 3-34　【指定设置类型】界面

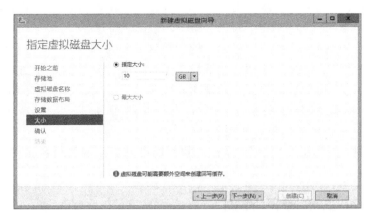

图 3-35　【指定虚拟磁盘大小】界面

成虚拟磁盘的创建后，单击【关闭】按钮。

4. 新建卷

步骤 1：完成虚拟磁盘的创建后，会自动启动【新建卷向导】。如果尚未打开【新建卷向导】，则在【服务器管理器】中的【存储池】界面上的【虚拟磁盘】下，右键单击所需的虚拟磁盘，然后单击【新建卷】。此时将打开【新建卷向导】，显示【开始之前】界面。单击【下一步】按钮。

步骤 2：出现【选择服务器和磁盘】界面，在【服务器】区域中，单击服务器 win2012 - 1，然后在【磁盘】区域中，单击虚拟磁盘【磁盘 4】，如图 3 - 36 所示。单击【下一步】按钮。

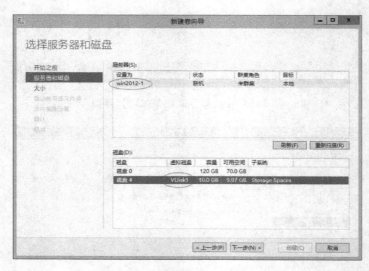

图 3-36　【选择服务器和磁盘】界面

步骤 3：出现【指定卷大小】界面，在【卷大小】文本框中输入 1 GB。单击【下一步】按钮。

步骤 4：出现【分配到驱动器号或文件夹】界面，使用默认分配的驱动器号即可。单击【下一步】按钮。

步骤 5：出现【选择文件系统】界面，使用默认分配的 NTFS。单击【下一步】按钮。

步骤 6：出现【确认选择】界面，验证设置是否正确，然后单击【创建】按钮。

步骤 7：出现【查看结果】界面，验证所有任务是否已完成，然后单击【关闭】按钮。

步骤 8：若要验证是否已创建卷，则在【服务器管理器】中，单击左侧窗格中的【卷】，查看【卷】窗格中的信息，如图 3-37 所示。

步骤 9：在窗格中列出了新建卷"E:"。我们还可以验证该卷是否在 Windows 资源管理器中。

3.4.3　替换发生故障的磁盘

如果服务器的某一块硬盘损坏，由于采用了奇偶校验（parity）存储布局，数据不会丢失，通过更换新硬盘后，可以使存储池得到恢复。替换故障磁盘的操作程序如下。

① 标识出现故障的磁盘。

② 在存储机箱中找到物理磁盘，用新物理磁盘替换故障磁盘，确保新磁盘与其他磁盘具有相同的规格和型号。

图 3-37　卷信息

③ 将新磁盘添加到存储池，修复所有故障卷。

④ 从存储池中删除旧磁盘。

⑤ 验证存储运行状况和关闭警报。

将磁盘 3 从服务器 win2012 - 1 的存储机箱中抽出，模拟磁盘故障。然后根据以下故障恢复程序进行操作。

步骤 1：单击"开始"按钮，选择"服务器管理器"按钮，打开【服务器管理器】窗口。

步骤 2：在左侧窗格中单击【文件和存储服务】→【存储池】，打开【存储池】界面，查看故障磁盘。如图 3-38 所示，物理磁盘 1、2 是正常的，出故障的磁盘是磁盘 3（虚拟机中不显示磁盘插槽）。

图 3-38　查看故障磁盘

　　步骤3：将一块新磁盘插入到硬盘3的位置（也可使用系统中保留用于故障恢复的磁盘）。单击【物理磁盘】右侧的【任务】下拉箭头，从下拉列表中选择【添加物理磁盘】。

　　步骤4：出现【添加物理磁盘】窗口，选中【PhysicalDisk3】前的复选框，就是新换的磁盘，如图3-39所示。然后单击【确定】按钮。

　　步骤5：在【虚拟磁盘】窗格中，选择虚拟磁盘，然后单击右键，在弹出菜单中单击【修复虚拟磁盘】，如图3-40所示。

图3-39　选定新换的磁盘

图3-40　【修复虚拟磁盘】菜单项

　　步骤6：虚拟磁盘修复完成后，单击"刷新"按钮◙刷新"存储池"，查看存储池和虚拟磁盘状态是否恢复正常。

　　步骤7：存储池和虚拟磁盘状态恢复正常后，可以从存储池中删除故障磁盘。在【物理磁盘】窗格中，右键单击故障磁盘，在弹出菜单中单击【删除磁盘】。存储池故障恢复完成。

　　注意：从存储池删除磁盘之前，必须满足以下要求。

　　① 存储池必须具有足够的可用容量来修复存储空间。

　　② 在删除之前，磁盘必须已停用。

3.5　实训——管理基本磁盘和动态磁盘

3.5.1　实训目的

　　① 掌握基本磁盘的管理。

　　② 掌握动态磁盘的管理。

　　③ 掌握存储空间的使用。

3.5.2　实训环境

　　管理基本磁盘和动态磁盘的实训环境如图3-41所示。

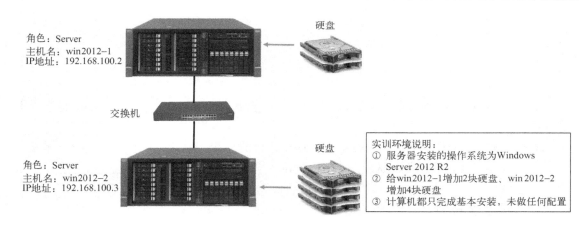

角色：Server
主机名：win2012-1
IP地址：192.168.100.2

硬盘

交换机

角色：Server
主机名：win2012-2
IP地址：192.168.100.3

硬盘

实训环境说明：
① 服务器安装的操作系统为Windows Server 2012 R2
② 给win2012-1增加2块硬盘、win2012-2增加4块硬盘
③ 计算机都只完成基本安装，未做任何配置

图 3-41　管理基本磁盘和动态磁盘实训环境

3.5.3　实训内容及要求

在图 3-41 所示的环境中完成以下操作任务。

任务 1：基本磁盘管理。

为服务器 win2012-1 安装两块磁盘，每块磁盘容量为 40 GB，并完成以下操作。

① 磁盘 1 初始化为 MBR 磁盘，磁盘 2 初始化为 GPT 磁盘。

② 在磁盘 1 上进行分区创建，注意主分区数量限制，观察主分区与扩展分区的区别。

③ 在磁盘 1 上设置活动分区。

④ 在磁盘 1 上完成分区的压缩与扩展操作。

⑤ 在磁盘 2 上进行分区创建，观察可建分区数量与磁盘 1 的不同。

任务 2：动态磁盘管理。

为服务器 win2012-2 安装四块磁盘，每块磁盘容量为 40 GB，并完成以下操作。

① 完成四块磁盘的初始化，并转换成动态磁盘。

② 在磁盘 1、2 上创建镜像卷，容量 10 GB。

③ 在磁盘 1、2、3 上创建带区卷，容量 10 GB。

④ 在磁盘 1、2、3 上创建 RAID-5 卷，容量 10 GB。

⑤ 取下磁盘 2，并用磁盘 4 完成镜像卷和 RAID-5 卷的故障恢复。

任务 3：存储空间管理。

在服务器 win2012-2 上，将四块磁盘所有分区/卷删除，并完成以下操作。

① 创建一个存储池 StoragePool1，加入磁盘 1、磁盘 2、磁盘 3。

② 创建虚拟磁盘 VDisk1 使用简单存储布局。

③ 创建虚拟磁盘 VDisk2 使用镜像存储布局。

④ 在 VDisk1 和 VDisk2 上分别创建一个简单卷，并且在每一个卷中复制几个文件。

⑤ 抽出磁盘 2，模拟磁盘故障，验证对 VDisk1 和 VDisk2 的读写能否进行。

习题

一、填空题

1. 基本磁盘可以转换为动态磁盘，转换后单个分区被转换为_____，存储的数据不受影响。

2. 基本磁盘是 PC 机上常用的磁盘组织形式，目前存在_____、_____两种标准。

3. 存储池中创建虚拟磁盘时有四种类型可供选择，分别是：_____、_____、_____和_____。

二、单项选择题

1. 在 Windows Server 2012 R2 的动态磁盘中，具有容错能力的是（　　　）。

A. 简单卷　　　　　　　　　　　　　　B. 跨区卷

C. 带区卷　　　　　　　　　　　　　　D. RAID – 5 卷

2. Windows Server 2012 R2 支持的动态卷中，（　　　）可以实现磁盘故障恢复。

A. 简单卷和跨区卷　　　　　　　　　　B. 镜像卷和 RAID – 5 卷

C. 带区卷镜像卷　　　　　　　　　　　D. 跨区卷和 RAID – 5 卷

3. 在 Windows Server 2012 R2 支持的文件系统格式中，能够支持文件权限的设置、文件压缩、文件加密和磁盘配额等功能的文件系统是（　　　）。

A. FAT16　　　　　B. FAT32　　　　　C. NTFS　　　　　D. HPFS

三、问答题

1. 采用 MBR 分区管理的磁盘有什么特点？

2. 服务器对存储有哪些方面的需求？Windows Server 2012 R2 中提供了哪些技术用于满足这些需求？

3. 存储空间目前支持哪些磁盘类型？

第4章　管理本地用户和组

每一台独立的 Windows 服务器（没有加入任何域）都是通过用户登录信息来识别合法用户和非法用户的，并允许授权的用户访问资源，拒绝非授权用户访问资源。

学习目标：
- 理解本地用户和组的作用
- 掌握本地用户账户的管理
- 掌握本地组的管理

学习环境（见图4-1）：

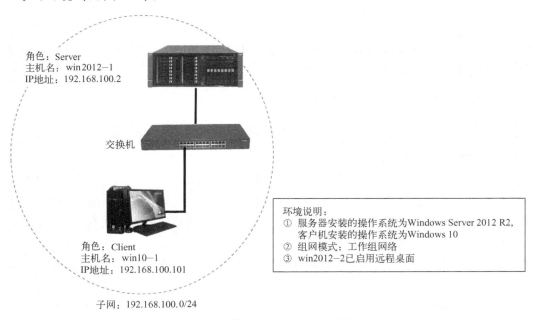

角色：Server
主机名：win2012-1
IP地址：192.168.100.2

交换机

环境说明：
① 服务器安装的操作系统为Windows Server 2012 R2，客户机安装的操作系统为Windows 10
② 组网模式：工作组网络
③ win2012-2已启用远程桌面

角色：Client
主机名：win10-1
IP地址：192.168.100.101

子网：192.168.100.0/24

图4-1　管理本地账户学习环境

4.1　认识 Windows 用户账户

4.1.1　用户账户

在 Windows 系统中，用户账户主要用于验证用户的身份，授权或拒绝用户对计算机资源的访问。

1. 验证用户的身份

用户在使用计算机前，必须先登录，就是输入有效的用户名和密码。用户名代表具体的用户，用户的信息保存在计算机上，称为本地用户账户。

每个登录到计算机的用户都应该有自己唯一的用户账户和密码，系统会自动为其分配 SID（security identifiers，安全标识符）。为了最大限度保证安全，应避免多个用户共享一个账户。

2. 授权或拒绝用户对计算机资源的访问

在验证用户身份之后，用户对计算机资源的访问由资源的访问权限控制，控制的依据就是一个称为访问控制列表（access control lists，ACL）的清单，在 ACL 中设置有该用户对资源的允许权限或拒绝权限。

3. 工作组环境中的用户和组

在工作组环境中，所有计算机都是独立的，要让用户能够登录到计算机并使用计算机的资源，必须为每个用户建立本地用户账户。同时，为了方便将资源的访问权限授予给用户，可以使用本地组来实现。

本地用户账户和组只在本地计算机上有效。换句话说，就是某台计算机上的用户账户只能在这台计算机上登录，并且这台计算机上的组也只能被用于这台计算机。本地用户账户信息是保存在本地计算机上的；一个用户若需要访问其他计算机，同样需要在其他计算机上有相应的用户账户，以便进行身份验证。

4.1.2　默认创建的用户账户

安装 Windows Server 2012 R2 时默认创建了两个用户账户：Administrator 和 Guest。

1. Administrator 账户

Administrator 是默认的系统管理员账户。Administrator 账户具有对计算机的完全控制权限，并可以根据需要向用户分配用户权利和访问控制权限。建议：只有在执行需要系统管理员权限的任务时才使用该账户，强烈建议将此账户设置为使用强密码。此账户无法删除，不过为了安全起见，可以将其改名。

注意：即使已禁用了 Administrator 账户，仍然可以在安全模式下使用该账户访问计算机。

2. Guest 账户

Guest 称为来宾账户。Guest 账户是提供给在这台计算机上没有账户的人临时使用的，它只有很少的权限。使用 Guest 账户登录计算机不需要密码。默认情况下，Guest 账户是禁用的，但也可以启用它，建议将其保持禁用状态。此账户无法删除，但可以将其改名。

可以像任何用户账户一样设置 Guest 账户的权限。默认情况下，Guest 账户是默认的 Guests 组的成员，该组允许用户登录计算机。其他权利及任何权限都必须由管理员组的成员授予 Guests 组。

4.2　管理本地账户

部署到网络中的独立服务器，需要为每一位使用者创建一个用户账户。

4.2.1　创建本地账户

王晓晓是公司新来的员工，系统管理员小张需要在服务器 win2012 – 1 上给王晓晓创建一个用户账户，其基本信息如下。

用户名：WXiaoxiao
全名：王晓晓
密码：123. com
要求用户下次登录时须更改密码

为王晓晓创建用户账号的操作步骤如下。

步骤 1：以管理员身份登录 win2012 – 1。单击"开始"按钮，选择"服务器管理器"按钮。

步骤 2：在【服务器管理器】窗口右上角单击【工具】→【计算机管理】菜单项，打开【计算机管理】窗口。

步骤 3：在【计算机管理】窗口左侧窗格中，展开【本地用户和组】节点，单击【用户】文件夹。

步骤 4：在【用户】文件夹上或详细窗格空白处右键单击，在弹出菜单中选择【新用户】菜单项。

步骤 5：出现【新用户】对话框，输入用户信息，如图 4-2 所示。密码需要输入两次，防止出错，输入密码时会被 * 号取代，以免被旁人看到。

步骤 6：单击【创建】按钮创建用户账户，再单击【关闭】按钮退出【新用户】对话框。

图 4-2　创建新用户

此外，还可以通过单击"开始"按钮，选择【控制面板】→【用户账户】来管理用户账户。

用户账户创建好后，注销 Administrator，然后以新账户 WXiaoxiao 登录。完成练习后，再注销 WXiaoxiao，改用 Administrator 重新登录。

创建用户账户操作要点如下。

① 要执行创建用户账户的操作，必须提供本地计算机上 Administrator 账户的凭据（如果提示），或必须是本地计算机上管理员组的成员。

② 用户名取名要求：

- 用户名不能与被管理的计算机上任何其他用户名或组名相同；
- 用户名不能包含下列字符:" / \ [ ] : ; | = , + * ? < > @ ；
- 用户名最多可以包含 20 个字符；
- 用户名不能只由句点（.）或空格组成。

③ 在【密码】和【确认密码】文本框中，可以输入包含不超过 127 个字符的密码。使用强密码和合适的密码策略有利于保护计算机免受攻击。

4.2.2　更改用户密码

1.　用户被强制要求更改密码

创建新用户账户时，如果设置了【用户下次登录时须更改密码】选项，用户第一次登录后会被强制要求修改密码。

注意：如果设置了【用户下次登录时须更改密码】选项，当用户第一次是从网络访问该计算机时，比如连接共享文件夹，会被拒绝访问。

2.　用户自己更改密码

本地用户要自己更改密码的话，可以在登录完成后按 Ctrl + Alt + Del 组合键，在弹出菜单中选择【更改密码】，出现【更改密码】对话框，然后在【更改密码】对话框中更改密码，不过必须先输入正确的旧密码，如图 4-3 所示。

图 4-3　用户修改密码

3.　管理员为用户重设密码

通常为了防止用户忘记密码而无法登录，要求用户事先制作密码重设盘。如果用户在登录时忘记密码的话，可以使用前面制作的密码重设盘来重新设置一个新密码。

当然，有时候用户未提前制作密码重设盘而忘记了密码，此时只有请系统管理员来为用户重设密码。系统管理员为王晓晓重设密码的操作步骤如下。

步骤 1：在【服务器管理器】窗口中单击【工具】→【计算机管理】菜单项，打开【计算机管理】窗口。

步骤 2：在【计算机管理】窗口左侧窗格中，展开【本地用户和组】节点，选择【用户】文件夹。

步骤 3：在详细窗格中右键单击 WXiaoxiao 用户账户，在弹出菜单中单击【设置密码】

菜单项。

　　步骤 4：出现如图 4-4 所示的警告信息，提醒为用户重置本地账户密码可能会导致该用户某些数据丢失，例如用户已经加密了的文件，用户存储在本地计算机内用来连接 Internet 的密码等，在重设密码后将无法再使用。因此应该在用户没有制作密码重设盘的情况下才使用这种方法。单击【继续】按钮。

　　步骤 5：出现【为 WXiaoxiao 设置密码】对话框，如图 4-5 所示。在【新密码】文本框中为用户输入新密码，再在【确认密码】文本框中重复输入一次新密码进行确认，单击【确定】按钮，完成重设密码。

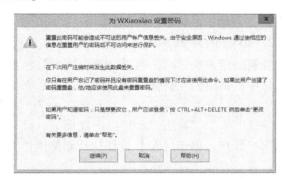　　

图 4-4　设置密码警告信息　　　　　　　　　图 4-5　设置密码

4.2.3　禁用与激活账户

　　假如王晓晓请了一个月的假，在这期间她用来登录系统的账户应该停止使用，以免被他人盗用。管理员处理该账户的方式是：先禁用该账户，当王晓晓回来后，再重新激活该账户。

1. 禁用用户账户

禁用用户账户的操作步骤如下。

　　步骤 1：在【计算机管理】窗口的详细窗格中右键单击王晓晓账户，然后在弹出菜单中单击【属性】菜单项。

　　步骤 2：出现【属性】对话框，在【常规】选项卡中，选中【账户已禁用】复选框，如图 4-6 所示。单击【确定】按钮退出。

2. 激活禁用的用户账户

重新激活禁用的用户账户的操作步骤如下。

　　步骤 1：在【计算机管理】窗口的详细窗格中右键单击王晓晓账户，然后在弹出菜单中单击【属性】菜单项。

　　步骤 2：出现如图 4-6 所示【属性】对话框，在【常规】选项卡中，取消【账户已禁用】复选

图 4-6　用户账户【属性】对话框

框，单击【确定】按钮退出。

4.2.4　重命名和删除用户

1. 重命名用户账户

要重命名用户账户时，在【计算机管理】窗口详细窗格中右键单击要重命名的用户账户，然后在弹出菜单中单击【重命名】菜单项。输入新的用户名，然后按 Enter 键。

由于重命名的用户账户会保留其安全标识符（SID），因此也保留其他所有属性，如描述、密码、组成员身份、用户配置文件、账户信息以及任何已指派的权限和用户权利。

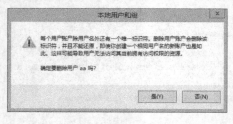

图 4-7　删除用户账户警告信息

2. 删除用户账户

要删除用户账户时，在【计算机管理】窗口详细窗格中右键单击要删除的用户账户，然后在弹出菜单中单击【删除】菜单项，出现如图 4-7 所示的警告信息，提示删除用户账户后不能还原，确认要删除用户账户，单击【是】按钮执行删除操作。

注意：

↪ 当需要删除一个用户账户时，建议首先禁用该账户。确信禁用账户不会引起问题时，便可以放心地删除该账户。

↪ 不能恢复已删除的用户账户。

↪ 不能删除 Administrator 账户和 Guest 账户。

4.3　认识组

4.3.1　本地组

作为系统管理员来说，用户账户的权限管理是一个很烦琐的工作，如果能够合理使用组来管理用户账户的权限，肯定能够减轻许多管理负担。

组是分配权限的逻辑单位。举例来说，系统已为 Administrators 组分配了管理本计算机的最高权限，小张是新来的系统管理员，将小张的账户 XiaoZhang 加入到 Administrators 组，小张就成为了本计算机的管理员，与 Administrator 账户具有相同的权限。如果将用户小张的账户从 Administrators 组中删除，小张就没有了管理员权限。

当要给一批用户分配同一个权限时，就可以将这些用户都归到一个组中，只要给这个组分配此权限，组内的用户都会拥有此权限。

4.3.2　默认本地组

默认本地组是在安装操作系统时自动创建的，每一个默认本地组都被赋予了特定的权限，如果一个用户属于某个默认本地组，则该用户就具有在本地计算机上执行相应任务的权利和能力。以下几个组是常见的默认本地组。

1. Users

Users 是普通用户组，这个组的用户可以运行经过验证的应用程序，但用户无法对系统进行有意或无意的改动。Users 组是最安全的组，因为分配给该组的默认权限不允许其成员修改操作系统的设置与用户资料。Users 组提供了一个最安全的程序运行环境。在经过 NTFS 格式化的卷上，默认安全设置旨在禁止该组的成员危及操作系统和已安装程序的完整性。用户不能修改系统注册表设置、操作系统文件和程序文件。Users 可以创建本地组，但只能修改自己创建的本地组。Users 可以关闭工作站，但不能关闭服务器。

2. Power Users

Power Users 是高级用户组，除了为 Administrators 组保留的任务外，该组用户可以执行其他任何操作系统任务。分配给 Power Users 组的默认权限允许 Power Users 组的成员修改整个计算机的设置。但 Power Users 不具有将自己添加到 Administrators 组的权限。在权限设置中，这个组的权限仅次于 Administrators。

3. Administrators

Administrators 是管理员组，默认情况下，Administrators 中的用户对计算机/域有不受限制的完全访问权。分配给该组的默认权限允许对整个系统进行完全控制。一般来说，应该把系统管理员或者与其有着同样权限的用户设置为该组的成员。

4. Guests

Guests 是来宾组，来宾组跟普通组 Users 的成员有同等访问权，但来宾账户的限制更多。

5. Everyone

Everyone 代表所有的用户，此计算机上的所有用户都属于这个组，因此，在查看用户组的时候它不会被显示出来，但在设置权限时可以为该组指定权限。

6. System 组

这个组拥有和 Administrators 一样甚至更高的权限，在查看用户组的时候它不会被显示出来，也不允许任何用户的加入。这个组主要是保证了系统服务的正常运行，赋予系统及系统服务的权限。

4.4　管理本地组

4.4.1　创建本地组

公司财务部的员工需要相同的访问权限，可以创建一个 CWB 组。

创建一个新组的操作步骤如下。

步骤 1：在【计算机管理】窗口的导航窗格中右键单击【组】文件夹图标，然后在弹出菜单中单击【新建组】菜单项。

步骤 2：出现【新建组】对话框，在【组名】文本框中输入新组的名称"CWB"，在【描述】文本框中输入组的描述信息，如图 4-8 所示。如果只是建立一个空组，单击【创建】按钮执行新组的创建，再单击【关闭】按钮退出。

图 4-8 【新建组】对话框

如果要为新组添加成员用户，也可以单击【添加】按钮。

4.4.2 将用户加入到本地组

王晓晓实习结束后，分配到财务部工作，管理员需要将王晓晓的账户添加到 CWB 组，以便王晓晓能够具有财务部员工的访问权限。具体操作步骤如下。

步骤 1：在【计算机管理】窗口的导航窗格中，单击"组"图标 ，然后在详细窗格中双击图标 "CWB"。

步骤 2：出现【CWB 属性】对话框，单击【添加】按钮。

步骤 3：出现【选择用户】对话框，依次单击【高级】→【立即查找】按钮，从【搜索结果】列表框中选择 WXiaoxiao 账户，单击【确定】按钮退出查找，再次单击【确定】按钮。

步骤 4：返回【CWB 属性】对话框，如图 4-9 所示，王晓晓已经加入 CWB 组。单击【确定】按钮完成添加。

图 4-9 【CWB 属性】对话框

4.4.3　将用户加入到 Remote Desktop Users 组

win2012 - 1 上已启用远程桌面，要允许用户使用远程桌面连接到服务器，需要将用户加入到 Remote Desktop Users（远程桌面用户）组，此组中的成员被授予远程登录的权限。操作步骤如下。

步骤 1：在【计算机管理】窗口详细窗格中右键单击王晓晓账户，然后在弹出菜单中单击【属性】菜单项。

步骤 2：出现【属性】对话框，单击【隶属于】标签，切换到【隶属于】选项卡，单击【添加】按钮，添加 "Remote Desktop Users" 组到【隶属于】列表框，如图 4-10 所示。单击【确定】按钮退出。

步骤 3：在 win10 - 1 中，单击 "开始" 按钮▦，依次选择【所有应用】→【Windows 附件】→【远程桌面连接】，打开【远程桌面连接】对话框，在【计算机】文本框中输入 win2012 - 1 的 IP 地址，如图 4-11 所示。单击【连接】按钮。

图 4-10　【隶属于】列表框

图 4-11　【远程桌面连接】对话框

步骤 4：出现【Windows 安全】对话框，输入用户名和密码，单击【确定】按钮。

步骤 5：出现计算机安全证书问题提示界面，提示无法验证服务器证书，忽略此信息。单击【是】按钮。用户身份与权限验证通过后，出现远程计算机桌面。

4.5　实训——管理本地用户和组

4.5.1　实训目的

① 掌握创建用户账户和组账户的方法。
② 掌握管理用户账户和组账户的方法。

4.5.2 实训环境

实训网络环境如图 4-12 所示（也可在虚拟机中进行），组成的是一个工作组网络，服务器 win2012-1 已经安装了 Windows Server 2012 R2。

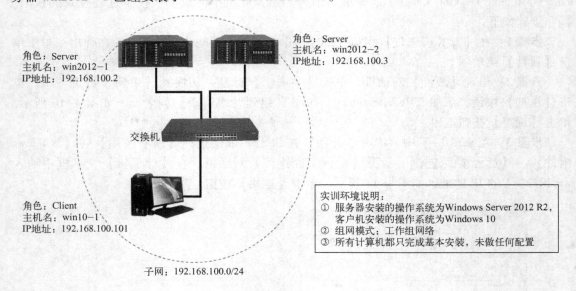

角色：Server
主机名：win2012-1
IP地址：192.168.100.2

角色：Server
主机名：win2012-2
IP地址：192.168.100.3

交换机

角色：Client
主机名：win10-1
IP地址：192.168.100.101

实训环境说明：
① 服务器安装的操作系统为Windows Server 2012 R2，客户机安装的操作系统为Windows 10
② 组网模式：工作组网络
③ 所有计算机都只完成基本安装，未做任何配置

子网：192.168.100.0/24

图 4-12 管理本地用户和组实训环境

4.5.3 实训内容及要求

表 4-1 中列出了 guidian 公司部分机构人员清单。

表 4-1 guidian 公司部分机构人员清单

部　　门	用 户 姓 名	用 户 账 号	所 属 组
行政部	张军	Zj	XZB
	孙小英	Sxy	
业务部	江飞龙	Jfl	YWB
	汪涛	wt	

请在服务器 win2012-1 上根据表 4-1 的内容完成以下操作。

任务 1：创建所员工的用户账户。

任务 2：创建 XZB、YWB 组。

任务 3：将用户账户加入到相应的组中。

任务 4：在服务器 win2012-1、win2012-2 上启用远程桌面，并允许用户 zj 使用远程桌面连接到服务器。

请思考，为什么在 win2012-2 上无法为 zj 设置远程桌面访问权限？

任务 5：以用账户 zj 身份从 win10-1 上使用远程桌面连接 win2012-1 和 win2012-2。

注意观察结果，并结合工作组的相关知识思考遇到的问题。

习题

一、填空题

1. 与 Windows Server 2012 网络服务器的两种工作模式相对应，用户账户也用两种类型：_____和_____。

2. 用户账户的两个主要作用是：_____，授权或拒绝用户对计算机资源的访问。

3. Windows Server 2012 R2 安装完成后，默认创建的两个用户账户是_____、_____。

二、单项选择题

1. Windows 用户命名规则不包含（　　　）。

A. 用户名不能以数字开头

B. 用户名不能与被管理的计算机的其他用户或组名称相同

C. 用户名最多可以包含 20 个大写或小写字符

D. 字符大小写不敏感

2. 在 Windows Server 2012 中创建一个新用户账户，该账户默认会隶属于(　　　)组。

A. Administrators　　　B. Guests　　　C. Power Users　　　D. Users

3. 下列组名中，（　　）不是默认本地组。

A. Administrators　　　B. Guests　　　C. Backup Operators　D. Domain Admins

4. 以下关于组的叙述正确的是（　　　）。

A. 组中的所有成员一定具有相同的网络访问权限

B. 组只是为了简化系统管理员的管理，与访问权限没有任何关系

C. 创建组后才可以创建该组中的用户

D. 组账户的权限自动应用于组内的每个用户账户

5. （　　　）账户由在这台计算机上没有实际账户的用户使用。

A. Administrator　　　B. Guest　　　C. System　　　　D. HelpAssistant

三、问答题

1. 用户组的主要作用是什么？

2. 安全的用户密码应如何设置？

3. 在网络环境中，使用本地用户账户有什么缺点？

4. 小王的账户被删除后，管理员为他重新创建了同名账户，为什么他打不开原来的文件？

第 5 章　文件服务器的配置与管理

在企业网络中，通过配置文件共享服务，使得用户可以集中存储文件，并从网络的任何位置访问它。文件共享服务还能满足企业对文件或文件夹的不同安全性需求，比如，不同用户或部门成员对同一文件或文件夹有不同的权限要求。

学习目标：
- 理解 FAT 和 NTFS 文件系统的概念
- 掌握 NTFS 的文件及文件夹权限设置
- 掌握共享文件夹的设置与管理
- 掌握文件共享客户端的操作
- 掌握磁盘配额的设置与管理
- 掌握卷影副本的设置与使用

学习环境（见图 5-1）：

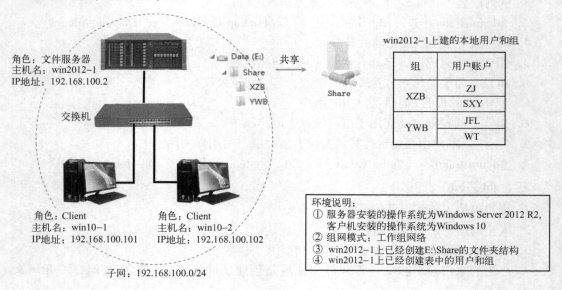

图 5-1　文件服务器的配置与管理学习环境

5.1　文件的本地访问控制

文件是计算机存储和管理数据的基本单位，当用户在计算机上登录后，对本地文件的访问是由操作系统的文件系统进行管理的。文件系统包括执行文件操作的系统程序模块和磁盘的文件存储空间结构，具体地说，它负责为用户建立文件，存入、读取、修改、转储文件，控制文件的存取。我们通常说在磁盘上创建 NTFS 分区，就是指在磁盘上为 NTFS 建立文件存储结构。

Windows Server 2012 R2 提供了强大的文件管理功能，支持多种类型的文件系统，其 NT-FS 具有较高的安全性和稳定性，是 Windows 推荐使用的文件系统。

5.1.1　Windows Server 2012 R2 支持的文件系统

Windows Server 2012 R2 支持 FAT、FAT32、NTFS、ReFS 四种文件系统。

1. FAT 文件系统

FAT（file allocation table，文件分配表）适用于早期 16 位的 MS – DOS 操作系统，分区最大支持 2 GB，无用户访问控制功能。

2. FAT32

FAT32 是对 FAT 的扩展，适用于 32/64 位操作系统，正常情况下支持 32 GB 空间，无用户访问控制功能。

FAT 文件系统的缺点很明显，主要有以下几点：

↘ 文件容易受损害；
↘ 适用于单用户系统，安全性差；
↘ 采用非最佳更新策略；
↘ 没有防止碎片的最佳措施；
↘ 支持最大 32 GB 的大硬盘，单个文件最大 4 GB。

3. NTFS 文件系统

NTFS（new technology file system，新技术文件系统）适用于 32/64 位的操作系统，最大支持 2 TB 的空间，是一种可扩展和可恢复的文件系统，提供了高安全性的用户访问控制功能。

NTFS 文件系统的优点主要有：

↘ 支持文件安全性，有更安全的文件保障、可以赋予单个文件和文件夹权限；
↘ 支持最大达 2 TB 的大硬盘，单个文件最大达 64 GB；
↘ NTFS 具有文件恢复能力——卷影副本；
↘ NTFS 采用 B – Tree 结构，访问速度更快；
↘ 支持活动目录和域；
↘ 更好的磁盘压缩功能、可以压缩单个文件和文件夹；
↘ 支持磁盘配额；
↘ 支持文件加密；
↘ NTFS 是以簇为单位来存储数据文件，在给定大小的卷上，NTFS 总是使用最小的默认簇。

4. ReFS

ReFS（resilient file system，弹性文件系统）是 Windows Server 2012 全新的文件系统，带有校验和的元数据完整性，支持超大规模的卷、文件〔(2^{64} – 1) 字节〕和目录。可以兼容 NTFS绝大多数特性，对于少数功能，比如压缩、EFS 等不支持。

5.1.2　NTFS 权限管理

在企业中，有些数据或文件允许所有人查看，而有些数据或文件只允许有限的人查看，如果这些数据或文件存储在计算机中，可以设置 NTFS 权限来保护这些数据和文件。用户必须对 NTFS 磁盘内的数据或文件拥有适当权限后，才能访问这些资源。

文件的基本权限

- □ 完全控制
- □ 修改
- □ 读取和执行
- □ 读取
- □ 写入

文件夹的基本权限

- □ 完全控制
- □ 修改
- □ 读取和执行
- □ 读取
- □ 写入
- □ 列出文件夹内容

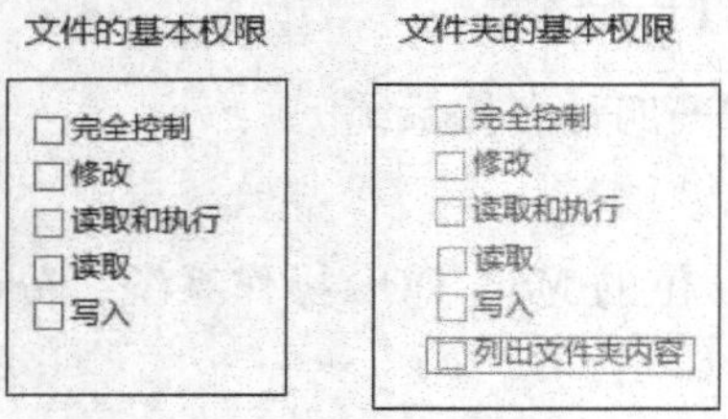

图 5-2　文件和文件夹的基本权限

1. NTFS 基本权限设置

为了方便对文件和文件夹进行权限管理，NTFS 为常用的文件和文件夹的访问操作设置了相应的权限，称之为基本权限，如图 5-2 所示。

例如，在服务器 win2012 - 1 上，要设置"E:\Share\XZB"文件夹允许行政部的员工（即 XZB 组的成员）具有修改权限，具体操作步骤如下。

步骤 1：以管理员身份登录 win2012 - 1。单击"开始"按钮 ▦，选择"这台电脑"按钮 ▣，打开【文件资源管理器】窗口。

步骤 2：在【文件资源管理器】窗口中，打开 E: 盘中的 Share 文件夹，右键单击 XZB 文件夹，然后在弹出菜单中单击【属性】菜单项。

步骤 3：出现【XZB 属性】对话框，单击【安全】标签，切换到【安全】选项卡，单击【编辑】按钮。

步骤 4：出现【XZB 的权限】对话框，单击【添加】按钮。

步骤 5：出现【选择用户或组】对话框，在【输入对象名称来选择】文本框中输入组名"XZB"，然后单击【确定】按钮。

步骤 6：返回【XZB 的权限】对话框，这时在【组或用户名】列表框中已经添加了 XZB，从列表中选择【XZB】，然后在【XZB 的权限】选项区域中，选中【修改】选项的【允许】复选框，如图 5-3 所示。

步骤 7：单击【确定】退出【XZB 的权限】对话框，再单击【确定】退出【XZB 属性】对话框。

注意：只有 Administrators 组内的成员、文件/文件夹的所有者、具有完全控制权限的用户才有权限进行文件/文件夹的 NTFS 权限设置。

2. 分区的默认权限与权限的继承设置

（1）查看分区的默认权限

一个新建的 NTFS 磁盘分区，系统会自动设置其默认权限。要查看分区的默认权限，操作步骤如下。

步骤 1：单击"开始"按钮 ▦，选择"这台电脑"按钮 ▣，打开【文件资源管理器】窗口。

步骤 2：在【文件资源管理器】窗口，右键单击"E:"盘，在弹出菜单中单击【属性】菜单项。

步骤 3：出现【Data(E:)属性】对话框，单击【安全】标签，切换到【安全】选项卡，如图 5-4 所示，为"E:"盘的默认权限。

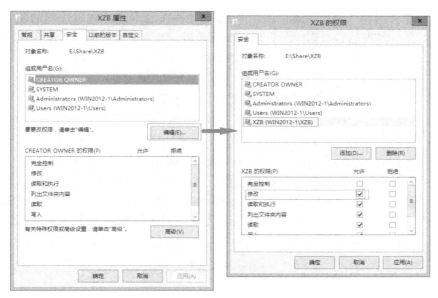

图 5-3　设置 XZB 文件夹的基本权限

（2）查看文件夹的继承权限

当在"E:"盘上创建文件或文件夹时，新建的文件或文件夹就会继承"E:"盘的部分权限。要查看新建文件夹的继承权限，操作步骤如下。

步骤 1：双击"E:"盘图标，打开"E:"盘，右键单击空白处，从弹出菜单中选择【新建】→【新建文件夹】菜单项。

步骤 2：出现【新建文件夹】，输入文件夹名"temp"。

步骤 3：右键单击【temp】图标，在弹出菜单中单击【属性】。

步骤 4：出现【temp 属性】对话框，单击【安全】标签，切换到选项卡，其默认权限如图 5-5 所示。

图 5-4　【Data(E:)属性】对话框

图 5-5　【temp 属性】对话框

比较图 5-4 和图 5-5 可以发现，"E：\temp" 文件夹继承来的权限选项的复选框中的勾为灰色，不能直接将灰色的勾删除，只可以添加权限。当在 "E：\temp" 文件夹中创建文件或文件夹时，新建文件或文件夹也会继承父文件夹 "E：\temp" 的权限。

（3）阻止继承权限

要取消 "E：\temp" 文件夹继承来的权限，操作步骤如下。

步骤 1：右键单击【temp】文件夹图标，然后在弹出菜单中单击【属性】菜单项。

步骤 2：出现【temp 属性】对话框，单击【安全】标签，切换到【安全】选项卡。

步骤 3：在【安全】选项卡中，单击【高级】按钮。

步骤 4：出现【temp 的高级安全设置】对话框，单击【禁用继承】按钮。

步骤 5：出现【阻止继承】警告对话框，如图 5-6 所示，单击【将已继承的权限转换为此对象的显式权限。】。此处，也可以选择单击【从此对象中删除所有继承的权限。】，放弃原有的权限，然后重新设置权限。

图 5-6　禁用继承权限

步骤 6：返回到【temp 的高级安全设置】对话框，再单击【确定】按钮。

步骤 7：返回到【temp 属性】对话框，可以看到 temp 文件夹原来继承来的权限选项的复选框中的勾不再是灰色的，单击【编辑】按钮就可以修改这些权限。

3. NTFS 高级权限设置

通常设置基本权限就可以满足大多数使用环境对文件和文件夹的权限要求，这极大地简化了权限设置操作。我们还可以设置高级权限来更细致地分配权限，以便满足各种特殊的权限需求。一项基本权限通常包含多项高级权限，例如文件夹的"读取"基本权限就包含"列出文件夹/读取数据""读取属性""读取扩展属性""读取权限" 4 项高级权限，如图 5-7 所示。

基本权限：
☐ 完全控制
☐ 修改
☐ 读取和执行
☐ 列出文件夹内容
☑ 读取
☐ 写入
☐ 特殊权限

=

高级权限：
☐ 完全控制
☐ 遍历文件夹/执行文件
☑ 列出文件夹/读取数据
☑ 读取属性
☑ 读取扩展属性
☐ 创建文件/写入数据
☐ 创建文件夹/附加数据
☐ 写入属性
☐ 写入扩展属性
☐ 删除子文件夹及文件
☐ 删除
☑ 读取权限
☐ 更改权限
☐ 取得所有权

图 5-7 基本权限与高级权限对照

如果要让 XZB 组的成员只能将文件和文件夹复制到"E：\temp"文件夹中，而不能查看"E：\temp"文件夹，那么除了管理员有完全控制权限外，其他用户没有任何权限。设置"E：\temp"文件夹时，我们可以先删除该文件夹的全部权限设置，然后添加以下权限。

administrators 组：有"完全控制"权限

XZB 组：有"创建文件夹/附加数据"和"创建文件/写入数据"权限。

具体操作步骤如下。

步骤 1：右键单击【temp】文件夹，然后在弹出菜单中单击【属性】菜单项。

步骤 2：出现【temp 属性】对话框，单击【安全】标签，切换到【安全】选项卡。

步骤 3：在【安全】选项卡中，单击【高级】按钮。

步骤 4：出现【temp 的高级安全设置】对话框，单击【禁用继承】按钮，出现【阻止继承】警告对话框，单击【从此对象中删除所有继承的权限。】，放弃原有的权限，然后重新设置权限。如果之前已经禁用继承，则直接选择【权限条目】列表中的权限条目，然后单击【删除】按钮，删除权限条目。

步骤 5：返回【temp 的高级安全设置】对话框，再单击【添加】按钮。

步骤 6：出现【temp 的权限项目】对话框，单击【选择主体】，出现【选择用户或组】对话框，在【输入要选择的对象名称】文本框中直接输入"XZB"，如图 5-8 所示，单击【确定】按钮返回。

图 5-8 【选择用户或组】对话框

步骤 7：返回【temp 的权限项目】对话框，单击右侧【显示高级权限】链接，展开高级权限，再单击【全部清除】按钮，清除默认权限，再选中【创建文件/写入数据】和【创建文件夹/附加数据】复选框，结果如图 5-9 所示。然后单击【确定】按钮。

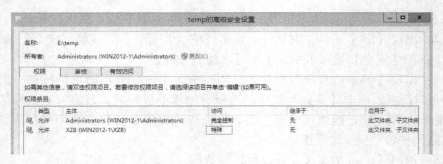

图 5-9　【temp 的权限项目】对话框

步骤 8：出现【temp 的高级安全设置】对话框，如图 5-10 所示，可以看到 XZB 的【访问】栏目显示为"特殊"权限。再单击【确定】按钮。

图 5-10　【temp 的高级安全设置】对话框

4. 权限的累加与拒绝

要设置用户对文件的操作权限，可以将权限直接授予该用户，也可以通过将用户加入到被授予了权限的组，用户可以是多个组的成员，因此，用户获取到的权限是累加了多个组的权限。

拒绝权限的优先级比允许权限高，也就是说，只要其中有一个权限来源被设置为"拒绝"权限，则用户的该项权限将被取消。如图 5-11 所示，用户 ZS 同时属于 A 组与 B 组，对于 Test. txt 文件的读取权限有多个来源，由于 B 组被设置了拒绝读取，最终其读取权限被取消，也就无法读取 test. txt 文件。

5. 查看用户的最终有效权限

要查看"E:\temp"文件夹的用户最终有效权限。操作步骤如下。

步骤 1：右键单击【temp】文件夹，然后在弹出菜单中单击【属性】菜单项。

步骤 2：出现【temp 属性】对话框，单击【安全】标签，切换到【安全】选项卡。

步骤 3：在【安全】选项卡中，单击【高级】按钮。

步骤 4：出现【temp 的高级安全设置】对话框，单击【有效访问】标签，切换到【有效访问】选项卡。

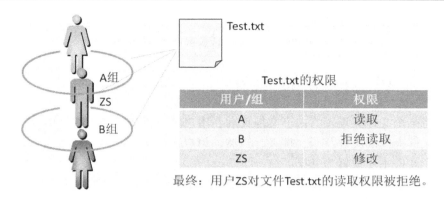

図 5-11　拒绝权限应用实例

步骤 5：在【有效访问】选项卡中，单击【选择用户】链接。

步骤 6：出现【选择用户或组】对话框，依次单击【高级】→【立即查找】按钮，再选择"XZB"组，再单击【确定】按钮。

步骤 7：返回【有效访问】选项卡，再单击【查看有效访问】按钮，结果如图 5-12 所示。

図 5-12　查看有效访问的信息

如果用户同时属于多个组，而且该用户与这些组分别对某个文件或文件夹拥有不同的权限时，则该用户对这个文件或文件夹的最终有效权限是其所有权限来源的总和。

6. 文件或文件夹的"所有者"权限

NTFS 磁盘内的每个文件和文件夹都有所有者，默认情况下，创建文件或文件夹的用户就是该文件或文件夹的所有者。所有者可以更改其所拥有的文件或文件夹的权限，无论其当前是否具有访问此文件或文件夹的权限。

默认情况下 Administrators 组可以更改文件或文件夹的所有者。

5.2　文件共享服务器配置与管理

当我们将某个文件夹设置为共享文件夹后，用户就可以从网络中的其他计算机上通过网络来访问此文件夹内的文件及子文件夹，当然，用户必须具有适当的访问权限。文件夹可以共享，但单个文件不能设置为共享。

无论文件夹位于 NTFS、FAT 还是 FAT32 磁盘分区内，都可以被设为共享文件夹，然后通过共享权限来设置用户的访问权限。最好使用 NTFS 文件系统，这样可以提供更强的安全保障和更优的存取性能。此外，文件服务器需要有足够的磁盘空间。

网络文件共享采用的协议是 SMB（server message block，服务器报文块）协议，使用 SMB 协议的应用程序可以直接读取、创建和修改远程服务器上的文件。Windows Server 2012 R2 引入了全新的 SMB 3.0 协议。

5.2.1　安装和启用文件共享服务

默认情况下，在安装 Windows Server 2012 R2 系统时 "Microsoft 网络的文件和打印共享" 网络组件会被自动安装。要使用文件共享服务还需要安装文件服务器角色。

在 win201 – 1 上安装文件服务器角色的步骤如下。

步骤1：以管理员身份登录 win2012 – 1，单击 "开始" 按钮▢，选择 "服务器管理器" 按钮▢，打开【服务器管理器】窗口。

步骤2：在【服务器管理器】窗口中依次单击【管理】→【添加角色和功能】菜单项。

步骤3：打开【添加角色和功能向导】，显示【开始之前】界面。连续单击三次【下一步】按钮，进入到【选择服务器角色】界面，选中【文件服务器】与【文件服务器资源管理器】复选框，如图 5–13 所示，再单击【下一步】按钮。

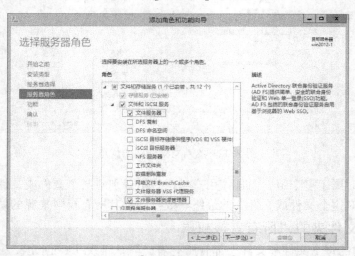

图 5–13　【选择服务器角色】界面

步骤 4：出现【选择功能】界面，直接单击【下一步】。

步骤 5：出现【确认所选安装内容】界面，确认需要安装的服务、角色、功能，单击【安装】按钮。

步骤 6：安装完成，单击【关闭】按钮，退出安装向导。

注意：如果没有安装文件服务器角色，在资源管理器中创建共享文件夹时，也会自动添加文件服务器角色。但是，不会添加文件服务器角色支持的其他服务。

5.2.2　创建共享文件夹

Windows 的网络共享访问提供了两种安全模式，即"经典"模式和"仅来宾"模式，用以确定如何对通过网络访问共享文件夹的用户进行身份验证。

如果采用"经典"模式，通过网络访问共享文件夹的用户必须进行身份验证。"经典"模式能够对资源的访问权限进行精细的控制，可以针对同一个资源为不同用户授予不同类型的访问权限。

如果采用"仅来宾"模式，通过网络来访问共享文件夹的用户会自动映射到来宾账户。使用"仅来宾"模式，所有用户都可得到平等对待，都被视为来宾身份，并且都获得相同的访问权限级别来访问指定的资源，这些权限可以为只读或修改。

默认情况下，Windows Server 2012 R2 网络共享访问启用的是"经典"模式。出于安全的考虑，在实际的企业生产性网络中不建议启用"仅来宾"模式。

在 Windows Server 2012 R2 中可以使用服务器管理器、资源管理器、计算机管理、命令行等工具来创建共享文件夹。Windows Server 2012 R2 服务器管理器提供的共享管理工具操作界面更加友好、方便，功能更全面。

将服务器 win2012 – 1 上的"E:\share"文件夹共享给网络用户，要求只有通过身份验证的用户才能访问该共享文件夹。具体操作步骤如下。

步骤 1：在【服务器管理器】界面中单击【文件和存储服务】图标，出现【文件和存储服务】界面，然后在导航窗格中选择【共享】。

步骤 2：出现【共享】界面，在【共享】窗格右上角单击【任务】，从弹出菜单中选择【新建共享】菜单项，如图 5-14 所示。

图 5-14　【共享】界面 – 新建共享

步骤 3：打开【新建共享向导】，显示【为此共享选择配置文件】界面。可以看到有五种文件共享配置文件，如图 5-15 所示。选择【SMB 共享 - 快速】，单击【下一步】按钮。

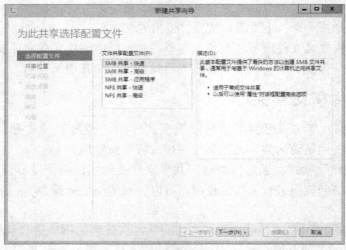

图 5-15　【为此共享选择配置文件】界面

⇨【SMB 共享 - 快速】：提供了最快创建 SMB 文件共享的方法，适用于常规文件共享。

⇨【SMB 共享 - 高级】：除了常规文件共享配置外，还提供了文件类型、磁盘配额等额外配置选项。

⇨【SMB 共享 - 应用程序】：适用于 Hyper - V、某些数据库以及其他服务器应用程序的设置创建 SMB 文件共享。

⇨ 第四、五项是 NFS 共享配置，略。

步骤 4：出现【选择服务器和此共享的路径】界面，因为只有一台服务器，默认已选上，在【共享路径】选项区下选中【输入自定义路径】单选按钮，然后单击【浏览】按钮选择要共享的文件夹 "E:\share"，如图 5-16 所示。单击【下一步】按钮。

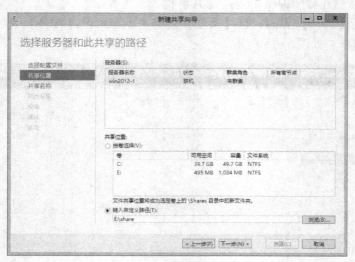

图 5-16　【选择服务器和此共享的路径】界面

步骤 5：出现【指定共享名称】界面，可在【共享名称】文本框中输入新的共享名，这里使用默认的共享名 "share"，如图 5-17 所示。单击【下一步】按钮。

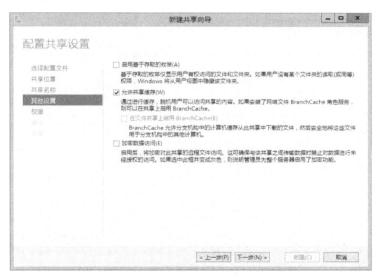

图 5-17　【指定共享名称】界面

步骤 6：出现【配置共享设置】界面，默认选中【允许共享缓存】复选框，如图 5-18 所示。单击【下一步】按钮。

图 5-18　【配置共享设置】界面

步骤 7：出现【指定控制访问的权限】界面，可以看到共享权限是 "所有人都只读"，如图 5-19 所示，这不是我们所要的权限。单击【自定义权限】按钮。

步骤 8：出现【share 的高级安全设置】对话框，单击【共享】标签，切换到【共享】选项卡，如图 5-20 所示。在【权限条目】列表框中删除【主体】为 "Everyone" 的条目，

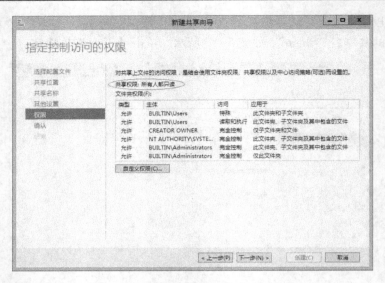

图 5-19　【指定控制访问的权限】界面

然后单击【添加】按钮。

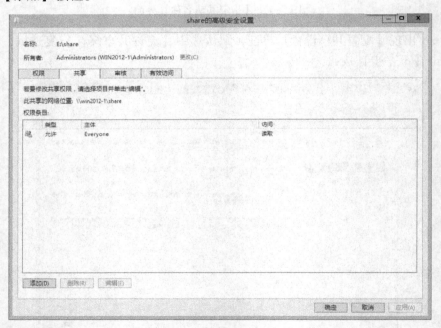

图 5-20　【share 的高级安全设置】对话框

步骤 9：出现【share 的权限项目】对话框，单击【选择主体】链接，选择 "Authentic-ated Users" 组，选中【更改】复选框，结果如图 5-21 所示，单击【确定】按钮。

步骤 10：返回【share 的高级安全设置】对话框，再单击【确定】按钮，返回【指定控制访问的权限】界面，单击【下一步】。

步骤 11：出现【确认选择】界面，单击【创建】按钮创建共享文件夹，再单击【关

图 5-21　【share 的权限项目】对话框

闭】按钮。

　　共享文件创建完成后，可以在【服务器管理器】的【共享】界面上面看到新建的共享文件夹【share】。此界面中还包含一些常规的应用信息如共享的路径、协议、是否群集、空间大小等，如图 5-22 所示。

图 5-22　【共享】界面

5.2.3　访问共享文件夹

1. 连接共享文件夹

　　创建共享文件夹后，可以做一个共享访问测试，看看能否成功访问共享文件夹 share。使用账户 zj 身份，从客户机 win10 - 1 上直接访问服务器 win2012 - 1 上的共享文件夹

share。操作步骤如下。

步骤 1：在 win10 - 1 上，打开【文件资源管理器】窗口，在地址栏输入共享文件夹 share 的网络路径 "\\192.168.100.2\share"，然后按 Enter 键。

步骤 2：出现【Windows 安全】对话框，要求输入网络访问凭据，输入用户名和密码，如图 5 - 23 所示，然后按 Enter 键，通过身份验证后，显示远程共享文件夹，如图 5 - 24 所示。

图 5-23　【Windows 安全】对话框

图 5-24　打开的共享文件夹 share

共享文件夹的网络路径使用 UNC（universal naming convention，通用命名约定）路径访表示。其基本格式为：

　　\\Servername\Sharename

其中：Servername 是服务器名，也可以是 IP 地址；Sharename 是共享资源的名称或路径。

可以直接在浏览器、Windows 资源管理器、"我的电脑"的地址栏中输入 UNC 名称来访问共享文件夹。

2. 映射网络驱动器

在客户机 win10 – 1 上，使用用户账户 zj 身份，映射驱动器符号"Z："到服务器 win2012 – 1 上的共享文件夹"share\XZB"。操作步骤如下。

步骤 1：在 win10 – 1 上，打开【文件资源管理器】窗口，依次单击【计算机】→【映射网络驱动器】→【映射网络驱动器】菜单项，如图 5–25 所示。

图 5-25　【文件资源管理器】窗口

步骤 2：出现【映射网络驱动器】对话框，驱动器符号使用默认的"Z："，在【文件夹】文本框中输入共享网络路径"\\192.168.100.2\share\XZB"，选中【登录时重新连接】复选框，如图 5–26 所示。然后单击【完成】按钮。

图 5-26　【映射网络驱动器】对话框

步骤3：出现【Windows 安全】对话框，要求输入网络访问凭据，输入用户名和密码，然后按 Enter 键，通过身份验证后，将自动打开网络驱动器窗口，如图5-27所示。

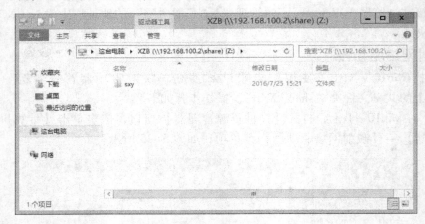

图5-27　显示网络驱动器 Z:

步骤4：单击【这台电脑】图标，显示结果如图5-28所示。每次用户启动计算机将会自动连接远程计算机，并在这台电脑中显示网络驱动器【XZB(\\192.168.100.2\share)(Z:)】。

图5-28　【这台电脑】窗口

5.2.4　设置共享属性

在共享中启用基于存取的枚举功能后，当用户浏览共享时，仅显示用户有权访问的文件和文件夹，而用户没有访问权限的文件和文件夹则被系统自动隐藏。如果在创建共享时没有启用该功能，之后可以打开共享属性来设置。

为共享文件夹 share 启用基于存取的枚举功能。操作步骤如下。

步骤1：在 win2012-1 的【服务器管理器】界面左侧导航窗格中，单击【文件和存储服务】，出现【文件和存储服务】界面，然后在导航窗格中选择【共享】。

步骤2：出现【共享】界面，在【共享】窗格中右击共享名 share，从弹出菜单中选择【属性】菜单项。

步骤 3：出现【share 属性】对话框，在左侧选择【设置】标签，出现【设置】界面，选中【启用基于存取的枚举】复选框，如图 5-29 所示，再单击【确定】按钮。

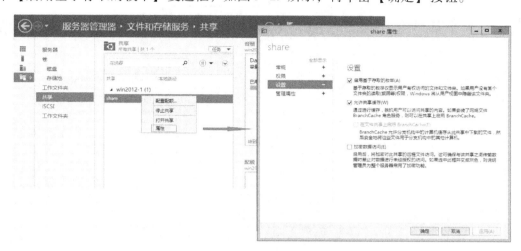

图 5-29　启用基于存取的枚举功能

5.3　使用文件服务器资源管理器管理共享资源

文件服务器资源管理器能够方便地让系统管理员了解、控制和管理服务器上存储数据的数量、大小和类型。通过文件服务器资源管理器，我们可以为服务器上的文件夹和卷设置配额，主动屏蔽指定的文件，并生成全面的存储报告，有效地监视现有的存储资源，以便规划和实现文件的存储。

5.3.1　管理配额

通过使用文件服务器资源管理器为卷或文件夹创建配额，可以限制用户使用磁盘空间的大小。配额限制适用于整个文件夹子树。

要为共享文件夹 share 启用配额，设定用户使用的磁盘空间不允许超过 100 MB。操作步骤如下。

步骤 1：在【服务器管理器】界面中单击【工具】→【文件服务器资源管理器】菜单项。

步骤 2：现出【文件服务器资源管理器】窗口，在导航窗格中展开【配额管理】节点，再单击【配额模板】。

步骤 3：在详细窗格中，选择要使用的模板【100 MB 限制】，右键单击【100 MB 限制】模板，然后在弹出菜单中单击【根据模板创建配额】菜单项，如图 5-30 所示，（或单击【操作】窗格中的【根据模板创建配额】链接）。

步骤 4：出现【创建配额】对话框，其中显示了配额模板的摘要属性。在【配额路径】下的文本框中输入或浏览到要使用该配额的文件夹 "E:\share"；选中【在路径上创建配额】单选按钮，请注意，配额属性将应用于整个卷或文件夹；选中【从此配额模板派生属

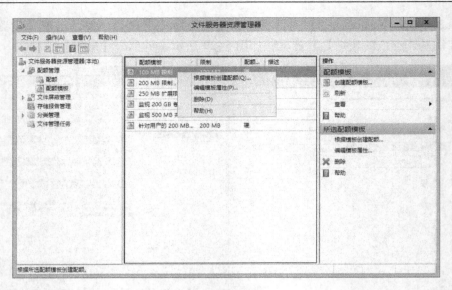

图 5-30　配额模板

性】单选按钮，在其下的下拉列表中已预先选择【100 MB 限制】（也可以从列表中选择另一个模板），如图 5-31 所示。最后单击【创建】按钮。请注意，模板的属性显示在【配额属性摘要】文本框中。

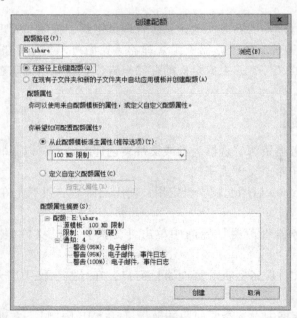

图 5-31　【创建配额】对话框

5.3.2　屏蔽指定文件类型

要阻止用户将某些类型的文件保存到共享文件夹，可以通过创建文件屏蔽来实现。文件屏蔽对指定路径中的所有文件夹都有效。例如，可以创建文件屏蔽来阻止用户将音频和视频文件存储到服务器上用户的个人文件夹中。

　　共享文件夹 share 用于存放办公数据文件，为了防止公司文件服务器中毒，有必要禁止用户存放可执行文件。创建此文件屏蔽的操作步骤如下。

　　步骤 1：打开【文件服务器资源管理器】窗口，在导航窗格中展开【文件屏蔽管理】节点，再单击【文件屏蔽模板】。

　　步骤 2：在详细窗格中，选择【阻止可执行文件】模板，右键单击该模板，然后在弹出菜单中单击【根据模板创建文件屏蔽】菜单项，如图 5-32 所示，（或单击【操作】窗格中的【根据模板创建文件屏蔽】链接）。

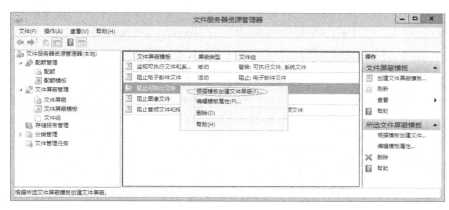

图 5-32　选择用于创建文件屏蔽的模板

　　步骤 3：出现【创建文件屏蔽】对话框，其中显示了文件屏蔽摘要属性。在【文件屏蔽路径】下的文本框中输入或浏览到将应用该文件屏蔽的文件夹 "E:\share"；选中【从此文件屏蔽模板派生属性】单选按钮，在其下的下拉列表中已预先选择【阻止可执行文件】模板（也可以从列表中选择另一个模板），如图 5-33 所示。单击【创建】按钮。

图 5-33　【创建文件屏蔽】对话框

步骤4：在【文件服务器资源管理器】导航窗格中单击【文件屏蔽】，可查看创建的文件屏蔽信息，如图5-34所示。

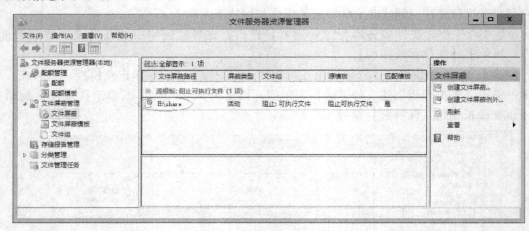

图5-34　文件屏蔽信息

步骤5：在【文件服务器资源管理器】导航窗格中单击【文件组】，可以查看在【文件组】中定义的与文件屏蔽匹配的可执行文件扩展名，如图5-35所示。

图5-35　【文件服务器资源管理器】窗口-【文件组】

5.4　使用卷影副本保护文件夹

共享文件夹的卷影副本提供了位于文件服务器上的实时文件副本。通过使用共享文件夹的卷影副本，用户可以查看在过去某个时刻存在的共享文件和文件夹。卷影副本主要有以下作用。

① 恢复被意外删除的文件。如果意外删除了某个文件，可以从卷影副本中打开前一个版本，然后将其复制出来。

② 恢复被意外覆盖的文件。如果意外覆盖了某个文件，也可以从卷影副本中恢复该文

件的前一个版本。(版本数与已创建了多少快照相关。)

③ 在处理文件的同时对文件版本进行比较。希望检查文件各个版本之间发生的更改时,可以使用卷影副本中以前的版本。

需要注意的是,创建卷影副本不能代替创建常规备份,当卷影副本的存储区域达到空间上限时,将删除最旧的卷影副本,从而留出空间以便创建新的卷影副本。删除旧卷影副本之后,将无法检索该副本。

如果使用默认值启用卷上的共享文件夹的卷影副本,系统会创建计划任务,在每天上午7:00 创建卷影副本。默认副本的存储区域位于同一个卷上,其大小是可用空间的10%。

只能针对每个卷启用共享文件夹的卷影副本,也就是说,不能在卷上选择要复制或不要复制的特定共享文件夹和文件。

要在服务器 win2012 − 1 上的 "E:" 盘上启用卷影副本,为共享文件夹 Share 提供文件恢复功能,操作步骤如下。

步骤 1:在【服务器管理器】窗口中单击【工具】→【计算机管理】菜单项。

步骤 2:出现【计算机管理】窗口,在导航窗格中,右键单击【共享文件夹】节点,在弹出菜单中选择【所有任务】,然后单击【配置卷影副本】菜单项。

步骤 3:出现【卷影副本】对话框,在【选择一个卷】列表框中,单击【E:】盘,然后单击【启用】按钮,如图 5−36 所示。

步骤 4:出现【启用卷影复制】对话框,如图 5−37 所示,提示启用卷影复制后,Windows 将利用当前设置创建卷影副本,这些设置可能对具有高 I/O 负载的服务器不适用。单击【是】按钮。再单击【确定】按钮,完成启用卷影副本。

图 5−36　【卷影副本】对话框

图 5−37　【启用卷影复制】对话框

默认计划是每天创建两个卷影副本,分别在 7:00 和 12:00 创建。也可以单击【设置】修改卷影副本创建设置。

5.5　实训——文件服务器配置与管理

5.5.1　实训目的

① 掌握 NTFS 权限的设置。
② 掌握共享文件夹的创建和访问方法。
③ 掌握卷影副本和配额的使用。

5.5.2　实训环境

文件服务器的配置与管理实训网络环境如图 5-38 所示（也可在虚拟机中进行）。

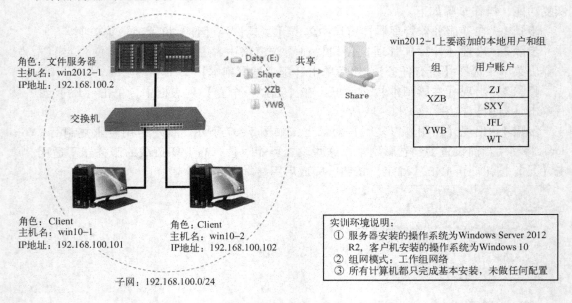

图 5-38　文件服务器的配置与管理实训环境

5.5.3　实训内容及要求

任务 1：根据图 5-38 中的网络拓扑图配置实训环境。
① 修改计算机名。
② 配置网络连接。
③ 在 win2012 - 1 上创建用户账户和组，并且将用户加入到组中。
任务 2：创建图 5-38 所示的文件夹结构，并设置 NTFS 权限，各文件夹权限设置要求如图 5-39 所示。
任务 3：共享 "E:\share" 文件夹，共享名为 share，并为 share 启用基于存取的枚举。
任务 4：在 "E:\share" 文件夹上创建配额，限制用户使用磁盘空间不能超过 300 MB。
任务 5：启用卷影副本保护共享文件 share。

E:\share 的NTFS权限设置

类型	主体	访问	继承于	应用于
允许	CREATOR OWNER	完全控制	无	仅子文件夹和文件
允许	SYSTEM	完全控制	无	此文件夹、子文件夹和文件
允许	Users (WIN2012-1\Users)	读取和执行	无	此文件夹、子文件夹和文件
允许	Administrators (WIN201...	完全控制	无	此文件夹、子文件夹和文件

E:\share\XZB 的NTFS权限设置

类型	主体	访问	继承于	应用于
允许	CREATOR OWNER	完全控制	无	仅子文件夹和文件
允许	SYSTEM	完全控制	无	此文件夹、子文件夹和文件
允许	Administrators (WIN2...	完全控制	无	此文件夹、子文件夹和文件
允许	XZB (WIN2012-1\XZB)	修改	无	此文件夹、子文件夹和文件

E:\share\YWB 的NTFS权限设置

类型	主体	访问	继承于	应用于
允许	Administrators (WIN201...	完全控制	无	此文件夹、子文件夹和文件
允许	CREATOR OWNER	完全控制	无	仅子文件夹和文件
允许	SYSTEM	完全控制	无	此文件夹、子文件夹和文件
允许	YWB (WIN2012-1\YWB)	修改	无	此文件夹、子文件夹和文件

图 5-39　E:\share 文件夹及子文件夹权限设置

任务 6：从客户端查询和访问共享文件夹。

① 在 win10 - 1 上连接共享文件 share 时，以用户 ZJ 身份。

② 在 win10 - 2 上连接共享文件 share 时，以用户 JFL 身份。

③ 验证"任务 2"的设置是否正确。

任务 7：在 win2012 - 1 上查看共享资源、磁盘配额的使用情况。

习题

一、填空题

1. Windows 的网络共享访问提供了两种安全模式，即_____模式和_____模式。

2. 为了方便对文件和文件夹进行权限管理，NTFS 为常用的文件和文件夹的访问操作设置了相应的权限，称为_____。

3. Windows Server 2012 支持_____、_____、_____、_____四种文件系统。

4. 共享文件夹的网络路径使用 UNC 路径表示。其基本格式为：_____。

二、单项选择题

1. 关于 NTFS 权限继承的描述，（　　）是错误的。

A. 所有的新建文件夹都继承上级文件夹的权限

B. 子文件夹可以取消继承的权限

C. 父文件夹可以强制子文件夹继承它的权限

D. 如果用户对子文件夹没有任何权限，也能够强制其继承父文件夹的权限

2. 你在网络中的一台 Windows 文件服务器上隐藏共享了一个文件夹，你想从网络中访问该文件夹，可以通过（   ）的方式。

A. 网上邻居   B. UNC 路径   C. 我的共享文件夹   D. 查找计算机

3. 如果将某文件夹的本地权限设为 "Everyone 读取"，而将该文件夹的共享权限设为 "Everyone 更改"。那么当某用户通过网络访问该共享文件夹时将拥有（   ）。

A. 更改权限   B. 完全控制权限   C. 写入权限   D. 读取权限

4. 在 Window Server 2012 计算机上，将 "D：\test" 文件夹创建为隐藏共享，共享名为 test $，这台计算机的 IP 地址为 172.16.1.1，其他计算机如何访问该隐藏共享？（   ）

A. 单击【开始】→【运行】，然后输入 "\\172.16.1.1"

B. 单击【开始】→【运行】，然后输入 "\\172.16.1.1\test $"

C. 单击【开始】→【运行】，然后输入 "\\172.16.1.1\test"

D. 打开【网上邻居】

5. 一个共享文件夹的共享权限为更改，NTFS 权限为完全控制，当用户从网络访问此文件夹时的有效权限是（   ）。

A. 更改权限   B. 完全控制权限   C. 写入权限   D. 读取权限

6. 在下列哪种情况下，文件或文件夹的 NTFS 权限会保留下来？（   ）

A. 将文件或文件夹复制到同分区其他文件夹中

B. 将文件或文件夹复制到其他分区中

C. 将文件或文件夹移动到同分区的其他文件夹中

D. 将文件或文件夹移动到其他分区的文件夹中

三、问答题

1. 在【选择用户或组】对话框中搜索到的组与【计算机管理】工具中【组】文件夹中列出的组有什么不同，为什么会这样？

2. 在不同的驱动器间复制和移动文件或文件夹，文件和文件夹的权限会有什么变化？

3. 在同一个驱动器内不同文件夹间复制和移动文件，文件的权限会有什么变化？

4. 启用共享文件的卷影副本有什么作用？

第6章 DNS 服务器的配置与管理

我们知道，网络中计算机之间相互通信使用的是 IP 地址（可以是 IPv4 地址，也可以是 IPv6 地址）。而当访问网络中的服务器时，通常不是使用 IP 地址，而喜欢使用容易记的服务器名称。比如，要浏览 163 网站，输入的是 "www. 163. com"，而不是 163 网站的 IP 地址。将名称转换为 IP 地址则是由 DNS（domain name system，域名系统）实现的。DNS 不仅帮助计算机转换名称到 IP 地址，而且 Active Directory 也需要 DNS，从而使得客户机和服务器能够定位域控制器，并且与域控制器通信。

学习目标：
- 了解 DNS 的作用及其在网络中的重要性
- 理解 DNS 的域名空间结构及其工作过程
- 掌握主 DNS 服务器的安装与配置
- 掌握辅助 DNS 服务器的安装与配置
- 掌握 DNS 客户端的配置与测试工具的使用

学习环境（见图6-1）：

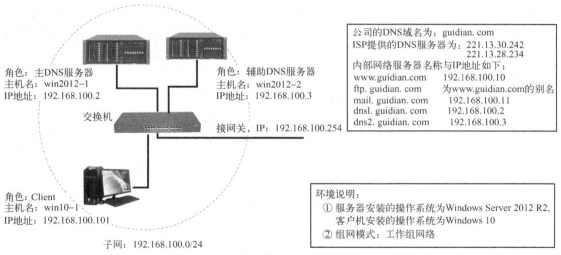

图6-1 DNS 服务器的配置与管理学习环境

6.1 将计算机名解析成 IP 地址

6.1.1 计算机使用的名称解析方法

TCP/IP 网络使用 IP 地址标识计算机，一台计算机要访问其他计算机，必须知道所访问的计算机的 IP 地址。而用户往往使用更易于记忆的计算机名访问网络中的计算机。因此，计算机得把用户输入的计算机名转换成 IP 地址，这种转换是由 DNS 处理的，我们把名称转换为 IP 地址的过程称为名称解析。这有点类似于"114 查号台"的服务。计算机将要解析的名称发送给指定的 DNS 服务器，请求名称解析，DNS 服务器收到请求后查找名称记录，找到后，将与名称对应的 IP 地址返回给请求的计算机。

每台 Windows 计算机在本地都有一个 hosts 文本文件，位于 C：\windows\system32\drivers\etc 中，它可包含 IP 地址与主机名的映射记录。计算机在向 DNS 服务器发送名称查询请求前，首先尝试在这个文件中查找，如果找到相应记录就直接使用，而不再向 DNS 服务器发送请求。

6.1.2 DNS 命名方法

1. DNS 名称空间

现实中地名相同的现象很普遍，比如叫"平安村"的地方有很多，我们如何区分它们呢？通常加上地域名，就可以区分开来，像以下两个平安村的写法就不会出现混淆。

① 安徽省．巢湖市．居巢区．槐林镇．平安村

② 广西区．桂林市．龙胜县．和平乡．平安村

Internet 上的 DNS 采用了类似的命名机制，用以保证 DNS 名称的唯一性。Internet 的规模很大，为便于管理和防止重名，它建立了许多 DNS 区域（区域是 DNS 名称空间树状结构的一部分）。名称空间最顶层称为根域（根域没有名称，用句点表示），在根域之下是统一命名的顶级域，如．com、．net、．cn 等，使用者可在顶级域之下申请二级域，二级域之下可由使用者决定是否再划分子域。主机和服务可在二级域或子域下注册名称。Internet 的域名空间结构如图 6-2 所示。

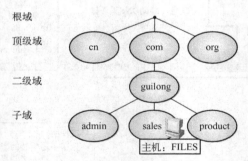

图 6-2 Internet 的域名结构

常见的顶级域名如下。

① 国家（或地区）顶级域名：如．cn 表示中国，．us 表示美国，．uk 表示英国，等等。

② 国际顶级域名：采用．int。国际性的组织可在．int 下注册。

③ 通用顶级域名：．com 表示公司企业，．net 表示网络服务机构，．org 表示非营利性组织，．edu 表示教育机构（美国专用），．gov 表示政府部门（美国专用），．mil 表示军事部门（美国专用）。

2. 主机或区域的名称表示

计算机或服务在允许的区域中取名，同一区域中的名称不能重复。计算机名与区域名从

左到右用句点连起来形成 Internet 中唯一的名称，即 FQDN（fully qualified domain name，完全合格域名称）。

例如，图 6-2 中 guilong 是 GUILONG 公司在 .com 下注册的公司域名，公司内部划分了三个子域 admin、sales 和 product。

那么 sales 子域的 FQDN 名称应写作：

> sales. guilong. com.

sales 子域中注册的主机 files 的完全合格域名称写作：

> files. sales. guilong. com.

综上所述，名称空间就是名称使用的范围限定，其作用就是保证该范围内主机或服务名称的唯一性。

6.1.3　DNS 名称解析过程

当计算机 A 中的程序使用 DNS 名称访问计算机 B 时，它会启动 DNS 查询过程，这个查询过程被分成两个阶段进行。

第一个阶段，名称查询在计算机 A 内部进行，查询请求被传送给解析程序即 DNS 客户程序（一个 Windows 后台服务）进行解析。这个过程使用的数据来源于 hosts 文件和本地的 DNS 客户程序的缓存。

第二个阶段，在本地查询不到结果时，DNS 客户程序会将查询请求传送给系统指定的 DNS 服务器进行解析。这个过程会有两情况：一种情况是查询的 DNS 名称是本区域注册的，另一种情况是查询的 DNS 名称是外部区域注册的。

如果查询的 DNS 名称是本区域注册的，比如计算机 A 位于 guidian. com 区域，要访问的计算机 B 是 www. guidian. com，那么其解析过程如图 6-3 所示。

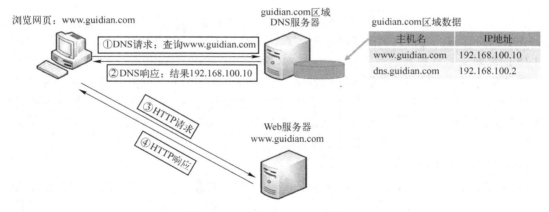

图 6-3　区域内 DNS 名称查询过程

如果查询的 DNS 名称是其他区域注册的，比如计算机 B 是 www. 163. com，那么其解析过程如图 6-4 所示。

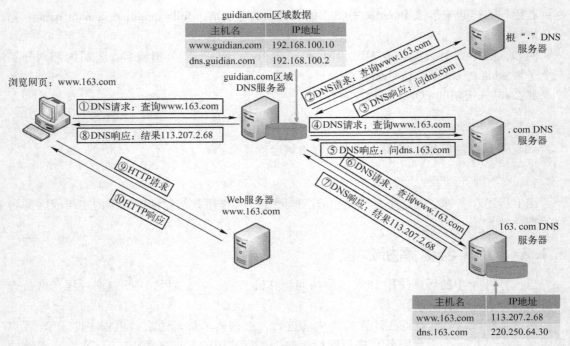

图 6-4　区域外 DNS 名称查询过程

6.1.4　DNS 服务器部署

　　每一个域名服务器都只对域名体系中的一部分进行管辖。位于不同网络中的 DNS 服务器，或位于不同网络位置的 DNS 服务器，所需要完成的功能和发挥的作用是不一样的。根据 DNS 服务器在网络中的用途可以划分为以下几种类型。

　　（1）主域名服务器

　　负责维护所管辖区域的所有域名信息，是管辖区域数据的权威信息源。也就是说，主域名服务器内所存储的是该区域的正本数据，系统管理员可以对它进行修改。

　　（2）辅助域名服务器

　　其主要功能是担任主域名服务器的备份，通常与主域名服务器同时提供服务，对于客户端来说，辅助域名服务器与主域名服务器具有完全相同的功能。但辅助域名服务器中的区域文件内的数据是从另外一台域名服务器复制过来的，并不是直接输入的，也就是说，这个区域文件只是一份副本，这里的数据是无法修改的。

　　（3）仅缓存域名服务器

　　可运行域名服务器软件但没有域名数据库。每当它收到一个新的域名查询时，它就从某个远程域名服务器上取得结果，并将它放在自己的高速缓存中，以后再有查询同样的域名的查询时，它就使用缓存中的记录予以回答。缓存域名服务器不是权威性服务器，因为提供的所有信息都是间接信息。

　　（4）转发域名服务器

　　当 DNS 服务器收到的是非本地域名的查询时，它自己不能解析，而是将查询依次转发给在转发器中指定的其他 DNS 服务器或根域名服务器，直到查询到结果为止，否则返回无法查询的结果。

　　实际部署 DNS 服务器时，通常 DNS 服务器会包含一种类型以上的功能和作用，很少单独使用其中一种类型。为了保证 DNS 服务器的高可用性，一个网络需要部署两台以上的 DNS 服务器，最常见的方案是一台主域名服务器和一台辅助域名服务器，同时还启用转发和缓存功能。

6.2　配置 DNS 服务器为内部网络提供名称解析

　　为内部网络提供的 DNS 服务解决方案，通常采用主/辅域名服务器提高可用性，将 ISP 提供的 DNS 服务器作为转发器。在内部网络中通常还要提供反向查询，由 IP 地址解析出 DNS 名称。

6.2.1　安装与配置主 DNS 服务器

　　安装主 DNS 服务器需要明确以下信息。

　　① DNS 服务器的 IP 地址必须是固定的，建议配置静态 IP 地址。

　　② 区域名称：guidian.com。

　　③ 转发器的 IP 地址：221.13.30.242，221.13.28.234。

　　④ 在本区域注册的 DNS 名称及 IP 地址：

　　↷ www.guidian.com，192.168.100.10，192.168.100.20；

　　↷ ftp.guidian.com，设为 www.guidian.com 的别名；

　　↷ mail.guidian.com，192.168.100.11；

　　↷ dns1.guidian.com，192.168.100.2；

　　↷ dns2.guidian.com，192.168.100.3。

1. 安装 DNS 服务器组件

　　在 win2012 - 1 上安装 DNS 服务器组件的具体操作步骤如下。

　　步骤 1：以管理员身份登录 win2012 - 1。打开【服务器管理器】窗口，依次单击【管理】→【添加角色和功能】菜单项。

　　步骤 2：打开【添加角色和功能向导】，显示【开始之前】界面。连续单击三次【下一步】按钮，进入【选择服务器角色】界面，选中【DNS 服务器】复选框，如图 6-5 所示。出现【添加 DNS 服务器所需功能】对话框。单击【添加功能】按钮，返回【选择服务器角色】界面。

　　步骤 3：连续单击【下一步】按钮，直到出现【确认所选安装内容】界面，确认需要安装的服务、角色、功能，单击【安装】按钮。

　　步骤 4：安装完成，单击【关闭】按钮，退出安装向导。

2. 设置转发器

　　转发器用于转发对非本区域或对特定区域的查询，如果没有设置转发器，则非本区域会使用根服务器查询。具体操作步骤如下。

　　步骤 1：在【服务器管理器】界面中，单击【工具】→【DNS】菜单项。

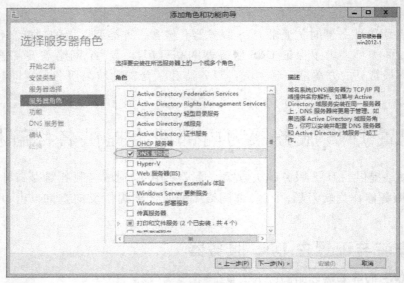

图 6-5　【选择服务器角色】界面

步骤 2：出现【DNS 管理器】窗口，在导航窗格中右键单击【win2012 - 1】服务器图标，从弹出菜单中选择【属性】菜单项。

步骤 3：出现【win2012 - 1 属性】对话框，单击【转发器】标签，切换到【转发器】选项卡。

步骤 4：单击【编辑】按钮，打开【编辑转发器】对话框，输入转发器 IP 地址，单击【确定】按钮。

步骤 5：返回【转发器】选项卡，结果如图 6-6 所示。单击【确定】按钮退出。

图 6-6　设置转发器

3. 创建主要正向查找区域

区域是 DNS 服务器的管辖范围，是由 DNS 名称空间中的单个区域或由具有上下隶属关系的紧密相邻的多个子域组成的一个管理单位。正向查找区域管理将名称映射到 IP 地址的记录，提供本区域的名称解析。

创建主要正向查找区域的操作步骤如下。

　　步骤 1：在【DNS 管理器】窗口中，右键单击导航窗格中的【正向查找区域】节点，在弹出的快捷菜单中选择【新建区域】菜单项。

　　步骤 2：打开【新建区域向导】，显示欢迎界面，单击【下一步】按钮。

　　步骤 3：出现【区域类型】界面，选中【主要区域】单选按钮，如图 6-7 所示，单击【下一步】按钮。存根区域用于使 DNS 服务器知道其授权的子区域的权威 DNS 服务器的变动情况，从而保持 DNS 名称解析效率。

图 6-7　【区域类型】界面

　　步骤 4：出现【区域名称】界面，在【区域名称】文本框中输入新建区域名称 "guidian. com"，如图 6-8 所示。然后单击【下一步】按钮。

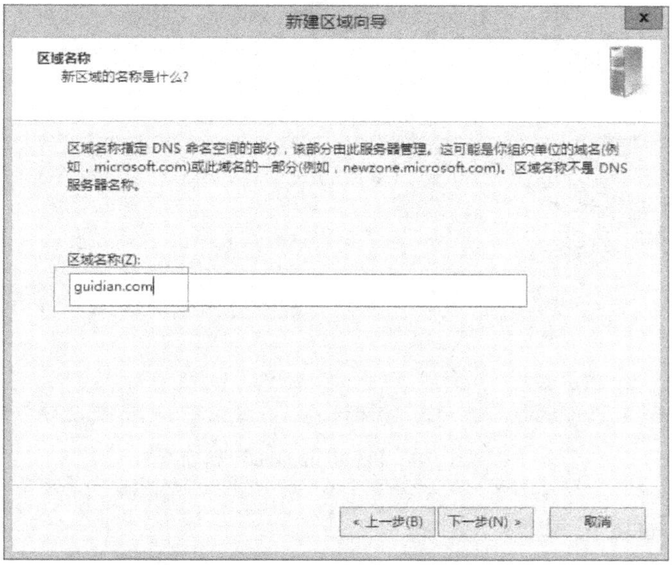

图 6-8　【区域名称】界面

步骤 5：出现【区域文件】界面，如图 6-9 所示，默认选中【创建新文件，文件名为】单选按钮，文件名一般使用默认生成的名称即可。单击【下一步】按钮。

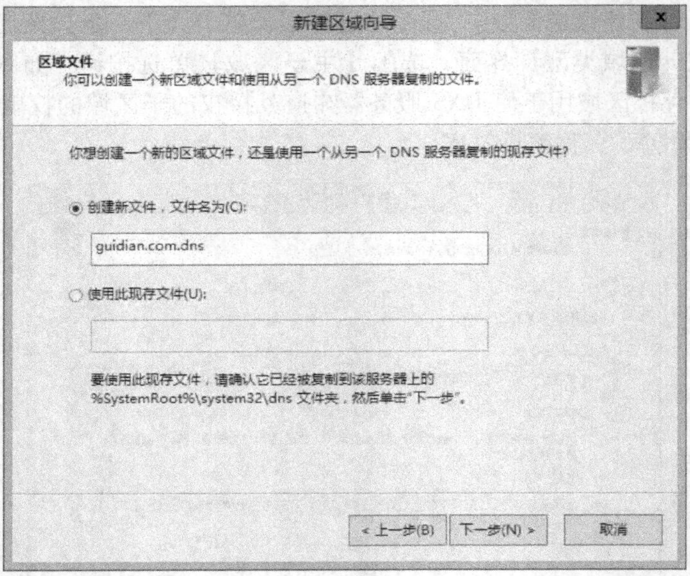

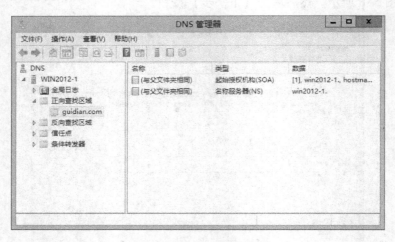

图 6-9　【区域文件】界面

步骤 6：出现【动态更新】界面，选中【不允许动态更新】复选框，然后单击【下一步】按钮。

步骤 7：出现【正在完成新建区域向导】界面，显示之前的设置，如果没有错误，单击【完成】按钮。这时，在【DNS 管理器】导航窗格中可以看到一个新增的名为"guidian. com"的区域，如图 6-10 所示。

图 6-10　【guidian. com】界面

4. 添加主机地址记录

主机地址（Address，A）记录用于将 DNS 域名映射到 IP 地址。

比如，GuiDian 公司的 Web 服务器主机名为 www. guidian. com，IP 地址为 192. 168. 100. 10，则添加该主机地址记录的操作步骤如下。

步骤 1：在【DNS 管理器】窗口中，右键单击【正向查找区域】节点下的【guidian. com】，在弹出的快捷菜单中选择【新建主机（A 或 AAA）】菜单项。

步骤 2：出现【新建主机】对话框，在【名称】文本框中输入主机名 www，再在【IP 地址】文本框中输入该主机的 IP 地址 192. 168. 100. 10，如图 6-11 所示。单击【添加主机】按钮，完成该主机地址记录的创建。

这里不用输入完全合格域名称"www. guidian. com. "，程序自动将主机名"www"与其所在区域的名称"guilong. com. "连接，构成完全合格域名称"www. guidian. com. "。

如果创建了反向查找区域，并且希望自动产生与主机地址记录对应的反向查找指针记录（pointer record，PTR），那么可以选中【创建相关的指针（PTR）记录】复选框。

重复步骤（1）（2），添加 mail. guidian. com、dns1. guidian. com、dns2. guidian. com 的主机记录。

5. 添加别名记录

别名（CNAME）记录有时也称为"规范名称"。别名记录允许将多个名称指向单个主机，使得某些任务更容易执行，比如拥有多个别名的主机的 IP 地址变化时，只要修改主机的 A 记录即可。

假如 GuiDian 公司的 FTP 服务器和 WWW 服务器在同一台计算机上。新建别名 FTP 的操作步骤如下。

步骤 1：在【DNS 管理器】窗口中，右键单击【正向查找区域】节点下的【guidian. com】，在弹出的快捷菜单中选择【新建别名（CNAME）】菜单项。

步骤 2：出现【新建资源记录】对话框的【别名（CNAME）】界面，在【别名】文本框中输入别名"ftp"，然后，在【目标主机的完全合格的域名（FQDN）】文本框中输入或浏览到原始主机名"www. guidian. com"，如图 6-12 所示。单击【确定】按钮返回。

图 6-11　【新建主机】对话框　　　　　　图 6-12　【别名（CNAME）】界面

6. 配置循环编址

循环编址是将一个 DNS 名称轮流解析到不同的 IP 地址，可以实现服务器的负载均衡。
如果 GuiDian 公司使用两台 Web 服务器，则添加如下两条主机地址记录：

```
www    主机(A) 192. 168. 100. 10
www    主机(A) 192. 168. 100. 20
```

当用户访问 www. guidian. com 时，访问就会被轮流发到两台服务器上。

7. 添加邮件交换器

邮件交换器（mail exchanger，MX）记录由电子邮件应用程序使用，用以根据在目的地址中使用的 DNS 名称为电子邮件发送者定位目标邮件服务器。例如，要发送一封目的地址为 user@ guidian. com 的邮件，发送服务器会向 DNS 服务器查询 guidian. com 区域 MX 记录，以找到该区域的邮件服务器名称 mail. guidian. com，然后通过主机地址记录得到 mail. guidian. com 的 IP 地址，这样邮件才能转发或交换到电子邮件地址为 user@ guidian. com 的用户。

如果存在多个 MX 记录，则 DNS 客户端服务会尝试按照从最低值（最高优先级）到最高值（最低优先级）的优先级顺序与邮件服务器联系。

图 6-13 【邮件交换器】界面

添加 MX 记录的步骤如下。

步骤 1：在【DNS 管理器】窗口中，右键单击【正向查找区域】节点下的【guidian. com】，在弹出的快捷菜单中选择【新建邮件交换器（MX）】菜单项。

步骤 2：出现【新建资源记录】对话框的【邮件交换器】界面，如图 6-13 所示，在【主机或子域】文本框中输入此记录指向的子域或服务器的名称，如果是域的名称，保持为空即可。这里是域名 guilong. com，保持为空即可。在【邮件服务器的完全限定的域名（FQDN）】文本框中，输入邮件服务器主机的 DNS 名称 "mail. guidian. com"。也可以单击【浏览】按钮，在域中查找邮件服务器主机的 DNS 名称。还可根据需要调整此区域的 "邮件服务器优先级"，数字越小的级别越高。单击【确定】按钮，完成添加。

完成以上资源记录添加后，【guidian. com】区域的内容如图 6-14 所示。

8. 创建主要反向查找区域

反向查找区域管理将 IP 地址映射到名称的记录，提供本区域的地址解析。主要反向查找区域创建步骤如下。

步骤 1：在【DNS 管理器】窗口中，右键单击【反向查找区域】节点，在弹出的快捷菜单中单击【新建区域】菜单项。

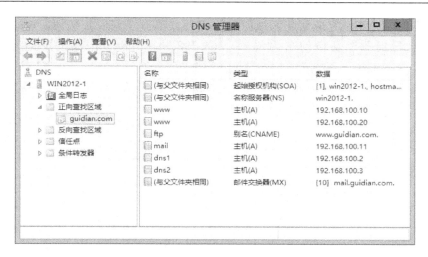

图 6-14　【guidian.com】区域的内容

步骤 2：打开【新建区域向导】，显示欢迎界面，单击【下一步】按钮。

步骤 3：出现【区域类型】界面，选中【主要区域】单选按钮，单击【下一步】按钮。

步骤 4：出现【反向查找区域名称】界面，如图 6-15 所示。选中【网络 ID】单选按钮，并在其下方的文本框中输入网络号"192.168.100"。输入网络号后，反向查找区域被自动命名。输入完毕单击【下一步】按钮。

图 6-15　【反向查找区域名称】界面

步骤 5：出现【区域文件】界面。选中【创建新文件，文件名为】复选框，使用默认生成的文件名，单击【下一步】按钮。

步骤 6：出现【动态更新】界面，选中【不允许动态更新】复选框，然后单击【下一步】按钮。

　　步骤 7：出现【正在完成新建区域向导】界面，单击【完成】按钮。这时，在 DNS 导航窗格中可以看到一个新增的名为"100.168.192. in - addr. arpa"的反向查找区域，如图 6-16 所示。

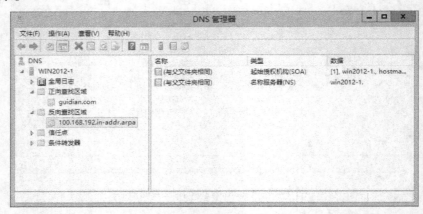

图 6-16　新增的反向查找区域

9. 添加指针记录

　　指针记录（PTR ）用于根据 IP 地址确定 DNS 名称的记录，它可以在创建主机地址资源记录时同时产生，也可以在反向查找区域手动添加，还可以通过 DHCP 服务器获得指针记录。

　　添加指针记录的操作步骤如下。

　　步骤 1：在【DNS 管理器】窗口中，右键单击【反向查找区域】节点下的【100.168.192. in - addr. arpa】，在弹出的快捷菜单中选择【新建指针（PTR）】菜单项。

　　步骤 2：出现【新建资源记录】对话框的【指针(PTR)】界面，在【主机 IP 地址】文本框中，输入主机 IP 地址"192.168.100.10"。在【主机名】文本框中，输入完全合格的域名称"www.guidian.com"，如图 6-17 所示。也可以单击【浏览】按钮来搜索域中的主机名。然后单击【确定】按钮，完成在该区域中添加新记录。

　　在【DNS 管理器】窗口中，单击【正向查找区域】节点下的【guidian.com】，双击详细窗格中的【mail】，打开【mail 属性】对话框，选中【更新相关的指针（PTR）记录】复选框，也可以添加和修改 mail 的指针记录，如图 6-18 所示。

图 6-17　【指针(PTR)】界面

图 6-18　【mail 属性】对话框

单击导航窗格中【反向查找区域】节点下的【100.168.192. in – addr. arpa. dns】，详细窗格中会显示该区域的所有指针记录，如图 6–19 所示。

图 6–19　反向查找区域的所有指针记录

10. 配置 DNS 客户端并测试主 DNS 服务器

（1）配置客户端网络连接

每台使用 win2012 – 1 进行 DNS 域名解析的计算机，需要在 TCP/IP 属性中将 win2012 – 1 的 IP 地址指定为首选 DNS 服务器。操作步骤如下。

步骤 1： 在客户机 win10 – 1 上单击"开始"按钮，依次选择【所有应用】→【Windows 系统】→【控制面板】菜单项，打开【控制面板】窗口，如图 6–20 所示。

图 6–20　【控制面板】窗口

步骤 2：在【控制面板】窗口中，单击【查看网络状态和任务】链接。

步骤 3：出现【网络和共享中心】窗口，如图 6-21 所示，单击【Ethernet0】链接。

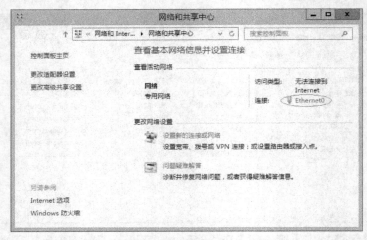

图 6-21　【网络和共享中心】窗口

步骤 4：出现【Ethernet0 状态】对话框，单击【属性】按钮；出现【Ethernet0 属性】对话框，选择【Internet 协议版本 4（TCP/IPv4）】复选框，再单击【属性】按钮。

步骤 5：出现【Internet 协议版本 4（TCP/IP）属性】对话框，在【首选 DNS 服务器】文本框中输入 win2012 - 1 的 IP 地址 "192.168.100.2"，在【备用 DNS 服务器】文本框中输入 win2012 - 2 的 IP 地址 "192.168.100.3"，如图 6-22 所示，再单击【确定】按钮。

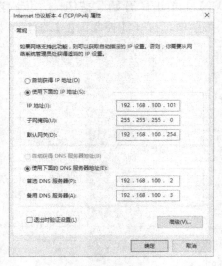

图 6-22　【Internet 协议版本 4（TCP/IP）属性】对话框

步骤6：返回到【Ethernet0 属性】对话框，单击【关闭】按钮，返回【Ethernet0 状态】对话框，单击【关闭】按钮，最后关闭【网络和共享中心】窗口。

（2）DNS 服务测试

在 win10－1 上进行 DNS 服务测试的操作步骤如下。

步骤1：单击"开始"按钮⊞，依次选择【所有应用】→【Windows 系统】→【命令提示符】菜单项，打开【命令提示符】窗口。

步骤2：使用 nslookup 测试解析主机名，输入命令：

    nslookup　www.guidian.com

结果如图 6-23 所示。

步骤3：使用 nslookup 测试解析别名，输入命令：

    nslookup　ftp.guidian.com

结果如图 6-24 所示。

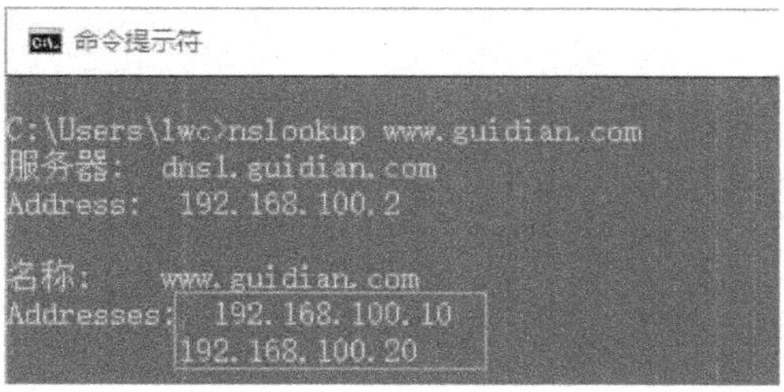

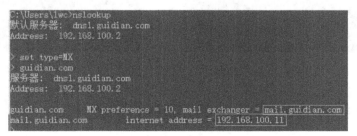

图 6-23　主机名解析测试 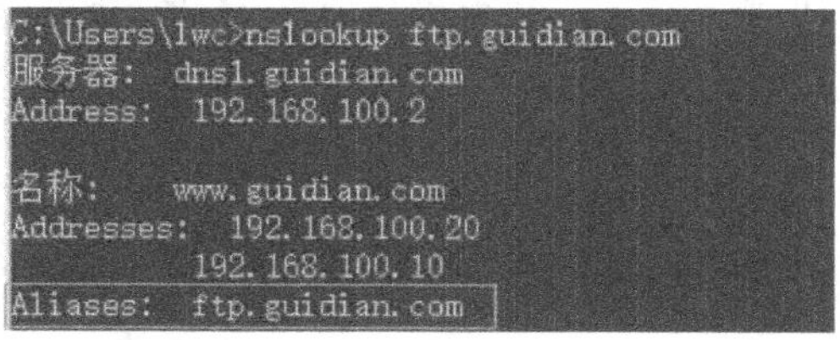　　　　　　　图 6-24　别名解析测试

步骤4：使用 nslookup 测试解析邮件交换器，输入命令：

    nslookup

进入 nslookup 交互式操作界面，输入：

    set type = MX

指定查询类型为 MX。再输入：

    guidian.com

查询 guidian.com 区域的 MX 记录。结果如图 6-25 所示。输入"exit"退出 nslookup。

图 6-25　邮件交换器解析测试

步骤 5：使用 nslookup 测试反向解析，输入命令：

    nslookup 192. 168. 100. 10

结果如图 6-26 所示。

步骤 6：使用 nslookup 测试解析外部 DNS 域名 www. baidu. com，输入命令：

    nslookup   www. baidu. com

结果如图 6-27 所示。

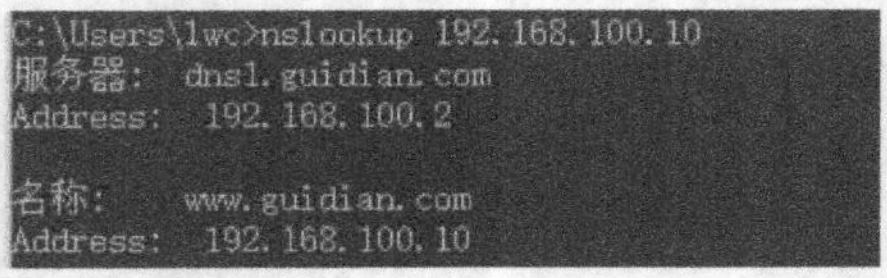

图 6-26　反向解析测试 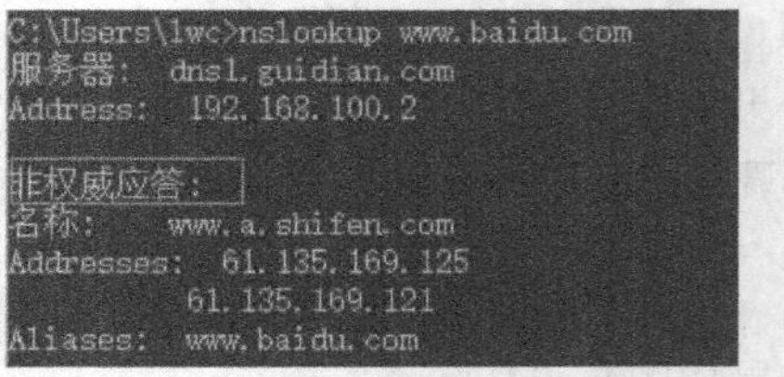　　　　图 6-27　测试解析外部 DNS 域名

步骤 7：显示客户机的 DNS 缓存，输入命令：

    ipconfig   /displaydns

命令结果如图 6-28 所示。

步骤 8：清除客户机的 DNS 缓存，输入命令：

    ipconfig   /flushdns

命令结果如图 6-29 所示。

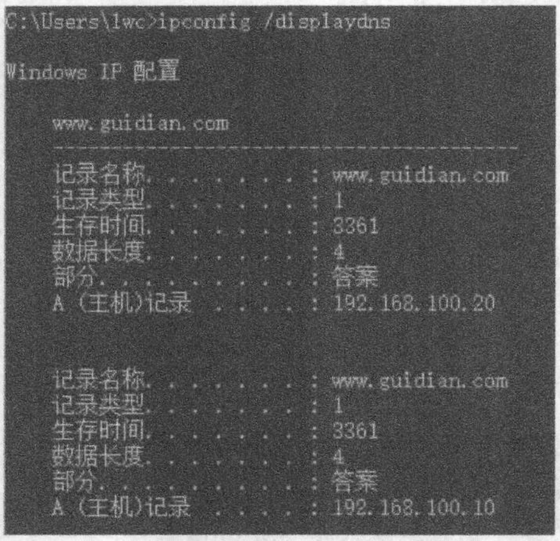

图 6-28　显示客户机 DNS 缓存　　　　图 6-29　清除客户机 DNS 缓存

6.2.2　使用条件转发器解析特定区域 DNS 名称

假设 GuiDian 公司与合作伙伴 ABC 公司之间需要通过网络频繁交换信息，在两个公司网络之间构建了 Extranet，ABC 公司的域名为 abc. com，DNS 服务器 IP 地址为 172. 16. 10. 10

和 172.16.10.11。

　　要使 GuiDian 公司的用户能通过 DNS 名称访问 ABC 公司的服务器，需要在 GuiDian 公司的 DNS 服务器上配置条件转发器。添加条件转发器的过程如图 6-30 所示，具体操作步骤如下。

图 6-30　添加条件转发器的过程

　　步骤 1：在【DNS 管理器】窗口中，右键单击【条件转发器】节点，在弹出的快捷菜单中选择【新建条件转发器】菜单项。

　　步骤 2：出现【新建条件转发器】窗口，在【DNS 域:】文本框中输入域名"abc.com"，在【主服务器的 IP 地址】列表框中输入 abc.com 域的 DNS 服务器的 IP 地址，系统会对输入的 DNS 服务器 IP 地址进行验证，验证没有通过也不用理会，不会对 DNS 转发产生影响，单击【确定】按钮。完成后，结果如图 6-31 所示。

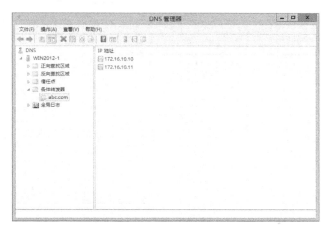

图 6-31　新建条件转发器

6.2.3　安装辅助 DNS 服务器

在 win2012 - 2 服务器上安装与配置辅助 DNS 服务器，实现 DNS 服务可用性。

1. 安装 DNS 服务器组件

在辅助 DNS 服务器上安装 DNS 服务器组件与在主 DNS 服务器上的过程一样。

2. 设置转发器

在辅助 DNS 服务器上设置转发器与在主 DNS 服务器上的过程一样。

3. 创建辅助正向查找区域

创建辅助正向查找区域的步骤如下。

步骤 1：在【DNS 管理器】窗口中，右键单击【正向查找区域】节点，在弹出菜单中选择【新建区域】菜单项。

步骤 2：打开【新建区域向导】，显示欢迎界面，单击【下一步】按钮。

步骤 3：出现【区域类型】界面，选中【辅助区域】单选按钮，单击【下一步】按钮。

步骤 4：出现【区域名称】界面，在【区域名称】文本框中输入 "guidian. com"，单击【下一步】按钮。

步骤 5：出现【主 DNS 服务器】界面，在【主服务器】下的列表中输入 192.168.100.2，系统自动验证主 DNS 服务器，如图 6-32 所示。验证通过后，单击【下一步】按钮。

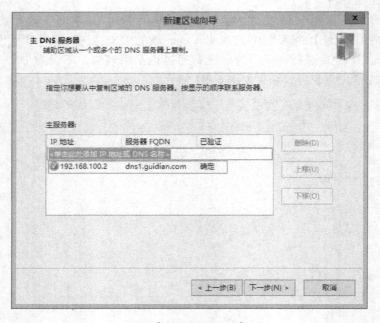

图 6-32　【主 DNS 服务器】界面

步骤 6：出现【正在完成新建区域向导】界面，如图 6-33 所示，确认设置无误后，单击【完成】按钮。

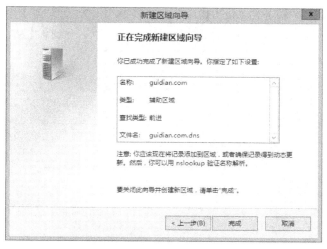

图 6-33　【正在完成新建区域向导】界面

4. 设置区域传送

每一个 DNS 区域的主机数据都保存在 DNS 服务器内的区域文件（zone file）或活动目录数据库内，区域文件由主 DNS 服务器维护，而辅助 DNS 服务器上也保存了区域文件的副本，该副本文件中的数据不能修改，只能定期从主 DNS 服务器或其他辅助 DNS 服务器更新。区域文件在 DNS 服务器之间的复制过程称为区域传送。

配置 DNS 服务器区域传送的步骤如下。

步骤 1：在主 DNS 服务器 win2012 - 1 上，打开【DNS 管理器】窗口，右键单击【正向查找区域】节点下的【guidian. com】，在弹出的快捷菜单中选择【属性】菜单项。

步骤 2：出现【guidian. com 属性】对话框，单击【区域传送】标签，切换到【区域传送】选项卡，选中【允许区域传送】复选框，再选中【只有在"名称服务器"选项卡中列出的服务器】单选按钮，如图 6-34 所示。

步骤 3：单击【名称服务器】标签，切换到【名称服务器】选项卡，单击【添加】按钮，添加名称服务器，结果如图 6-35 所示。单击【确定】按钮，退出【guidian. com 属性】对话框。

图 6-34　设置区域传送

图 6-35　添加名称服务器

步骤4：在辅助DNS服务器win2012-2上，打开【DNS管理器】窗口，右键单击【正向查找区域】节点下的【guidian.com】，在弹出的快捷菜单中选择【从主服务器传输】菜单项，如图6-36所示。

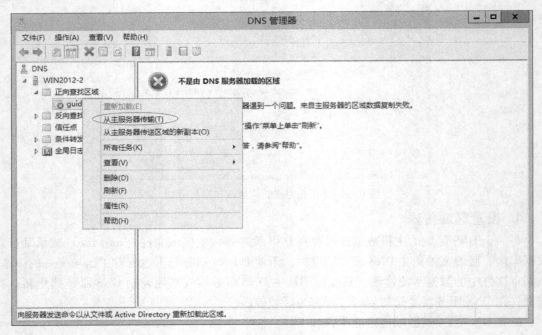

图6-36　选择【从主服务器传输】菜单项

步骤5：然后在工具栏上单击"刷新"按钮，如果完成了区域传送，详细窗格中显示的结果如图6-37所示。

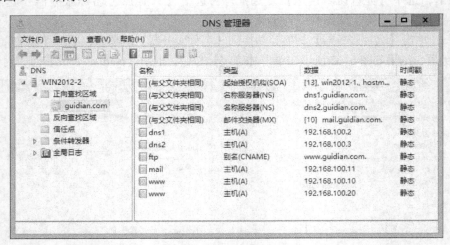

图6-37　区域传送结果

5. 创建辅助反向查找区域

在win2012-2上创建主要辅助反向查找区域的步骤如下。

步骤 1：在【DNS 管理器】窗口中，右键单击【反向查找区域】节点，在弹出的快捷菜单中选择【新建区域】菜单项。

步骤 2：打开【新建区域向导】，显示欢迎界面，单击【下一步】按钮。

步骤 3：出现【区域类型】界面，选中【辅助区域】单选按钮，单击【下一步】按钮。

步骤 4：出现【反向查找区域名称 – 地址类型】界面，选中【IPv4 反向查找区域】单选按钮，单击【下一步】按钮。

步骤 5：出现【反向查找区域名称 – 名称】界面，在【网络 ID】下的文本框内输入"192.168.100"，单击【下一步】按钮。

步骤 6：出现【主 DNS 服务器】界面，在【主服务器】列表框中输入"192.168.100.2"，系统自动验证主 DNS 服务器，通过后单击【下一步】按钮。

步骤 7：出现【正在完成新建区域向导】界面，确认设置无误后，单击【完成】按钮。

注：反向查找区域的区域传送设置与正向查找区域的区域传送设置一样，参见第 4 步。

6. 测试辅助 DNS 服务器

之前配置 win10 – 1 的网络连接属性时，首选 DNS 服务器为 192.168.100.2，备用 DNS 服务器为 192.168.100.3，只要停止 192.168.100.2 的 DNS 服务，win10 – 1 就会使用 192.168.100.3 进行名称解析。具体测试步骤如下。

步骤 1：在 win2012 – 1 的【DNS 管理器】窗口中，选择【win2012 – 1】服务器图标，依次单击【操作】→【所有任务】→【停止】菜单项。停止 DNS 服务器。

步骤 2：在客户机 win10 – 1 上，单击"开始"按钮▦，依次选择【所有应用】→【Windows 系统】→【命令提示符】菜单项，打开【命令提示符】窗口。

步骤 3：使用 ping 测试解析主机名 www.guidian.com，输入命令：

　　　ping　www.guidian.com

结果如图 6-38 所示。

图 6-38　使用 ping 命令测试 DNS 服务器

步骤 4：使用 nslookup 测试解析主机名 www.guidian.com，需要在命令中指定使用 192.168.100.3 进行解析，输入命令：

　　　nslookup　www.guidian.com　192.168.100.3

结果如图 6-39 所示。

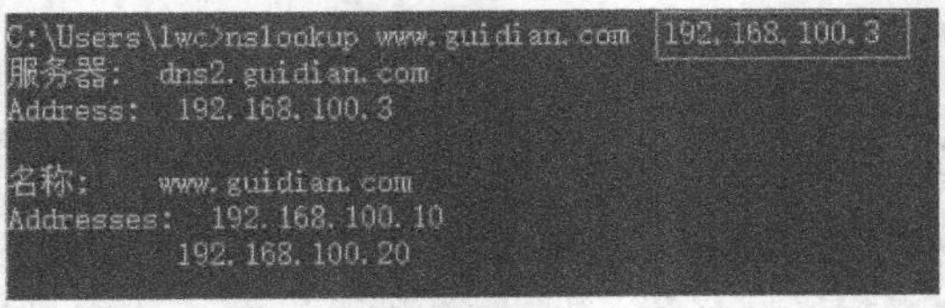

```
C:\Users\lwc>nslookup www.guidian.com  192.168.100.3
服务器:   dns2.guidian.com
Address:  192.168.100.3

名称:     www.guidian.com
Addresses:  192.168.100.10
            192.168.100.20
```

图 6-39　使用 nslookup 命令测试 DNS 服务器

6.3　配置 DNS 服务器为外部网络提供名称解析

如果公司要将网络中的服务器发布到 Internet，需要具有 Internet 注册的域名，外部域名管理方式有两种，一种是由域名注册机构管理并提供域名解析，另一种是由客户自行管理和提供域名解析。前一种方式，域名注册机构通常会为客户提供远程域名管理工具，但可管理的主机数量有限。后一种方式，客户需要自行配置 DNS 服务器，这种方式对客户来说自主性更大。

6.3.1　注册 DNS 域名

互联网域名注册管理与服务体系是层次化的结构，大致可以分为以下几层：域名管理机构、域名注册管理机构、域名注册服务机构和域名注册代理等，如图 6-40 所示。中国互联网络信息中心（CNNIC）是 .CN 域名注册管理机构，负责运行和管理相应的 CN 域名系统，维护中央数据库。

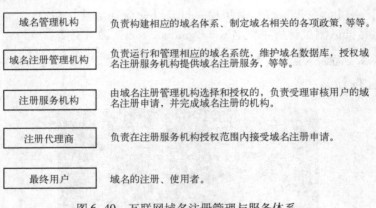

图 6-40　互联网域名注册管理与服务体系

单位或个人注册域名是通过域名注册代理机构办理，目前域名注册可以在互联网上直接办理。国内比较大的域名注册网站有新网、万网等。新网域名注册过程如图 6-41 所示。

在新网注册域名具体操作如下。

步骤 1： 域名查询。域名具有全球唯一性，注册之前需要查询选择的域名是否可注册。

步骤 2： 加入购物车。输入想要注册的域名，单击【立即结算】前往购物车。在购物车中，选择注册年限并勾选域名注册协议。

步骤 3： 选填信息。完成支付前，先要选择或者填写真实注册信息。对于域名解析来说，最重要的是选择 DNS 解析服务器，默认使用新网 DNS 解析服务器，也可以填写其他

DNS 解析服务器。

图 6-41　新网域名注册过程

步骤 4：完成支付。域名属于即时产品，无法预订，只有最终付款成功才算注册成功。支付成功后，可以在"会员中心—域名管理"中找到域名并进行管理。

要选择一个适合的域名，可以从以下 4 个方面构思。

① 单位名称的中英文缩写。

② 企业的产品注册商标。

③ 与企业广告语一致的中英文关键词。

④ 比较有趣的名字，如：hello，cool，yes，等等。

6.3.2　部署 DNS 服务器

用于向外网提供名称解析的 DNS 服务器，尽量不要放置在内网中，通常把它部署在防火墙的 DMZ（demilitarized zone，非军事区）区域，与内网隔离，并提供必要的保护。

该 DNS 服务器在安装时与内部 DNS 服务器安装没有区别，只是需要配置外部 IP 地址或者在防火墙上将其映射到外部 IP 地址。

由于该 DNS 服务器在注册域名时已经向域名注册服务机构提供了其 IP 地址，它已经是 Internet 上 DNS 分布式系统中的成员，因此不用担心如何访问它的问题。

6.4　实训——为企业网络部署 DNS 服务

6.4.1　实训目的

① 掌握 DNS 服务器的安装与配置。

② 掌握正向查找区域和反向查找区域创建与管理。

③ 掌握 DNS 服务器测试方法。

6.4.2　实训环境

为企业网络部署 DNS 服务实训的网络环境如图 6-42 所示（也可在虚拟机中进行）。

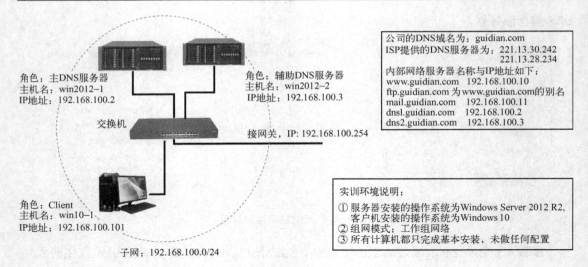

图 6-42　为企业网络部署 DNS 服务实训环境

6.4.3　实训内容及要求

任务 1：根据图 6-42 中的网络拓扑图配置实训环境。

① 修改计算机名

② 配置网络连接

任务 2：在 win2012 - 1 上安装并配置主 DNS 服务器。

任务 3：创建正向查找区域和反向查找区域，并根据图示主机信息在区域中添加资源记录。

任务 4：在 win2012 - 2 上安装并配置辅助 DNS 服务器，配置并且执行区域传输。

任务 5：使用 win10 - 1 对主 DNS 服务器和辅助 DNS 服务器进行测试。

习题

一、单项选择题

1. 目前存在多种名称解析方案，其中（　　）是最通用的。

A. HOSTS　　　　　B. DNS　　　　　C. WINS　　　　　D. LMHOSTS

2. 要在整个 Internet 范围内通过名称访问特定的主机，必须用（　　）。

A. 相对域名　　　　　　　　　　B. 绝对域名

C. NetBIOS 主机名　　　　　　　D. 全都可以

3. DNS 的资源记录中用于指定区域中名称服务器的记录是（　　）。

A. A 记录　　　　B. NS 记录　　　　C. MX 记录　　　　D. CHAME 记录

4. （　　）将 IP 地址动态地映射到 NetBIOS 名称，并可跨网段解析 NetBIOS 名称。

A. 广播解析　　　B. LMHOST　　　C. WINS　　　　D. 以上都可以

5. DNS 服务器的层次结构为（　　）。

A. 服务器—子域—域—主机　　　B. 服务器—域—子域—主机

C. 域—服务器—子域—主机　　　　　D. 域—服务器—主机—子域

6. 某大学的某台主机 DNS 名称为 ftp. gzdx. edu. cn，其中主机名为（　　）。

A. gzdx. edu. cn　　　B. edu. cn　　　C. ftp. gzdx　　　D. ftp

7. 若想通过域名 sample. abc. com 访问到 IP 地址为 192. 168. 1. 11 的主机，应在正向搜索区域中添加的记录类型为（　　）。

A. A 记录　　　　　　　　　　　B. CHAME 记录

C. PTR 记录　　　　　　　　　　D. MX 记录

8. DNS 服务器在名称解析过程中正确的查询顺序是（　　）。

A. 本地缓存记录→区域记录→转发域名服务器→根域名服务器

B. 区域记录→本地缓存记录→转发域名服务器→根域名服务器

C. 本地缓存记录→区域记录→根域名服务器→转发域名服务器

D. 区域记录→本地缓存记录→根域名服务器→转发域名服务器

二、判断题

1. DNS 服务器的 IP 地址应是固定的，不能是动态分配的。　　　　　　　　（　　）

2. Windows Server 2012 的 DNS 控制台仅能管理本机的 DNS 服务器。　　　（　　）

3. DNS 转发器的作用是帮助解析当前 DNS 服务器不能解析的域名，将不能解析的域名请求转发给其他 DNS 服务器。　　　　　　　　　　　　　　　　　　　　（　　）

4. DNS 服务器的正向搜索区域的作用是为 DNS 客户提供 IP 地址到名称的查询。

（　　）

三、问答题

1. 比较 nslookup 与 ping 命令用于测试 DNS 服务的区别。

2. DNS 服务器上正向搜索区域的主要作用是什么？正向搜索区域常见的资源记录（RR）有哪些？

第7章 使用 Active Directory 管理网络

在企业内部网络环境中，提高网络管理效率，保障网络安全和高可用是非常重要的任务，网络规模越大其管理的复杂性和难度就会越大，比如用户身份认证、网络资源权限配置、安全策略部署和应用，这些对管理员来说都是很大的挑战。显然采用工作组模式是无法管理大规模网络的。Windows 的 Active Directory 域服务（active directory domain services，ADDS），为我们提供了各种强大的手段去组织、管理和控制网络资源。

学习目标：
- 理解域网络与工作组网络的区别
- 理解 Active Directory 的逻辑结构与物理结构
- 掌握单域的规划与部署
- 掌握站点的创建与管理
- 掌握组策略的配置和使用

学习环境（见图7-1）：

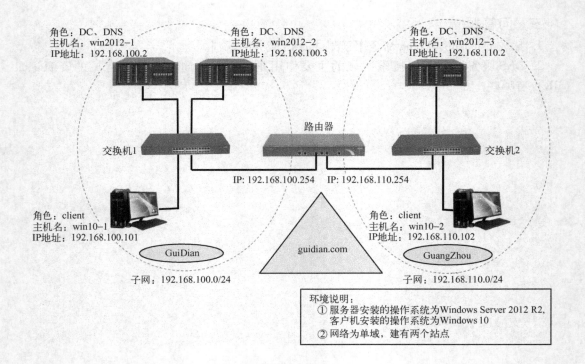

图 7-1 使用 Active Directory 管理网络的学习环境

7.1　认识 Active Directory 与域

7.1.1　Active Directory 的基本概念

Active Directory 即活动目录，是 Windows Server 系统所提供的目录服务，是 Windows Server 系统的核心功能。Active Directory 中存储有计算机账户、用户账户、共享文件夹和打印机等网络对象的信息，管理员和授权用户可以方便地查找和使用这些信息。Active Directory 实际上是一种用于组织、管理和定位网络资源的企业级网络管理工具。对于 Windows 网络来说，规模越大，需要管理的资源越多，建立 Active Directory 域服务也就越有必要。

Active Directory 域服务运行于域控制器中，采用目录结构集中存储和管理网络上的对象信息，这些对象通常包括计算机账户、用户账户、共享文件夹和打印机等。

Active Directory 使用多主机复制，使所有域控制器中的目录保持一致，即使一个域控制器出现故障，也不会导致目录数据丢失。

Active Directory 集成的安全机制，可保护网络对象免受未经授权的访问。Active Directory 将身份验证集中进行。不仅可以定义对目录中每个对象的访问控制，还可定义对每个对象的每个属性的访问控制。在 Active Directory 管理的网络中，通过一次网络登录，管理员可管理整个网络中的目录数据和网络对象，而且获得授权的网络用户可访问网络上任何地方的资源。

此外，Active Directory 还为安全策略提供了存储区和应用范围。而基于策略的管理减轻了对复杂网络的管理工作负担。

7.1.2　Active Directory 管理的对象

与其他目录服务器一样，Active Directory 以对象为基本单位，采用层次结构来组织管理网络中的对象，如图 7-2 所示。这些对象可分为两种类型，一类是容器对象，即可以包含下层对象的对象；另一类是非容器对象，即不能包含下层对象的对象。

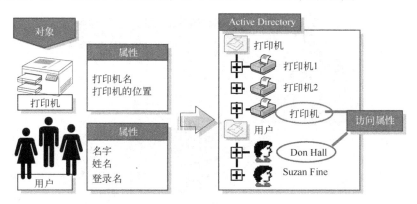

图 7-2　Active Directory 对象

每个对象均有一组属性，用来记录该对象的特征信息。对象与属性的关系相当于数据库中的记录和字段之间的关系。每个对象都可通过多种不同的名称引用。Active Directory 根据对象创建或修改时提供的信息，为每个对象创建可分辨名称（distinguished name，DN）和规范名称。

例如，在 guidian. com 域 xzb 组织单位中名为 xzb_pc1 的计算机的 DN 表示如下：

CN = xzb_pc1，OU = xzb，DC = guidian，DC = com

如果采用规范名称（DN 的另一种表示方法），则表示如下。

guidian. com/xzb/xzb_pc1

除此之外，用户账户还具有一个称为 UPN（user principal name，用户主体名称）的名称。UPN 是一个友好的名称，比 DN 短并且容易记忆。UPN 包括一个用户登录名称和该用户所属域的 DNS 名称，例如 guidian. com 域中的用户 xzb_user1，表示为：

xzb_user1@ guidian. com

7.1.3　Active Directory 的逻辑结构

Active Directory 域服务建立在域的基础上，由域控制器对网络中的资源实行集中管理和控制，目录信息存储在域控制器上的 Active Directory 数据库中。Active Directory 以域为基础，具有伸缩性，包含一个或多个域，每个域具有一个或多个域控制器，可调整目录的规模以满足任何网络的需要。

1. 域

域（domain）是一种网络系统架构，和"工作组"相对应。可以简单地把域看成是由管理员定义的，由域控制器控制的一组计算机，它实现了对网络对象的统一化管理。一个典型的域包括域控制器、成员服务器和工作站等类型的计算机。每一台域控制器都包含 Active Directory 数据库，并与其他域控制器一起参与 Active Directory 的复制。

图 7-3 展示了如何将一个松散的局域网（工作组）升级为域，域中的对象信息如何存储于 Active Directory。图 7-3 中，三角形表示域，这是微软定义的域的表示符号。

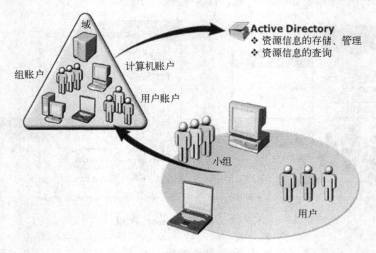

图 7-3　工作组到域的变化

2. 划分组织单位

组织单位（organizational unit，OU）是 Active Directory 的一种容器对象，可将用户、组、计算机和其他组织单位放入其中。每个域的组织单位层次都是独立的，组织单位不能包括来自其他域的对象。组织单位相当于域的子域，本身也具有层次结构。组织单位的划分通常与企业管理机构相对应，如图 7-4 所示，通过在目录中建立网络资源的逻辑结构与企业网络资产对应，使域的内部结构清晰，便于管理。

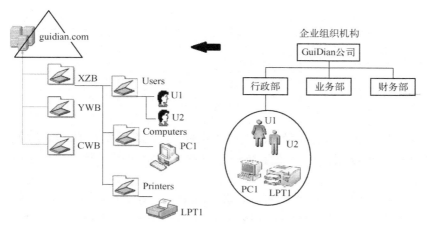

图 7-4　组织单位与企业组织机构的对应关系

3. 域树

域树又称目录树，是具有层次结构的多个域的组合。在一个域树中的域共享一个公共的根域名，并通过自动信任关系共享信息。在图 7-5 所示的域树中，最上层的域名为 abc.com，是这个域树的根域，也是其下层域的父域。sub1.abc.com 和 sub2.abc.com 是 abc.com 的子域，子域的名称都包含根域的名称。整个域树中，所有域共享一个 Active Directory，即整个域树中只有一个 Active Directory。只不过这个 Active Directory 分散地存储在不同的域中（每个域只负责存储和本域有关的数据），整体上形成一个大的分布式的 Active Directory 数据库。在配置一个较大规模的企业网络时，如果单域不能满足管理需求，可以配置为域树，比如将企业总部的网络配置为根域，各分支机构的网络配置为子域，整体上形成一个域树，以实现集中管理。

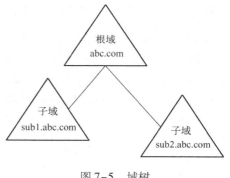

图 7-5　域树

4. 域林

域林又称目录林，域林是不共享连续名称空间的一组树，如图 7-6 所示。一个域林是一个或多个域树的集合。一个域林中的多个域树具有不同的根域名，它们之间通过自动信任关系共享信息。多个域林之间只有通过显式信任才能共享信息。域树 abc.com 与域树 xyz.com 具有不同的域名。

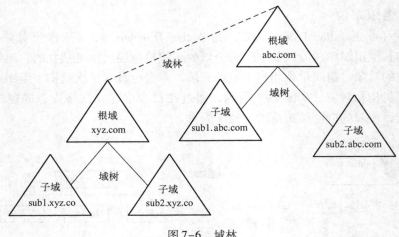

图 7-6　域林

域林中的域树共享共同的配置、模板和全局编录。在默认状态下，根树的名字或域林中的第一个被创建的树被用来代表给定域林。域林中的每一棵树都有它自己的唯一的名字空间。

多个域可合并为域树，多个域树可合并为域林。Active Directory 是一个典型的树状结构，按自上而下的顺序，依次为域林—域树—域—组织单位。而在实际应用中，通常是按自下而上的方法来设计 Active Directory 结构的。

7.1.4　Active Directory 的物理结构

Active Directory 的物理结构与逻辑结构有很大不同，它们是彼此独立的两个概念。逻辑结构侧重于网络资源的组织和管理，而物理结构则侧重于网络的物理布局和流量优化。Active Directory 的物理结构主要用于 Active Directory 信息的复制和用户登录网络时的性能优化，其中的两个重要概念是站点和域控制器。

1. 站点

Active Directory 站点可以看作是一个或多个 IP 子网的集合，集合内拥有良好的物理连接。如果计算机间的连接具有高带宽、高可靠性、低费用，那么这些计算机就应该位于同一个站点内。

站点提供了三个功能：

↳ 通过站点能更好地控制 Active Directory 复制；

↳ 站点可以帮助 Active Directory 的客户端找到距离自己最近的域控制器；

↳ 站点可以为支持 Active Directory 的应用程序选择本地的服务资源（如 DFS）。

站点与域不同，站点反映网络的物理结构，而域通常反映整个网络的逻辑结构。逻辑结构和物理结构相互独立，可能相互交叉。Active Directory 允许单个站点中有多个域，单个域中有多个站点。我们用逻辑结构来组织网络资源，而用物理结构来配置和管理网络流量。

一般只有在网络的不同组成部分由较低带宽、较低可靠性或高费用的链路连接时才需要规划站点。

2. 域控制器

一台域控制器是一台运行 Windows Server 2012 R2 并存放 Active Directory 的计算机。也就是说域控制器存储着目录数据，并管理用户和域的交互，包括用户登录过程、身份验证和目录搜索。为了获得高可用性和容错能力，使用单个局域网的小企业可能只需要一个具有两个域控制器的域。具有多个网络位置的大公司在每个站点都需要一个或多个域控制器以提供高可用性和容错能力。

7.2　安装和部署域控制器

7.2.1　规划名称空间和目录结构

部署 Active Directory 服务的关键是安装和配置域控制器，前提是做好 Active Directory 的规划，主要是规划 DNS 名称空间和 Active Directory 结构，必要时还要规划组织单位或 Active Directory 站点。

1. 规划 Active Directory 的名称空间

Active Directory 需要先规划名称空间，Active Directory 域使用 DNS 名称来命名。选择 DNS 名称用于 Active Directory 域时通常使用现有域名，以公司在 Internet 上已注册的 DNS 域名后缀开始，并将该名称和公司使用的地理名称或部门名称结合起来，组成 Active Directory 域的全名。

微软公司将 DNS 和 Active Directory 紧密集成在一起，当使用 Windows Server 2012 R2 创建 Active Directory 环境时，会自动执行 DNS 的安装和配置过程，便于使 Active Directory 域的名称与 DSN 域名统一。

2. 规划目录结构

选择目录结构的总原则是应尽可能减少域的数量，微软建议企业网应尽可能使用单域结构，以简化管理工作。

组织单位的规划很重要，在域内可依据多种标准划分组织单位。如果各个分支机构或部门有大量的对象，或者分支机构或部门相对分散独立，或者企业网络分成几个独立部分，就可以考虑创建多个域。对于多域的情况，又有域树和域林两种选择。一般来说，分支机构或部门使用相同的顶层 DNS 名称空间，层次结构清晰，可创建域树来包含多个域；如果使用不同的顶层 DNS 名称空间，则只能创建域林来包括多个域树和域。

适当建立站点可以优化复制效率，并减少网络的管理开销。站点的数量取决于网络的物理设计和网络连接带宽。多数情况下只需一个 Active Directory 站点，如一个包含单个子网的局域网，或者以高速主干线连接的多个子网。如果一个域分布在多个地理位置并通过广域网连接，应当为每个地理位置建立单独的站点。

3. 域功能级别和林功能级别规划

每一个新版本的 Windows Server 上的 Active Directory 服务中都有新的功能和特性的引进，但是只有当域或者林中的所有的域控制器都升级到同一版本的服务器系统时，这些新的特性才可以被启用。域和林功能级别提供了一种方法，用于限定在域或林中最低可以运行哪个版本的 Windows Server，哪些功能是启用的。管理员可以根据网络中域控制器的 Windows Server 版本和需要兼容的 Windows Server 版本选择域和林功能级别。

另外，还有两个重要的关于域功能级别或林功能级别的限制。第一个限制是，如果功能级别被提升了，运行较低级 Windows Server 版本的域控制器就不能被添加到域或目录林中。第二个限制是，功能级别只能提升，不允许降低。

域功能级别或林功能级别不会限制客户端的操作系统版本。

如果 Active Directory 中没有 Windows Server 2012 R2 以前版本的域控制器存在，则可以使用默认选项（最高功能级别）；如果存在 Windows Server 2012 R2 以前版本的域控制器，则需要根据情况选择低级的林和域的功能级别，以保证 Active Directory 的兼容性。

7.2.2　创建网络中第一台域控制器

在 Windows Server 2012 R2 中，域控制器的安装分两步完成，第一步先安装 Active Directory 域服务，第二步升级为域控制器。

1. 安装 Active Directory 域服务

安装 Active Directory 域服务可使用服务器管理器和 Windows PowerShell，与 Windows Server 2012 R2 中的所有其他服务器角色和功能一样。Dcpromo. exe 程序不再提供 GUI 配置选项。

安装 Active Directory 域服务的先决条件如下。

① 准备好 Active Directory 域的名称。本例使用 guidian. com。

② 主机名应先设好，安装 Active Directory 后，更改主机名会导致客户端暂时不能连接；服务器必须配置静态 IP 地址，首选 DNS 服务器的 IP 地址应指向自己（192. 168. 100. 2）。

③ 必须将 SYSVOL 放置在 NTFS 分区（卷）上。

④ 还需要有服务器本地管理员的身份和权限。

在 win2012 – 1 上安装 Active Directory 域服务的具体操作步骤如下。

步骤 1：以管理员身份登录 win2012 – 1，单击"开始"按钮█，选择"服务器管理器"按钮█。

步骤 2：在【服务器管理器】窗口中，依次单击【管理】→【添加角色和功能】菜单项。

步骤 3：打开【添加角色和功能向导】，显示【开始之前】界面。连续单击【下一步】按钮，直到显示【选择服务器角色】界面。

步骤 4：在【选择服务器角色】界面的【角色】列表框中，选中【Active Directory 域服务】复选框，如图 7-7 所示，单击【下一步】按钮。出现【选择功能】界面，单击【下一步】按钮。

步骤 5：出现【Active Directory 域服务】界面，简要介绍了 Active Directory 域服务的主要功能，以及安装过程中的注意事项，如图 7-8 所示。单击【下一步】按钮。

步骤 6：出现【确认安装所选内容】界面，显示了所选安装服务，确认无误后单击【安装】按钮。安装完成后显示如图 7-9 所示的【安装进度】界面，提示【Active Directory 域服务】已经安装成功。单击【关闭】按钮，退出安装。

2. 升级为域控制器

win2012 – 1 安装 Active Directory 域服务后，将其升级为域控制器的操作步骤如下。

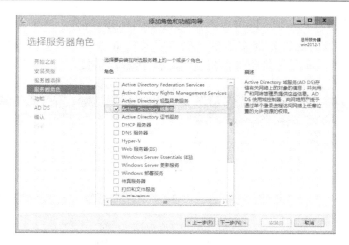

图 7-7　【选择服务器角色】界面

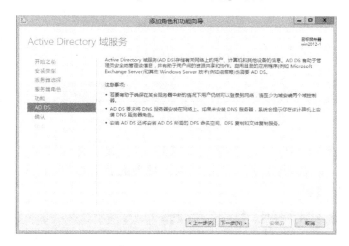

图 7-8　【Active Directory 域服务】界面

图 7-9　【安装进度】界面

步骤 1：在【服务器管理器】窗口，单击通知图标按钮 ，展开通知栏，可以看到如图 7-10 所示的【部署后配置】通知信息，提示安装 Active Directory 域服务后，还需要将服务器升级为域控制器，单击【将服务器提升为域控制器】链接。

图 7-10　【部署后配置】通知信息

步骤 2：打开【Active Directory 域服务配置向导】，显示【部署配置】界面，选中【添加新林】单选按钮，在【根域名】文本框中输入规划的域名 guidian.com，如图 7-11 所示。然后单击【下一步】按钮。

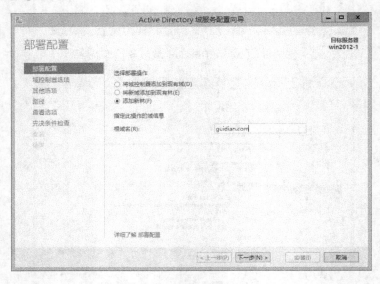

图 7-11　【部署配置】界面

步骤 3：出现【域控制器选项】界面，提示选择新林和根域的功能级别，默认林和域的功能级别都选择的是【Windows Server 2012 R2】，使用默认值即可，然后输入目录服务还原模式密码，如图 7-12 所示。然后单击【下一步】按钮。

图 7-12　【域控制器选项】界面

步骤 4：出现【DNS 选项】界面，由于 DNS 还没有安装，会警告"无法创建 DNS 服务器的委派"，因为要让安装程序自动安装 DNS 服务器，忽略该信息，单击【下一步】按钮。

步骤 5：出现【其他选项】界面，安装向导自动获取【NetBIOS 域名】后，单击【下一步】按钮。

步骤 6：出现【路径】界面，如图 7-13 所示。可输入 Active Directory 数据库、日志文件和 SYSVOL 文件夹的位置（或接受默认位置），这里使用默认路径。单击【下一步】按钮。

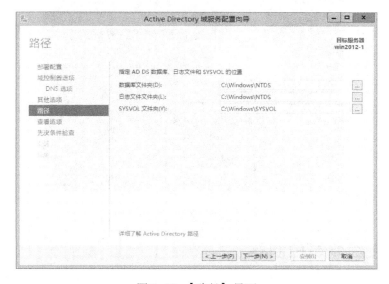

图 7-13　【路径】界面

步骤 7：出现【查看选项】界面，显示之前所有选择和输入，如果有错可以单击【上一步】按钮返回更正。如果没有错误，单击【下一步】按钮。

步骤 8：出现【先决条件检查】界面，安装向导执行先决条件检查，如图 7-14 所示。检查通过后，单击【安装】按钮执行安装。

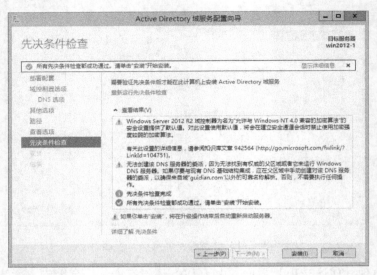

图 7-14 【先决条件检查】界面

步骤 9：安装完成后，系统自动注销重启。重启后，显示登录界面，如图 7-15 所示。升级为域控制器后，必须使用域用户账户登录，输入的域用户账户格式为"域名\用户名"。

图 7-15 域控制器的登录界面

7.2.3 安装额外域控制器

额外域控制器有很多好处，例如可以平衡用户对 Active Directory 的访问压力，有利于避免唯一的域控制器损坏所导致域的崩溃。域内所有的域控制器都有一个内容相同的 Active

Directory，而且 Active Directory 的内容是动态平衡的，也就是说任何一个域控制器修改了 Active Directory，其他的域控制器都会把这个 Active Directory 的变化复制过去。

安装额外域控制器前，确认 win2012－2 的网络配置正确，能与 win2012－1 通信，其 DNS 服务器的 IP 地址为 win2012－1 的 IP 地址 192.168.100.2。

1. 安装 Active Directory 域服务

额外域控制器上安装 Active Directory 域服务操作方法与安装第一台域控制器完全相同。

2. 升级为域控制器

步骤1：在【服务器管理器】窗口，单击通知图标按钮，展开通知栏，单击【将服务器升级为域控制器】链接，打开【Active Directory 域服务配置向导】。

步骤2：出现【部署配置】界面，选中【将域控制器添加到现有域】单选按钮，在【域】文本框中输入域名 "guidian.com"，如图 7-16 所示。单击【更改】按钮。

图 7-16　【部署配置】界面

步骤3：出现【Windows 安全】对话框的【部署操作的凭据】界面，输入【部署操作的凭据】，如图 7-17 所示。单击【确定】按钮。返回到【部署配置】界面，单击【下一步】按钮。

图 7-17　【部署操作的凭据】界面

步骤 4：出现【域控制器选项】界面，选中【域名系统（DNS）服务器】复选框和【全局编录（GC）】复选框，输入目录服务还原模式密码，如图 7-18 所示。然后单击【下一步】按钮。

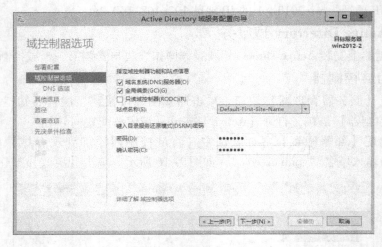

图 7-18　【域控制器选项】界面

步骤 5：出现【DNS 选项】界面，由于 DNS 还没有安装，会警告"无法创建 DNS 服务器的委派"，因为要让安装程序自动安装 DNS 服务器，忽略该信息，单击【下一步】按钮。

步骤 6：出现【其他选项】界面，设置 Active Directory 复制选项，选择【复制自】下拉列表中的【任何域控制器】选项，如图 7-19 所示。单击【下一步】按钮。

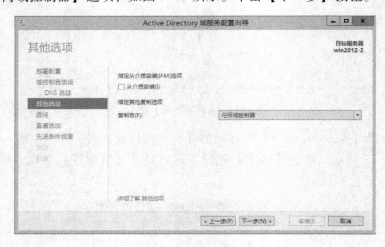

图 7-19　【其他选项】界面

步骤 7：出现【路径】界面，可输入 Active Directory 数据库、日志文件和 SYSVOL 文件夹的位置（或接受默认位置），这里使用默认路径。单击【下一步】按钮。

步骤 8：出现【查看选项】界面，显示之前所有选择和输入，如果有错可以单击【上一步】按钮返回更正。如果没有错误，单击【下一步】按钮。

步骤 9：出现【先决条件检查】界面，安装向导执行先决条件检查，检查通过后，单击

【安装】按钮执行安装。

步骤 10：安装完成后，系统自动注销重启。

接下来，可以通过查看域控制器信息验证安装结果。在 win2012 – 2 上，打开【服务器管理器】窗口，单击【工具】→【Active Directory 用户和计算机】菜单项，打开【Active Directory 用户和计算机】窗口，在导航窗格中选择【Domain Controllers】，详细窗格中显示【Domain Controllers】界面，如图 7 – 20 所示，可以看到域中已有两台域控制器，Active Directory 已经复制到新安装的域控制器。

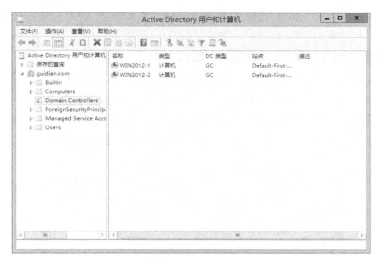

图 7–20　【Domain Controllers】界面

在【服务器管理器】窗口中，单击【工具】→【DNS】菜单项，打开【DNS 管理器】窗口，在导航窗格中选择【正向查找区域】→【guidian. com】节点，在详细窗格中显示【guidian. com】区域信息，如图 7 – 21 所示，可以看到区域数据已从 win2012 – 1 复制到win2012 – 2 的 DNS 服务器中。

图 7–21　【guidian. com】区域

7.2.4　安装分支机构站点的域控制器

Active Directory 使用站点标识不同的物理位置，但默认情况下只有一个站点名为"De-fault – First – Site – Name"。如果企业网络只集中在一个地理位置，那么一切运行正常，不会有问题。

如果企业网络分布在多个地理位置，就需要拥有多个站点，用以支持各个地理位置的网络正常运行，也就是说需要创建其他站点、子网和站点链接。站点表示位置，子网对象表示存在于位置中的实际子网，站点链接表示连接不同位置的 WAN（wide area network，广域网）链路。

1.　重命名 Default – First – Site – Name

步骤 1：在 win2012 – 1 的【服务器管理器】窗口中，依次单击【管理】→【Active Directory 站点和服务】菜单项，打开【Active Directory 站点和服务】窗口。

步骤 2：在【Active Directory 站点和服务】窗口的导航窗格中展开【Sites】节点，右键单击【Default – First – Site – Name】，从弹出菜单中选择【重命名】菜单项，如图 7 – 22 所示。

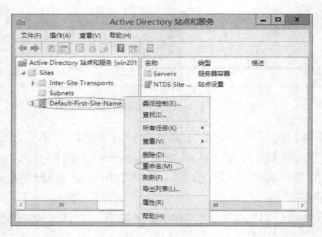

图 7-22　重命名站点 Default – First – Site – Name

步骤 3：【Default – First – Site – Name】将变成可编辑状态，输入新的站点名 guidian，然后按 Enter 键。

2.　创建新站点

步骤 1：在【Active Directory 站点和服务】窗口的导航窗格中，右键单击【Sites】节点，从弹出菜单中选择【新站点】菜单项。

步骤 2：出现【新建对象 – 站点】对话框，在【名称】文本框中输入新站点的名称"guangzhou"，再在列表框中单击【DEFAULTIPSITELINK】链接对象，如图 7 – 23 所示。单击【确定】按钮。

步骤 3：出现【Active Directory 域服务】对话框，如图 7 – 24 所示。提示站点已创建，单击【确定】按钮。

图 7-23　【新建对象 – 站点】对话框　　　图 7-24　【Active Directory 域服务】

3. 定义子网并将子网置于站点中

当新建一个站点后，这个站点需要拥有自己的子网，这时需要告诉 Active Directory 新站点拥有的是哪个子网。

步骤 1：在【Active Directory 站点和服务】窗口的导航窗格中，右键单击【Subnets】，从弹出菜单中选择【新建子网】菜单项。

步骤 2：出现【新建对象 – 子网】对话框，在【前缀】文本框中输入 192.168.110.0/24 标识子网，在【为此前缀选择站点对象】列表中选择 "guangzhou"，从而将这个子网与 guangzhou 关联起来。如图 7-25 所示。单击【确定】按钮。

再重复步骤 1 ~ 2，添加 192.168.100.0/24 子网，然后将它与 guidian 站点关联起来，结果如图 7-26 所示。

图 7-25　【新建对象 – 子网】对话框　　　图 7-26　子网信息

4. 将服务器置入站点中

安装站点 guangzhou 的域控制器 win2012 – 3 前，需要先确认 win2012 – 3 的网络配置正确，能与 win2012 – 1 通信，其 DNS 服务器的 IP 地址为 win2012 – 1 的 IP 地址 192. 168. 100. 2。

win2012 – 3 也是一台额外域控制器，其安装步骤与 win2012 – 2 完全相同。唯一区别是在升级域控制器时，当出现【域控制器选项】界面时，需要单击【站点名称】下拉箭头，选择"guangzhou"选项，如图 7–27 所示，也就是将该域控制器指定到"guangzhou"站点。

图 7–27 【域控制器选项】界面

7.3　管理 Active Directory 对象

7.3.1　管理组织单位

组织单位（OU）是一个用来在域中创建分层管理结构的容器。通常参照公司的组织结构和公司的管理架构来规划组织单位。

组织单位具有以下特性。

↳ 可包含用户、组、打印机、计算机、联系人、下级组织单位等对象。

↳ 可应用组策略和委派管理权限。

↳ 可以嵌套，OU 中可以包含子 OU。

1. 创建 OU

创建组织单位的目的主要在于两方面：一方面是通过组策略来管理 OU 中的对象，另一方面是将 OU 某些方面的管理权限委派给特定用户。

根据 GuiDian 公司管理结构，为其创建部门级 OU。前面已经完成域控制器的安装，现在可以在 guidian. com 域中的任意一台域控制器上管理 Active Directory。新建"行政部"OU的操作步骤如下。

步骤 1：在 win2012 – 1 的【服务器管理器】窗口中，依次单击【管理】→【Active Directory 用户和计算机】菜单项，打开【Active Directory 用户和计算机】窗口。

步骤 2：在导航窗格中右键单击【guidian.com】节点，在弹出的快捷菜单中依次单击【新建】→【组织单位】菜单项。

步骤 3：出现【新建对象 – 组织单位】对话框，在【名称】文本框中输入名称"行政部"，确保选中了【防止容器被意外删除】复选框，如图 7-28 所示。单击【确定】按钮。

对现有组织单位可执行重命名、移动或删除操作。与组对象不同，一旦删除组织单位，其中的成员对象也将被删除。

2. 设置防止对象被意外删除功能

图 7-28 中，【防止容器被意外删除】选项的功能是阻止任何人对该 OU 执行删除操作。如果确实希望删除一个 OU，可以先修改其设置，再执行删除操作。修改【行政部】OU 的删除设置的方法如下。

步骤 1：在【Active Directory 用户和计算机】窗口中，单击【查看】→【高级功能】菜单项。将启用【Active Directory 用户和计算机】的高级功能。

步骤 2：在【Active Directory 用户和计算机】窗口的导航窗格中右键单击【行政部】节点，在弹出菜单中选择【属性】菜单项。

步骤 3：出现【行政部 属性】对话框，单击【对象】标签，切换到【对象】选项卡，如图 7-29 所示。取消【防止对象被意外删除】复选框，单击【确定】按钮。这样就可以删除【行政部】OU 了。

图 7-28　【新建对象 – 组织单位】对话框

图 7-29　【行政部 属性】对话框

7.3.2　管理用户和组

升级成为域控制器后，服务器原有本地用户账户被升级为域用户账户，本地组被升级为域安全组，不再使用【计算机管理】工具管理用户和组，而是使用【Active Directory 用户和计算机】工具，升级后的账户被放置在容器 Users 内。用户可以使用域用户账户在域内的所有计算机上登录（除了策略限制不允许用户登录的计算机外，比如普通用户不允许在域控制器上登录。）。当用户使用域用户账户登录域后，便可以直接连接域的所有计算机，访问有权访问的资源，而不需要再输入用户名和密码登录其他计算机。这就是单点登录功能。

与域用户账户比较，本地用户账户不具有单点登录功能，其使用范围仅限于本地用户账户所在的那台计算机。

1．新建域用户账户

为孙小英新建用户账户的操作步骤如下。

步骤1：打开【Active Directory 用户和计算机】窗口，在导航窗格中右键单击【行政部】OU，在弹出菜单中依次单击【新建】→【用户】菜单项。

步骤2：出现【新建对象 – 用户】对话框，在【名】文本框中，输入用户的名字"小英"，在【姓】文本框中，输入用户的姓氏"孙"，在【用户登录名】文本框中，输入用户登录名 sxy，如图 7–30 所示。然后单击【下一步】按钮。

图 7–30　【新建对象 – 用户】对话框界面 1

步骤3：出现密码设置界面，在【密码】和【确认密码】文本框中，输入该用户的密码，然后选择相应的密码选项，如图 7–31 所示。单击【下一步】按钮。

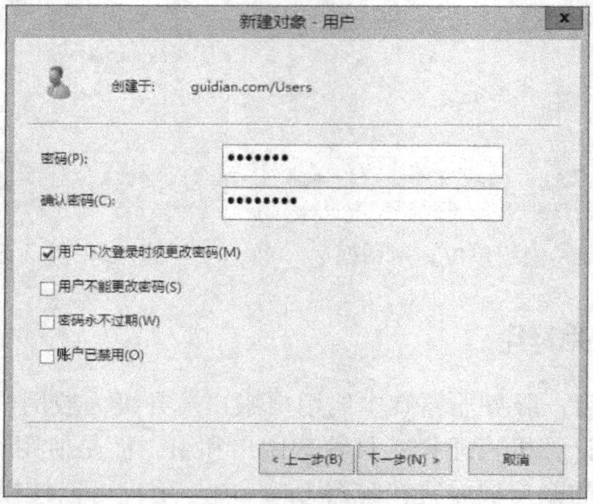

图 7–31　【新建对象 – 用户】对话框界面 2

步骤 4：出现完成界面，单击【完成】按钮。

2. 用户登录账户

域用户可在任何成员计算机上登录域，登录时有两种账户输入格式可用，即 UPN（user principal name，用户主体名称）和 SamAccountName 格式。

UPN 的格式与电子邮件账户相同，比如：sxy@ guidian. com，在整个活动目录内这个名称是唯一的。

SamAccountName 是一种旧格式，其格式像这样：guidian\sxy，在同一个域，这个名称是唯一的。

3. 新建域安全组

组是指用户与计算机账户、联系人以及其他可以作为单个单位管理的组的集合。属于特定组的用户和计算机称为组成员。创建行政部的用户组 XZB 的操作步骤如下。

步骤 1：打开【Active Directory 用户和计算机】窗口，在导航窗格中右键单击【行政部】OU，在弹出菜单中依次单击【新建】→【组】菜单项。

步骤 2：出现【新建对象 – 组】对话框，在【组名】文本框中，输入新组的名称"XZB"，确认选中【安全组】单选按钮和【全局】单选按钮，如图 7-32 所示，单击【确定】按钮。

图 7-32　【新建对象 – 组】对话框

4. 将用户加入到组

步骤 1：打开【Active Directory 用户和计算机】窗口，在导航窗格中单击【行政部】OU，在详细窗格中双击【XZB】组。

步骤 2：出现【XZB 属性】对话框，单击【成员】标签，切换【成员】选项卡，单击【添加】按钮，添加 sxy 为该组成员，如图 7-33 所示。完成后单击【确定】按钮。

组的特征体现在可以将什么范围内的资源的权限分配给组，组可以有哪些成员。根据这些特征，Active Directory 定义了三种类型的安全组：域本地组、全局组和通用组。

① 域本地组。代表多域用户访问单域资源。换句话说，仅能将域本地组所在域内的资

源访问权限分配给域本地组，域本地组的成员可以包括其他域或本域的全局组、通用组、用户账户、其他域本地组。

图 7-33　【XZB 属性】对话框

②　全局组。代表单域用户访问多域资源。可以在域林中的任何域为全局组分配权限，全局组的成员只包括全局组所在域的其他组和账户。

③　通用组。代表多域用户访问多域资源。通用组的成员可以包括域树或域林中的任何域的其他组和用户账户，可以在域树或域林中的任何域为这些组成员分配权限。

5.　批量添加用户账户

使用【Active Directory 用户和计算机】工具创建大量用户账户将需要花费很多时间，而且是做重复性的操作，但使用一些命令可以很容易快速大批量地创建用户账户。

比如，可以用 csvde. exe 命令批量添加用户账户。操作步骤如下。

步骤 1：用 Excel 创建一个包含用户账户信息的文本文件 input. csv，并保存在 "C：\"下。input. csv 文件内容如图 7-34 所示。

DN	objectClass	sAMAccountName	userPrincipalName	displayName	userAccountControl
CN=zj,OU=行政部,DC=guidian,DC=com	user	zj	zj@guidian.com	张军	514
CN=JFL,OU=业务部,DC=guidian,DC=com	user	jfl	JFL@guidian.com	江飞龙	514

图 7-34　input. csv 文件内容

因为域的密码策略有长度和复杂度的要求，而 input. csv 文件中又不能包括密码，因此导入的用户必须是禁用状态。userAccountControl 的值必须设置为 514，表示导入的账户是禁用状态。512 表示启用状态

步骤 2：单击 "开始" 按钮▦，选择 "Windows PowerShell" 按钮▧，打开【Windows PowerShell】窗口，执行命令 "csvde – i – f　c:\input. csv"，导入用户账户。

步骤 3：创建批量修改用户密码的批处理文件 chpass. bat。用记事本创建文件，并保存为 "c:\chpass. bat"，如图 7-35 所示。

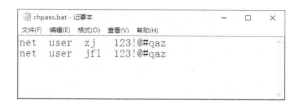

图 7-35 chpass. bat 文件内容

步骤 4：打开【Windows PowerShell】窗口，执行命令"c:\chpass. bat"，为新建的用户账户设置初始密码。

步骤 5：打开【Active Directory 用户和计算机】窗口，启用用户账户过程如图 7-36 所示。可以一次选择多个用户账户。

图 7-36 启用用户账户过程

7.3.3 管理计算机

1. 创建计算机账户

在行政部 OU 中创建 win10-1 的计算机账户，并设置行政部用户孙小英（sxy）可以将该计算机加入到域。

步骤 1：打开【Active Directory 用户和计算机】窗口，在导航窗格中右键单击【行政部】OU，在弹出菜单中依次单击【新建】→【计算机】菜单项。

步骤 2：出现【新建对象 - 计算机】对话框，在【计算机名】文本框中，输入计算机名"win10-1"，单击【更改】按钮，将孙小英（sxy）设置为可以将此计算机加入到域的用户，如图 7-37 所示，再单击【确定】按钮。

图 7-37 【新建对象 – 计算机】对话框

2. 将计算机加入域

客户计算机要加入域，需要正确地配置 IP 地址和 DNS 服务器 IP 地址（应为 192.168.100.2），保证能与域控制器通信，并能正确地通过 DNS 服务定位 Active Directory 域服务。将计算机 win10 – 1 加入 guidian. com 域的操作步骤如下。

步骤 1：启动客户机 win10 – 1，单击"开始"按钮，选择【文件资源管理器】菜单项。

步骤 2：出现【文件资源管理器】窗口，右键单击导航窗格中的【此电脑】图标，在弹出菜单中单击【属性】菜单项。

步骤 3：出现【系统】窗口，如图 7-38 所示，单击【高级系统设置】链接。

图 7-38 【系统】窗口

步骤 4：出现【系统属性】对话框，单击【计算机名】标签，切换到【计算机名】选项卡，如图 7-39 所示，然后单击【更改】按钮。

步骤 5：出现【计算机名/域更改】对话框，选中【域】单选按钮，在文本框中输入"guidian. com"，如图 7-40 所示。单击【确定】按钮。

图 7-39　【系统属性】对话框　　　　　　　图 7-40　【计算机名/域更改】对话框

步骤 6：出现【Windows 安全】对话框的【计算机名/域更改】界面，输入用户凭证，如图 7-41 所示，然后单击【确定】按钮。

步骤 7：用户验证通过后，允许该计算机加入域，并显示"欢迎加入 guidian. com 域"，如图 7-42 所示，单击【确定】按钮。成功加入域后需重启计算机，并以域用户账户登录域。

图 7-41　【计算机名/域更改】界面　　　　　图 7-42　成功加入域的信息

3. 将计算机移出域

要将计算机移出域，在图 7-40 所示的【计算机名/域更改】对话框中，选中【工作组】单选按钮，并在【工作组】文本框中输入工作组名，单击【确定】按钮。出现【计算机名/域更改】界面，输入用户凭证，然后单击【确定】按钮。

7.3.4　委派 OU 管理权限

工作时，可以将部分管理权限委派给部门中的专职人员，以减轻系统管理员负担，同时也为用户提供工作便利。比如公司很多部门人事变动比较频繁，可以将用户账户的添加、禁用、删除等操作委派给各部门负责人事管理的职员。

将行政部的用户账户的添加、禁用、删除操作委派给孙小英，具体操作如下。

步骤 1：在【Active Directory 用户和计算机】窗口的导航窗格中，右键单击组织单位【行政部】，在弹出菜单中单击【委派控制】菜单项。

步骤 2：打开【控制委派向导】，显示【欢迎使用控制委派向导】界面，单击【下一步】按钮。

步骤 3：出现【用户或组】界面，在【选定的用户和组】列表框中添加用户孙小英，如图 7-43 所示。单击【下一步】按钮。

步骤 4：出现【要委派的任务】界面，选中【创建、删除和管理用户账户】复选框、【修改组成员身份】复选框，如图 7-44 所示。单击【下一步】按钮。

图 7-43　【用户或组】界面

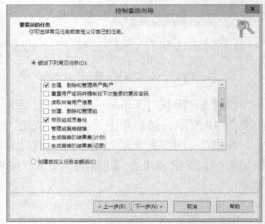

图 7-44　【要委派的任务】界面

步骤 5：出现【完成控制委派向导】界面，显示委派的操作，单击【完成】按钮。

7.3.5　管理共享文件夹

1. 创建共享文件夹

在 win2012-2 上，新建文件夹 "c:\share"，并将其共享，共享名为 "share"。

2. 将共享文件夹发布到活动目录

在组织单位 "行政部" 中发布共享文件夹 "share" 的操作步骤如下。

步骤 1：打开【Active Directory 用户和计算机】窗口，在导航窗格中，右键单击组织单位【行政部】，在弹出的快捷菜单中依次单击【新建】→【共享文件夹】菜单项。

步骤 2：出现【新建对象 - 共享文件夹】对话框，在【名称】文本框中，输入共享文件夹名称 "share"，在【网络路径】文本框中，输入共享文件夹的网络路径 "\\win2012-2

"\share"，如图 7-45 所示。单击【确定】按钮。

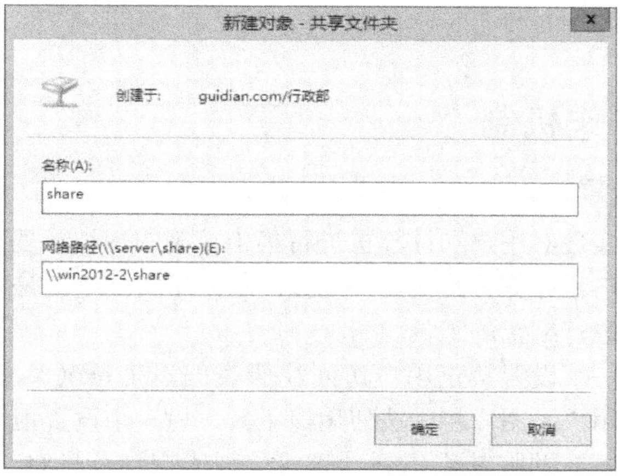

图 7-45　【新建对象 – 共享文件夹】对话框

3. 在客户端查找共享文件夹

在 win10 – 1 客户机上，查找共享文件夹的操作步骤如下。

步骤 1：单击"开始"按钮▭，选择【文件资源管理器】菜单项，打开【文件资源管理器】窗口。

步骤 2：在【文件资源管理器】窗口，单击【网络】节点，再依次单击【网络】→【搜索 Active Directory】菜单项。

步骤 3：出现【查找】对话框，单击【查找】下拉列表箭头，选择【共享文件夹】选项，单击【范围】下拉列表箭头，选择【整个目录】选项，然后单击【开始查找】按钮。

步骤 4：在【搜索结果】列表框中显示找到的共享文件夹，如图 7-46 所示，选择要操作的共享文件夹，右键单击，从弹出菜单中可以选择【浏览】、【映射网络驱动器】等操作。

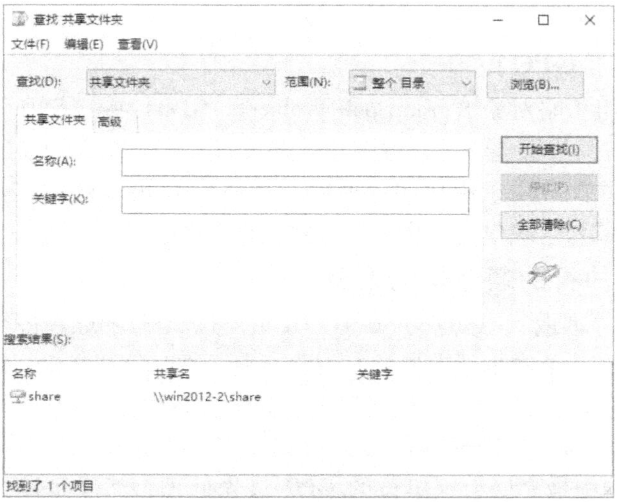

图 7-46　搜索共享文件夹

7.4　使用组策略

7.4.1　组策略工作机制

1. 理解组策略设置

组策略是 Windows 实现对用户和计算机进行集中控制的一种管理手段，使得我们可以从一个中央管理点管理用户和计算机的变动和配置。组策略实际上就是对一个或多个用户，一台或多台计算机的设置进行配置的工具。

例如：组策略中的一个设置禁止用户访问注册表编辑工具（regedit. exe），如果启用了该设置，并将其应用到用户，用户将无法使用该工具。另一个设置拒绝对可移动磁盘的写入权限，如果启用了该设置，并将其应用到计算机，则所有计算机将禁止向可移动磁盘写入数据。

这两个例子说明有些策略设置将影响到用户，无论该用户使用哪台计算机登录都将受到影响；而有些策略设置将影响到计算机，无论哪个用户登录到该计算机都将受到影响。前者称为"用户配置"，后者称为"计算机配置"。

我们使用组策略可以实现以下功能：
① 账户策略的设定；
② 本地策略的设定；
③ 脚本的设定；
④ 用户工作环境的定制；
⑤ 软件的安装与删除；
⑥ 限制软件的运行；
⑦ 文件夹的转移；
⑧ 其他系统设定。

2. 组策略对象（GPO）

组策略设置是在组策略对象（group policy object，GPO）中定义和保存的。GPO 是一种 Active Directory 对象，其中可包含一条或多条策略设置。将 GPO 链接到站点、域和组织单位后，其中的策略设置才能应用于用户和计算机。一个 GPO 可以链接在多个站点、域和组织单位上，一个站点、域和组织单位上也可以链接多个 GPO。

3. 组策略设置执行的顺序与优先级

组策略设置是按"本地 → 站点 → 域 → OU → 子 OU"的顺序进行处理。

每台计算机都只有一个在本地存储的组策略对象，在计算机启动过程中最先被处理和应用；接下来要处理任何已经链接到计算机所属站点的 GPO；再接着处理任何已经链接到计算机所属域的 GPO；再接着处理任何已经链接到计算机所属组织单位的 GPO，链接到 Active Directory 层次结构中最高层组织单位的 GPO 最先处理，然后是链接到其子组织单位的 GPO，依此类推。最后处理的是链接到包含该用户或计算机的组织单位的 GPO。

如果同一容器链接有多个 GPO，其处理顺序是由管理员在 GPMC（group policy management console，组策略管理控制台）工具的【链接的组策略对象】选项卡内指定的。"链接顺序"最低的 GPO 最后处理，因此具有最高的优先级。

组策略设置的默认处理顺序受下列情况的影响。

① GPO 链接可以"强制"，也可以"禁用"，或者同时设置两者。默认情况下，GPO 链接既不强制也不禁用。

② GPO 可以禁用其用户设置、禁用其计算机设置，也可以禁用所有设置。默认情况下，GPO 上的用户设置和计算机设置都不禁用。

③ 组织单位或域可以设置成"阻止继承"。默认情况下，不设置成"阻止继承"。

每个域在新建时都建有两个默认 GPO："Default Domain Policy" 和 "Default Domain Controller Policy"。【域】链接了 "Default Domain Policy" GPO，而【Domain Controllers】链接了 "Default Domain Controller Policy" GPO。【Domain Controllers】是【域】下的组织单位，所以它会覆盖 "Default Domain Policy" 的设定，【Domain Controllers】中最终生效的是 "Default Domain Controller Policy" GPO 中的策略。

7.4.2　使用"受限制的组"策略委派管理工作

在日常的网络维护中，作为域管理员总是希望将客户端计算机的排错、配置和其他支持性工作委托给一些专职人员（桌面支持人员）负责，当然这些人员得有客户端计算机的 Administrators 组的权限，但他们不需要，也不应该具有 Domain Administrators 权限。我们可以使用"受限制的组"策略来实现对客户端计算机管理工作的委派。假如，helpdesks 组的成员是桌面支持人员，要为其委派管理任务的具体操作步骤如下。

1. 新建 GPO

步骤 1：在【服务器管理器】中，依次单击【工具】→【组策略管理】菜单项。

步骤 2：出现【组策略管理】窗口，在导航窗格中展开域【guidian. com】，选择【组策略对象】节点，右键单击，从弹出菜单中选择【新建】菜单项。

步骤 3：出现【新建 GPO】对话框，在【名称】文本框中输入 "helpdesk"，如图 7-47 所示。然后单击【确定】按钮。完成新建 GPO 的【组策略管理】窗口如图 7-48 所示。

图 7-47　【新建 GPO】对话框

2. 编辑 GPO

步骤 1：在【组策略管理】窗口的导航窗格中展开域【guidian. com】，选择【组策略对象】节点，在详细窗格的【内容】选项卡中，右键单击组策略对象【helpdesk】，在弹出菜单中单击【编辑】菜单项。

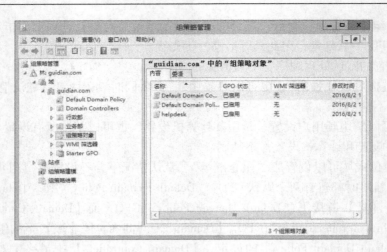

图 7-48　【组策略管理】窗口

步骤 2：出现【组策略管理编辑器】窗口，在导航窗格下依次展开【计算机配置】→
【策略】→【Windows 设置】→【安全设置】节点，右键单击【受限制的组】，从弹出菜单
中选择【添加组】菜单项。

步骤 3：出现【添加组】对话框，在【组】文本框中输入"helpdesks"，如图 7-49 所
示。单击【确定】按钮。

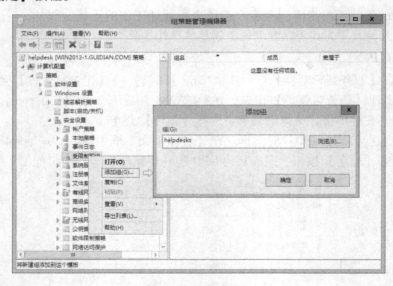

图 7-49　【添加组】对话框

步骤 4：出现【helpdesks 属性】对话框，单击【这个组隶属于】选项旁的【添加】
按钮。

步骤 5：出现【组成员身份】对话框，在【组名】文本框输入"Administrators"，单击
【确定】按钮。

步骤 6：返回【helpdesks 属性】对话框，显示结果如图 7-50 所示，单击【确定】
按钮。

注意：该策略有两种类型的设置，"这个组的成员"和"这个组隶属于"。"这个组的成员"列表定义谁应该和不应该属于受限制的组。"这个组隶属于"列表指定受限制的组应属于其他哪些组。上面这种设置采用"这个组隶属于"，只是告诉客户端将 helpdesks 组加入到它的 Administrators 组中，而不会改变它原有成员。如果采用"这个组的成员"，则会强制客户端在 Administrators 组中只能包含 helpdesks 组的成员，其原有成员会被删除。

3. 在容器对象上链接 GPO

步骤1：在【组策略管理】窗口的导航窗格中，右键单击域【guidian. com】，从弹出菜单中选择【链接现有 GPO】菜单项。

步骤2：出现【选择 GPO】对话框，在【组策略对象】列表框中选择组策略对象 "helpdesk"，如图 7-51 所示，单击【确定】按钮。

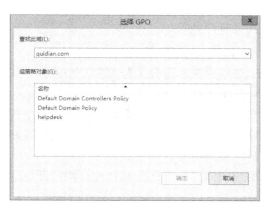

图 7-50　【helpdesks 属性】对话框　　　　　　图 7-51　【选择 GPO】对话框

步骤3：返回【组策略管理】窗口中，切换到【链接的组策略对象】选项卡，可以查看域【guidian. com】上链接的组策略以及链接顺序，如图 7-52 所示。

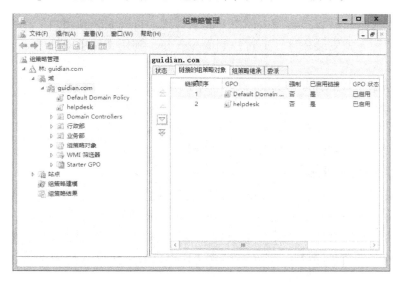

图 7-52　【链接的组策略对象】选项卡

4. 手动更新组策略

编辑、测试 GPO 或对其进行疑难解答时，不需要等待组策略刷新间隔（默认为 90 分钟）。通过运行 gpupdate. exe，可以在任何客户端计算机上手动更新组策略。

步骤 1：打开命令窗口工具。

步骤 2：输入并执行如下命令：

```
gpupdate  /force
```

客户端计算机重新启动后，新策略将会生效。

7.4.3　使用组策略部署软件

可以通过组策略来为域内的客户端计算机部署软件，也就是自动为这些计算机安装、更新和卸载软件。

1. 软件部署方式

组策略软件部署分为分配和发布两种方式。

（1）将软件分配给用户

当将一个软件通过组策略分配给域内用户后，用户在域内的任何一台计算机上登录时，这个软件都会被通告给该用户。但是此软件并没有完全安装，而只是安装了与软件相关的部分信息，如快捷方式。

用户利用两种方式安装软件：用户开始运行此软件，利用文件启动功能（document activation）。

（2）将软件分配给计算机

当将一个软件通过组策略分配给域内的成员计算机后，这些计算机启动时就会自动安装这个软件，而且任何用户登录都可以使用此软件。

（3）将软件发布给用户

通过这种方式将软件发布给域内用户，此软件不会自动安装到用户的计算机内。

用户利用两种方式安装软件：通过控制面板安装，利用文件启动功能。

（4）自动修复软件

已发布或分配的 Windows Installer 软件包可以具备自动修复功能。

（5）删除软件

可在组策略内从已经发布或分配的软件列表中将软件删除，并设置下次用户登录或计算机启动时，自动将这个软件从用户的计算机中删除。

2. 将软件分配给计算机

软件部署采用的是 Windows Installer 软件包，也就是说要部署的软件包内包含扩展名为. msi 的安装文件，客户端计算机是使用 Windows Installer 服务来安装 msi 软件包的。

例如，公司要求所有客户端计算机安装 Google Chrome，用以访问办公系统。我们可以将 Google Chrome 分配给计算机，这样客户端计算机重启动时就会自动安装这个软件，而且任何用户登录都可以使用此软件。

步骤 1：在 win2012 - 2 上创建一个文件夹 "C：\ softwares"，并将安装包

googlechrome. msi 存放到该文件夹内。

　　步骤 2：将 "C:\softwares" 设置为共享文件夹，作为软件发布点，共享权限设置 every-one 只有读取权限，NTFS 权限使用默认值（系统自动赋予 everyone 读取权限）。

　　步骤 3：在 win2012 – 1 的【服务器管理器】中，依次单击【工具】→【组策略管理】菜单项。出现【组策略管理】窗口，在导航窗格下展开域【guidian. com】，选择【组策略对象】节点，在【内容】选项卡中右键单击组策略对象 "helpdesk"，从弹出菜单中选择【编辑】菜单项。

　　步骤 4：出现【组策略管理编辑器】窗口，在导航窗格下依次展开【计算机配置】→【策略】→【软件设置】节点，右键单击【软件安装】节点，从弹出菜单中选择【新建】→【数据包】菜单项，如图 7-53 所示。

　　步骤 5：出现【打开】对话框，在地址栏输入软件存储位置\\192. 168. 100. 3\softwares，然后选择要部署的软件包，如图 7-54 所示，单击【打开】按钮。

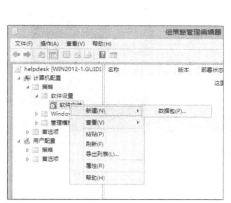

图 7-53　新建数据包

图 7-54　【打开】对话框

　　步骤 6：出现【部署软件】对话框，选中【已分配】单选按钮，如图 7-55 所示。然后单击【确定】按钮。

　　步骤 7：返回【组策略管理编辑器】窗口，可以看到软件已经分配成功，结果如图 7-56 所示。

图 7-55　【部署软件】对话框

图 7-56　软件分配成功

步骤8：手动应用组策略更新。由于该组策略对象已经链接到域，直接在命令窗口执行命令：

    gpupdate /force

步骤9：重启客户机 win10 – 1，以孙小英账户名（sxy）登录，验证软件分配。登录后屏幕显示结果如图7–57所示。

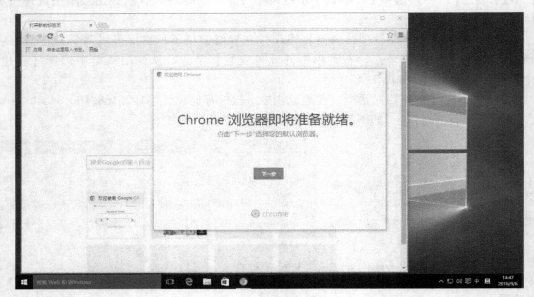

图7–57　验证软件分配

7.5　实训——使用 Active Directory 管理网络

7.5.1　实训目的

① 掌握域控制器和额外域控制器的安装与配置。
② 掌握活动目录用户、组、OU、计算机的管理。
③ 掌握站点的部署与管理。
④ 掌握组策略的使用。

7.5.2　实训环境

实训网络环境如图7–58所示（也可在虚拟机中进行）。

7.5.3　实训内容及要求

任务1　根据图7–58中的网络拓扑图配置实训环境。
① 修改计算机名
② 配置网络连接

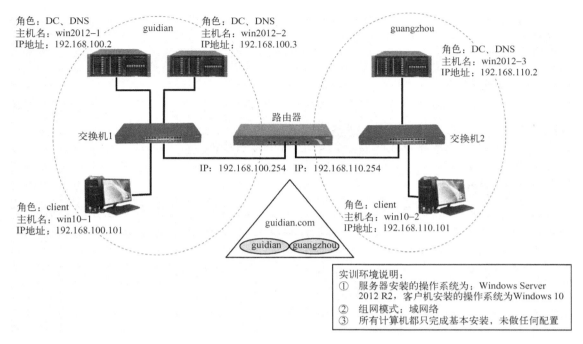

图 7-58　使用 Active Directory 管理网络实训环境

任务 2　在 win2012 - 1 上安装活动目录，要求域名为"guidian. com"，并且 DNS 服务器与活动目录集成。

任务 3　根据表 7-1 创建组织单位、用户、组。

表 7-1　guidian 公司组织机构

部　　门	员　　工	OU	用 户 账 号	组
行政部	张军	行政部	zj	XZB
	孙小英		sxy	
业务部	江飞龙	业务部	jfl	YWB
	汪涛		wt	

任务 4　将 win2012 - 2 升级为额外域控制器，要求集成 DNS 服务器。完成后查看 win2012 - 1 与 win2012 - 2 上的活动目录数据和 DNS 区域记录是否同步。

任务 5　创建站点，将 win2012 - 3 升级为站点 guangzhou 的域控制器。

任务 6　将客户机 win10 - 1 加入到行政部的 OU 中，将客户机 win10 - 2 加入到业务部的 OU 中。

任务 7　将行政部 OU 的"重置用户密码并强制在下次登录时修改密码"权限委派给张军。

任务 8　使用组策略重定向所有用户的文件夹到 win2012 - 2 的共享文件夹。

任务 9　使用组策略部署软件安装。

习题

一、填空题

1. Active Directory 的对象以层次结构组织，可分为两种类型：一类是＿＿＿＿＿＿＿对象，另一类是＿＿＿＿＿＿＿＿＿对象。

2. Active Directory 中创建的第一个域是整个目录林中的＿＿＿＿。

3. 策略设置是在＿＿＿＿中定义和保存的。

二、单项选择题

1. Active Directory 的管理结构是使用（　　　）来对 Windows 网络体系进行划分的。

A. 域、树、森林三层　　B. 站点和域控制器　　C. 组织单元　　D. 用户和计算机组

2. Active Directory 常和（　　　）集成在一起。

A. 邮件服务器　　　　B. 域名服务　　　　C. 事务服务　　　　D. 以上皆是

3. 下面从大到小排列顺序正确的是（　　　）。

A. 对象、组织单位、域、域树

B. 组织单位、对象、域、域树

C. 域树、域、组织单位、对象

D. 对象、组织单位、域、域树

4. Active Directory 各控制器间的关系是（　　　）。

A. 主辅式　　　　　　B. 对等式　　　　　C. 分布式　　　　　D. 主次式

5. Active Directory 的基本单位和核心单元是（　　　）。

A. 对象　　　　　　　B. 组织单位　　　　C. 域　　　　　　　D. 站点

6. 安装 Acitve Directory 的时候，会自动在 DNS 服务器中添加（　　　）。

A. 主机记录　　　　　B. 邮件交换记录　　C. 服务定位记录　　D. 别名记录

7. 以下对象中，（　　　）不会在 Active Directory 中自动发布。

A. 计算机名称　　　　B. 共享文件夹　　　C. 联系人信息　　　D. 组织单位

8. （　　　）是可指派组策略设置或委派管理权限的最小作用域单位。

A. 用户　　　　　　　B. 计算机　　　　　C. 用户组　　　　　D. 组织单位

三、问答题

1. Active Directory 安装结束后，如何检验 Active Directory 安装是否正确？

2. Active Directory 组策略是如何处理的？Active Directory 如何解决组策略间的冲突？

3. 试比较 Active Directory 逻辑结构与物理结构之间的区别。

4. DNS 在 Active Directory 中有什么作用？

5. 为什么客户端在加入域时，填入的是域名而不是域控制器的主机名？

6. 什么时候应该将 DC 添加到位置中（也就是创建站点）？

第8章 为网络中的计算机自动分配 IP 地址

网络中，客户端计算机的 IP 地址通常是由 DHCP 服务器自动分配的。DHCP 服务可以减轻管理员工作量，避免 IP 地址冲突，方便用户设备接入网络和在网络中移动。

学习目标：

- 理解 DHCP 服务工作过程
- 掌握 DHCP 服务器的基本配置
- 掌握 DHCP 客户端的配置及测试
- 掌握 DHCP 服务器高可用配置

学习环境（见图 8-1）：

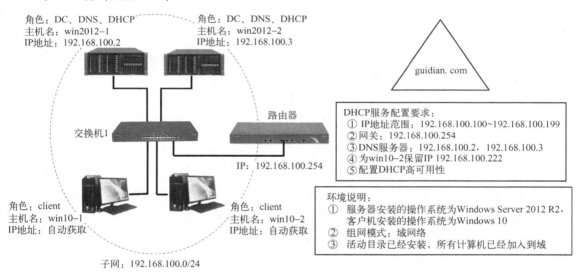

图 8-1　为网络中的计算机自动分配 IP 地址的学习环境

8.1　IP 地址的配置方法

8.1.1　手工配置与自动配置 IP 地址

在 TCP/IP 网络中，计算机是通过 IP 地址与网络中的其他计算机通信的，每一台计算机都必须有一个 IP 地址。为计算机配置 IP 地址的方法有两种：手工配置 IP 地址和自动配置 IP 地址。

（1）手工配置 IP 地址

手工配置 IP 地址也就是常说的配置静态 IP 地址。由用户或管理员将分配给计算机的 IP 地址信息手工输入到系统的网络配置信息中。

（2）自动配置 IP 地址

自动配置 IP 地址指启用 DHCP 客户端功能的计算机向 DHCP 服务器申请 IP 地址，并获取 DNS 服务器 IP 地址和网关 IP 地址等相关配置信息，自动配置网络的过程。自动配置可实现网络即插即用，可减轻网络管理员的管理负担。

安装操作系统时，网络配置默认启用 DHCP 客户端功能。在 Windows 系统中，DHCP 客户端的后台服务程序是"DHCP Client"，默认是自动启动的。

8.1.2　认识 DHCP 服务

DHCP（dynamic host configuration protocol，动态主机配置协议）是一个简化主机 IP 地址分配管理的 TCP/IP 标准协议，它能够动态地为网络中每台运行 DHCP 客户的设备分配独一无二的 IP 地址，并提供安全、可靠且简单的 TCP/IP 网络配置，确保不发生地址冲突，帮助维护 IP 地址的使用。

DHCP 客户端向 DHCP 服务器请求新的 IP 地址的过程如图 8-2 所示。

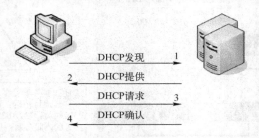

图 8-2　客户机向 DHCP 服务器索取新的 IP 地址过程

具体过程描述如下：

① 启动时，DHCP 客户机初始化 TCP/IP，通过 UDP 端口 67 向网络中发送一个"DHCP 发现"广播包，请求租用 IP 地址。该广播包中的源 IP 地址为 0.0.0.0，目的 IP 地址为 255.255.255.255；包中还包含客户机的 MAC 地址和计算机名。

② 任何接收到"DHCP 发现"广播包并且能够提供 IP 地址的 DHCP 服务器，都会通过 UDP 端口 68 给 DHCP 客户机回应一个"DHCP 提供"广播包，提供一个 IP 地址。该广播包的源 IP 地址为 DCHP 服务器的 IP 地址，目的 IP 地址为 255.255.255.255；包中还包含提供的 IP 地址、子网掩码及租期等信息。

③ 客户机可能接收到不止一台 DHCP 服务器的"DHCP 提供"包，总是选择第一个收到的"DHCP 提供"包，并向网络中广播一个"DHCP 请求"消息包，表明自己已经接受了一个 DHCP 服务器提供的 IP 地址。该广播包中包含所接受的 IP 地址和服务器的 IP 地址。所有其他的 DHCP 服务器撤销他们的提供，并收回 IP 地址。

④ 被客户机选择的 DHCP 服务器在收到"DHCP 请求"广播后，会广播返回给客户机一个"DHCP 确认"消息包，表明已经接受客户机的选择，并将这一 IP 地址的合法租用以及其他的配置信息都放入该广播包发给客户机。

当 DHCP 客户端的 IP 地址使用时间达到租期的一半时，他就会向 DHCP 服务器发送一个新的 DHCP 请求。服务器在接收到该信息后若没有可拒绝该请求的理由，就会发送一个 DHCP 确认信息。如果客户机接收到该服务器回应的 DHCP 确认消息包，客户机就根据包中所提供的新的租期以及其他已经更新的 TCP/IP 参数，更新自己的配置，IP 租用更新完成。如果没有收到该服务器的回复，则客户机继续使用现有的 IP 地址，因为当前租期还有 50%。

如果在租期过去 50% 时未能成功更新，则客户机将在当前租期过去 87.5% 时再次与为其提供 IP 地址的 DHCP 联系。如果联系不成功，则重新开始 IP 租用过程。

如果 DHCP 客户机重新启动，它将尝试更新上次关机时拥有的 IP 租约。如果没有成功，客户机将尝试联系现有 IP 租约中列出的默认网关。如果联系成功且租约尚未到期，客户机则认为自己仍然位于与他获得现有 IP 租约时相同的子网上（没有被移走），将继续使用现有 IP 地址。如果未能与默认网关联系成功，客户机则认为自己已经被移到不同的子网上，将会开始新一轮的 IP 租用过程。

8.2　配置 DHCP 服务器为单个子网分配 IP 地址

8.2.1　安装 DHCP 服务器

1. 安装准备

在图 8-1 所示的网络环境中，活动目录服务和 DNS 服务已经安装和配置。直接在 win2012 - 1 上安装 DHCP 服务。安装前需要做以下准备。

① 确认 DHCP 服务器使用的是静态 IP 地址。

② 确定 IP 地址分配范围，是否需要排除 IP 地址（已经使用的 IP 地址，为其他需要静态配置 IP 的计算机预留的 IP 地址是不能不分配的。）。

③ 网关和 DNS 服务器 IP 地址。

2. 安装 DHCP 服务

在 win2012 - 1 上安装 DHCP 服务的操作步骤如下。

步骤 1： 以管理员身份登录 win2012 - 1，单击"开始"按钮■，选择"服务器管理器"按钮■，打开【服务器管理器】窗口。

步骤 2： 在【服务器管理器】窗口中，依次单击【管理】→【添加角色和功能】菜单项。

步骤 3： 打开【添加角色和功能向导】，显示【开始之前】界面。单击【下一步】按钮。

步骤 4： 出现【选择安装类型】界面，使用默认安装类型，单击【下一步】按钮。

步骤 5： 出现【选择目标服务器】界面，如图 8 - 3 所示，从【服务器池】中选择"win2012 - 1. guidian. com"，单击【下一步】按钮。

步骤 6： 出现【选择服务器角色】界面，选中【DHCP 服务器】复选框，会弹出【添加 DHCP 服务器所需功能】对话框，单击【添加功能】按钮，返回【选择服务器角色】界面，如图 8-4 所示。再单击【下一步】按钮。

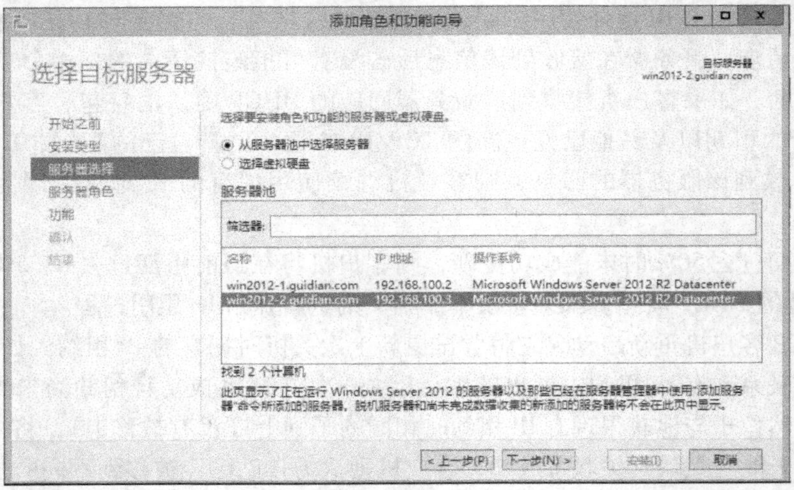

图 8-3 【选择目标服务器】界面

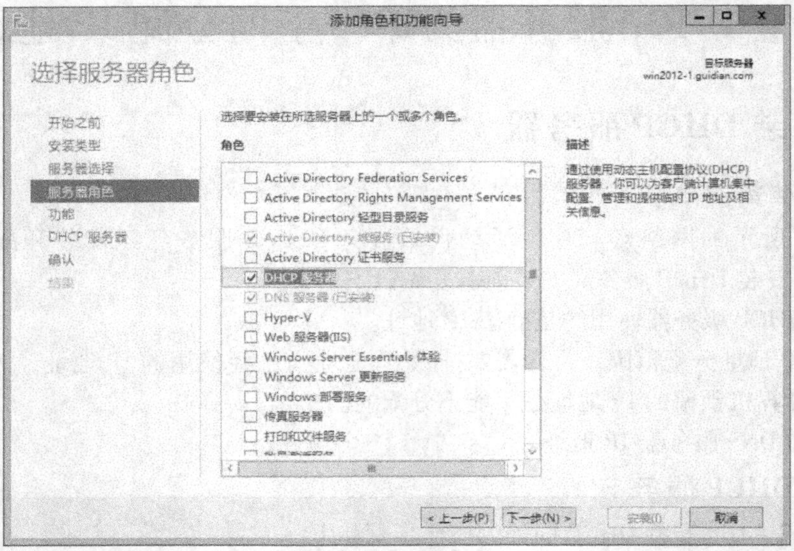

图 8-4 【选择服务器角色】界面

步骤 7：出现【添加功能】界面。单击【下一步】按钮。

步骤 8：出现【DHCP 服务器】界面，显示安装 DHCP 服务器的注意事项。DHCP 服务器必须至少有一个静态 IP 地址，安装需要规划子网、作用域和排除地址。单击【下一步】按钮。

步骤 9：出现【确认安装】界面。核对无误后单击【安装】按钮，执行安装。

步骤 10：安装完成后，单击【关闭】按钮。

3. 为 DHCP 服务器授权

如果网络中出现其他的 DHCP 服务器，而不是管理员配置的，就会因 DHCP 客户端获取错误的 IP 配置而导致网络混乱。Windows 网络的解决方式是，在网络中对 DHCP 服务授权，如果网络中存在授权的 DHCP 服务器，没有授权的 DHCP 服务器将自动停止工作。

只有域的成员服务器才能被授权，不是域成员的独立服务器无法被授权。

给 DHCP 服务器授权的操作步骤如下。

步骤 1：打开【服务器管理器】窗口，单击通知图标 。

步骤 2：出现【部署后配置】对话框，如图 8-5 所示，单击【完成 DHCP 配置】链接。

步骤 3：打开【DHCP 安装后配置向导】，显示【描述】界面，提示安装程序会创建 DHCP 管理和 DHCP 用户账户。单击【下一步】按钮。

图 8-5　【部署后配置】对话框

步骤 4：出现【授权】界面，选中【使用以下用户凭据】单选按钮，在【用户名】文本框中输入"GUIDIAN\Administrator"，如图 8-6 所示，然后单击【提交】按钮。使用域管理员账号为 DHCP 服务器授权。

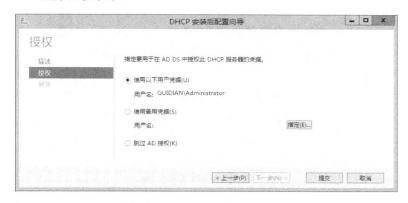

图 8-6　【授权】界面

步骤 5：出现【摘要】界面，显示已完成安全组的创建和 DHCP 服务器授权，单击【关闭】按钮。

4. 创建 DHCP 作用域

作用域是 DHCP 服务器管理 IP 地址的分组单位，一个作用域对应一个子网。在一台 DHCP 服务器上，一个物理子网也只能创建一个作用域。在作用域中可以定义客户端使用的网络参数。

在 win2012 - 1 上创建 DHCP 作用域的操作步骤如下。

步骤 1：打开【服务器管理器】窗口，依次单击【工具】→【DHCP】菜单项。

步骤 2：出现【DHCP】窗口，在导航窗格中右键单击【IPv4】，从弹出菜单中选择【新建作用域】，如图 8-7 所示。

步骤 3：打开【新建作用域向导】，显示【欢迎使用新建作用域向导】界面。单击【下一步】按钮。

步骤 4：出现【作用域名称】界面，在【名称】文本框中输入新的作用域的名称 guidian - scope1，如图 8-8 所示。单击【下一步】按钮。

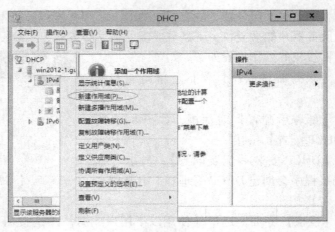

图 8-7　选择【新建作用域】

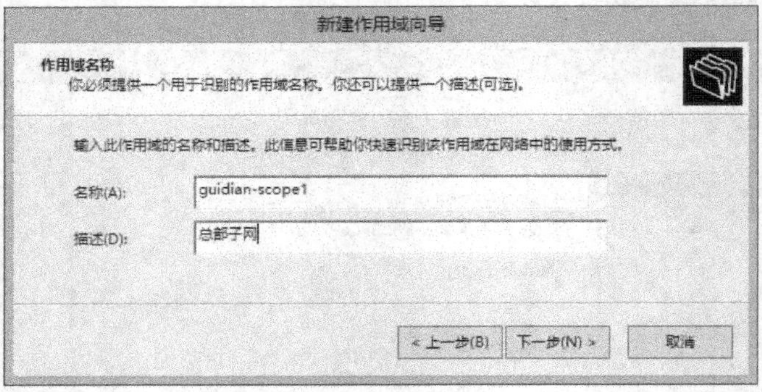

图 8-8　【作用域名称】界面

步骤 5：出现【IP 地址范围】界面，在【起始 IP 地址】文本框中输入"192. 168. 100. 100"，在【结束 IP 地址】文本框中输入"192. 168. 100. 199"，确定 IP 地址范围，如图 8-9 所示。单击【下一步】按钮。

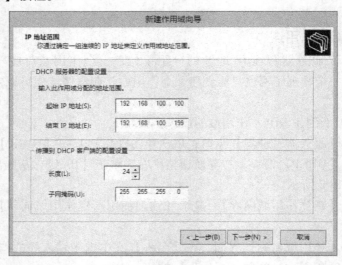

图 8-9　【IP 地址范围】界面

步骤 6：出现【添加排除和延迟】界面，如图 8-10 所示，可输入要排除的地址。直接单击【下一步】按钮。

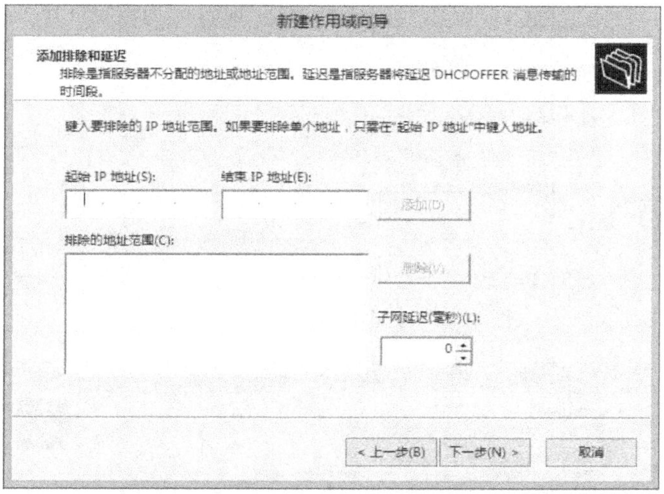

图 8-10　【添加排除和延迟】界面

步骤 7：出现【租用期限】界面，如图 8-11 所示，可设置 DHCP 客户端租用 IP 地址的时间，这里使用默认值即可。单击【下一步】按钮。

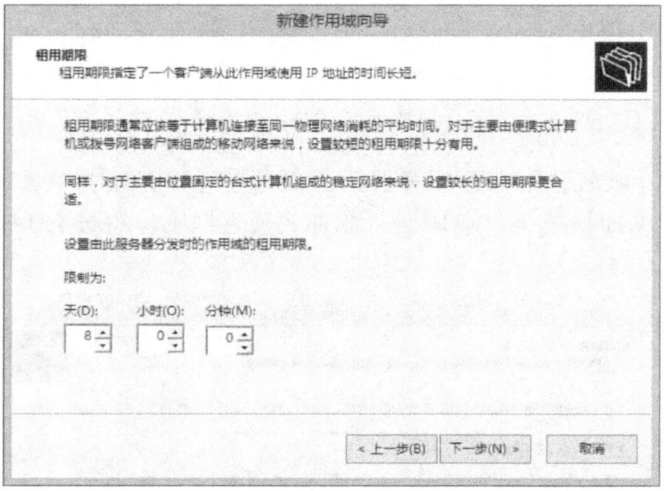

图 8-11　【租用期限】界面

步骤 8：出现【配置 DHCP 选项】界面，选中【是，我想现在配置这些选项】单选按钮，如图 8-12 所示。单击【下一步】按钮。

步骤 9：出现【路由器（默认网关）】界面，在【IP 地址】文本框中输入网关 IP 地址"192.168.100.254"，单击【添加】按钮，将网关 IP 地址添加到列表框中，如图 8-13 所示。然后单击【下一步】按钮。

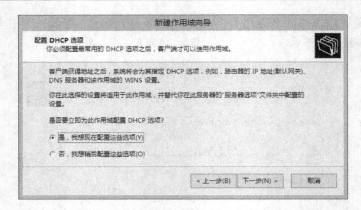

图 8-12　【配置 DHCP 选项】界面

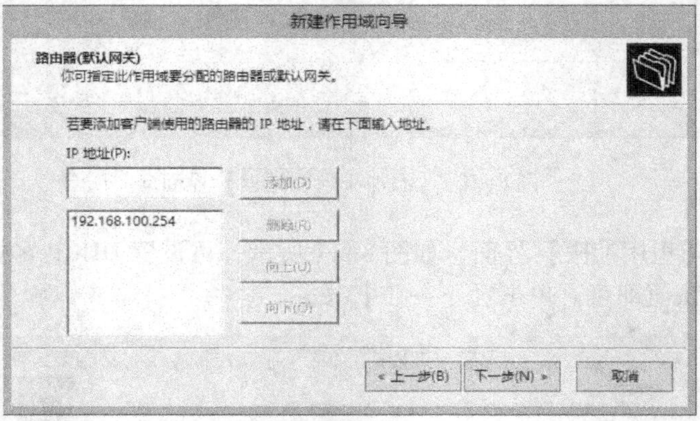

图 8-13　【路由器（默认网关）】界面

步骤 10：出现【域名称和 DNS 服务器】界面，在【IP 地址】文本框中输入 DNS 服务器 IP 地址，单击【添加】按钮，将 IP 地址添加到列表框中，如图 8-14 所示。单击【下一步】按钮。

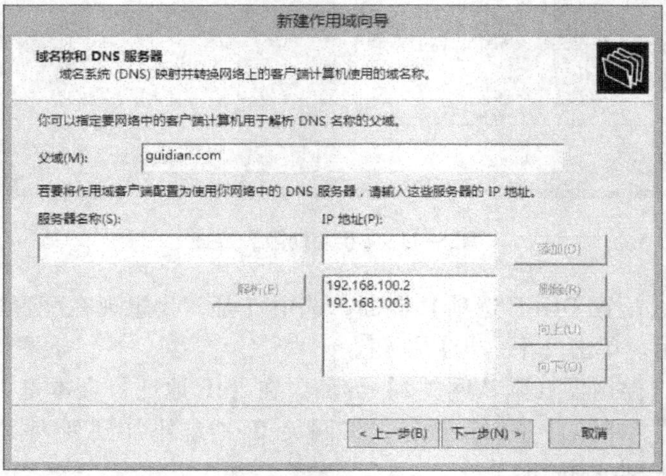

图 8-14　【域名称和 DNS 服务器】界面

步骤 11：出现【WINS 服务器】界面，单击【下一步】按钮，跳过 WINS 服务器设置。

步骤 12：出现【激活作用域】界面，选中【是，我想现在激活此作用域】单选项，单击【下一步】按钮。

步骤 13：出现【正在完成新建作用域】界面，单击【完成】按钮。

至此 DHCP 服务器的安装完成，已经可以为客户端提供服务了。

8.2.2　在客户机上启用 DHCP 自动获取 IP 地址

1. 启用 DHCP 自动获取 IP 地址

在客户机 win10-1 上启用 DHCP 的操作步骤如下。

步骤 1：以域管理员账号登录 Win10-1。单击"开始"按钮⊞，选择【设置】菜单项，打开【设置】界面，如图 8-15 所示。

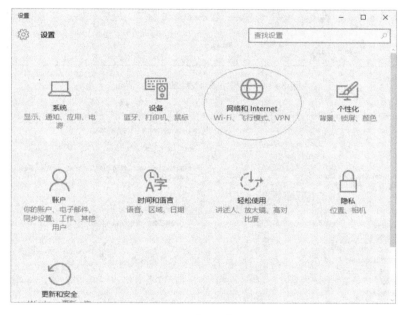

图 8-15　【设置】界面

步骤 2：单击【网络和 INTERNET】图标，出现【网络和 INTERNET】界面，单击【以太网】，显示【以太网】页面，如图 8-16 所示，然后单击【更改适配器选项】链接。

步骤 3：出现【网络连接】窗口，右击【Ethernet0】图标，从弹出菜单中选择【属性】。

步骤 4：现出【Ethernet0 属性】对话框，从【此连接使用下列项目】列表框中选择【Internet 协议版本 4(TCP/IPv4)】选项，如图 8-17 所示，再单击其下方的【属性】按钮。

步骤 5：出现【Internet 协议版本 4(TCP/IPv4)属性】对话框，选中【自动获得 IP 地址】单选按钮和【自动获得 DNS 服务器地址】单选按钮，如图 8-18 所示。单击【确定】按钮，完成设置。

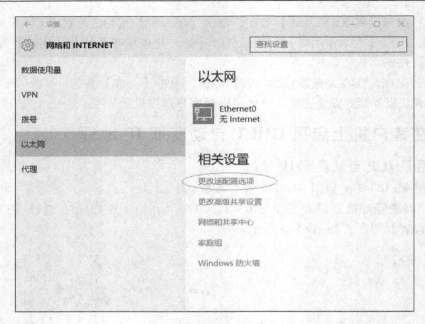

图 8-16　【网络和 INTERNET】界面

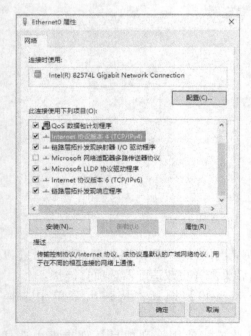

图 8-17　【Ethernet0 属性】对话框　　图 8-18　【Internet 协议版本 4（TCP/IPv4）属性】对话框

2. 在客户机上查看 DHCP 获取的 IP 地址信息

在客户机 win10 - 1 上，打开命令窗口，输入命令 ipconfig /all，查看客户机 IP 地址配置。如图 8-19 所示，客户机从 DHCP 服务器"192. 168. 100. 2"获取到 IP 地址为"192. 168. 100. 101"。

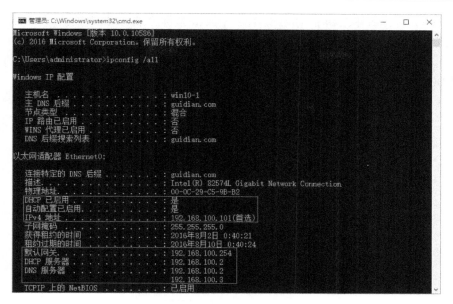

图 8-19　ipconfig 命令结果

8.2.3　配置客户端使用保留地址

客户端保留可以确保特定的客户机或者指定的服务器总是获得同一 IP 地址。DHCP 服务器为 DHCP 客户机保留 IP 地址是通过建立客户机的 "IP - MAC" 绑定来实现的。

1. 在 DHCP 服务器上设置保留地址

为客户机 win10 - 2 设置保留地址的操作步骤如下。

步骤 1：打开【服务器管理器】窗口，单击【工具】→【DHCP】菜单项。

步骤 2：出现【DHCP】窗口，在导航窗格中右键单击【保留】，从弹出菜单中选择【新建保留】，如图 8-20 所示。

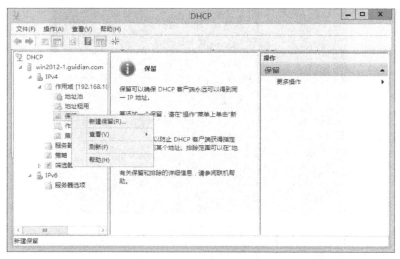

图 8-20　选择【新建保留】

步骤3：出现【新建保留】对话框，在【保留名称】文本框中输入"win10 – 2"，在【IP 地址】文本框中输入要保留的 IP 地址"192.168.100.222"，在【MAC 地址】文本框中输入客户机网卡的 MAC 地址（从客户机获取），并根据客户端的情况选择支持的类型，默认选中【DHCP(D)】单选按钮，如图 8-21 所示。然后单击【添加】按钮。

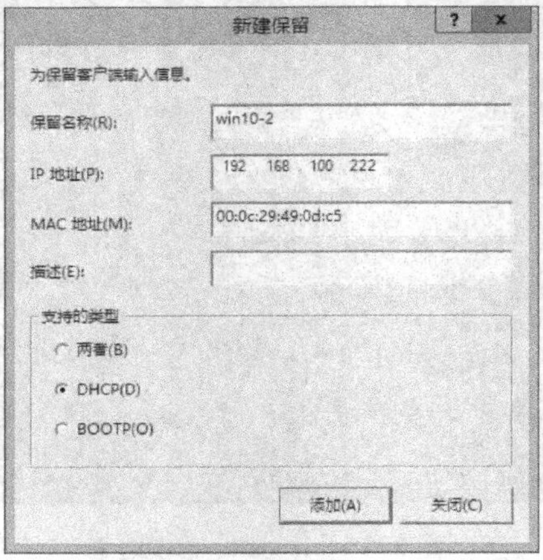

图 8-21　【新建保留】对话框

步骤4：单击【关闭】按钮，退出【新建保留】对话框。

网卡 MAC 地址是"固化在网卡里的编号"，是一个 12 位的 16 进制数。全世界所有的网卡都有自己的唯一标号，是不会重复的。DHCP 客户机上可以使用 ipconfig/all 命令查看网卡的 MAC 地址。

2. 在 DHCP 客户机上验证保留地址

在 DHCP 客户机 win10 – 2 上，打开命令窗口，让 DHCP 客户机重新申请 IP 地址，输入命令"ipconfig/renew ethernet0"，命令执行结果如图 8-22 所示，客户机获取到的 IP 地址为"192.168.100.222"（即设置的保留 IP 地址）。

图 8-22　验证保留地址

3. 在 DHCP 服务器上验证保留地址

在 win2012 – 1 的【DHCP】窗口的导航窗格中选择【地址租用】，详细窗格中会显示客户端租用 IP 地址清单，如图 8-23 所示。

图 8-23　IP 地址租用清单

8.2.4　修改 DHCP 选项

DHCP 服务器除了可以为 DHCP 客户机分配 IP 地址外，还可以提供其他网络配置选项用于配置 DHCP 客户机的网络环境，比如客户机登录的域名称、DNS 服务器、WINS 服务器、路由器等选项。

DHCP 选项包括 4 种类型：服务器选项、作用域选项、保留选项和类选项。

1. 配置服务器选项

在服务器选项中可给客户机提供一些可选的网络配置参数，这些选项对该服务器所有的作用域的客户机生效。

例如：通常情况下，网络中不同子网中的客户机都会配置相同的 DNS 服务器 IP 地址。因此，DNS 服务器 IP 地址可以作为服务器选项设置。

配置服务器的 DNS 服务器选项的操作步骤如下。

步骤 1：打开【DHCP】窗口，在导航窗格中展开【IPv4】节点，右键单击【服务器选项】，在弹出菜单中选择【配置选项】。

步骤 2：出现【服务器选项】对话框，在【可用选项】列表框中选中【006 DNS 服务器】复选框，然后在【IP 地址】文本框中输入 DNS 服务器 IP 地址 "192.168.100.2"，单击【添加】按钮，将 DNS 服务器 IP 地址加入列表框，如图 8-24 所示。单击【确定】按钮，退出【服务器选项】对话框。

2. 配置作用域选项

作用域选项只对该作用域的客户机生效。例如：不同的子网需要配置不同的默认网关地址，因此，网关 IP 地址只能在作用域选项中配置。配置作用域选项与配置服务器选项的操作相似。

配置作用域的【路由器】选项步骤如下。

步骤 1：打开【DHCP】窗口，在导航窗格中展开【作用域［192.168.100.0］】节点，右键单击【作用域选项】，在弹出菜单中选择【配置选项】。

步骤 2：出现【作用域选项】对话框，在【可用选项】列表框中选中【003 路由器】复选框，然后在【IP 地址】文本框中输入网关 IP 地址 "192.168.100.254"，单击【添加】按钮，将网关 IP 地址加入列表框，如图 8-25 所示。单击【确定】按钮，退出【作用域选项】对话框。

图 8-24　DHCP 的【服务器选项】对话框

图 8-25　DHCP 的【作用域选项】对话框

8.3　配置 DHCP 服务的高可用性

DHCP 服务可为网络管理带来极大的方便，减轻管理员工作量，但如果由于网络、硬件或其他故障而导致 DHCP 服务不可用时，则可能会造成 DHCP 客户端无法自动获取 IP 地址，从而和网络连接中断，所以配置 DHCP 服务的高可用性就尤为重要。在 Windows Server 2012 R2 中提供了 DHCP 故障转移功能，能确保 DHCP 服务的连续可用性。

DHCP 服务器故障转移功能，允许两台 DHCP 服务器为位于相同子网或从相同作用域接收 IP 地址租约的客户端分配 IP 地址和 DHCP 选项，从而能够为客户端提供连续可用的 DHCP 服务。作用域信息会在这两台 DHCP 服务器之间相互复制，当其中一台服务器不可用时，另一台仍能继续为整个子网的客户端提供服务。

8.3.1　DHCP 故障转移要求

① DHCP 故障转移需要两台运行 Windows Server 2012 R2 的 DHCP 服务器。

② 故障转移不支持两台以上的服务器。

③ 为确保 DHCP 故障转移能正常工作，必须在故障转移的两台服务器之间保持时间同步，可以通过网络时间协议（NTP）或其他机制来保持时间同步。在故障转移配置向导运行时，它会在用于故障转移的服务器上比较当前时间。如果服务器之间的时间相差超过一分钟，则故障转移安装过程会因为出现严重错误而失败，并提示管理员同步服务器上的时间。

8.3.2　配置 DHCP 故障转移

1. 添加服务器

为方便管理，先在 win2012 – 1 的【服务器管理器】中添加服务器 win2012 – 2。操作步骤如下。

步骤 1：在 win2012 – 1 的【服务器管理器】的导航窗格中选择【所有服务器】，然后单击右键，从弹出菜单中选择【添加服务器】。

步骤 2：出现【添加服务器】对话框，默认显示【Active Directory】页面，单击【立即查找】按钮，其下列表框中将显示查找结果，从中选择【win2012 – 2】，单击添加按钮▶，将 "win2012 – 2" 选择到【已选择】列表框中，如图 8-26 所示。单击【确定】按钮。

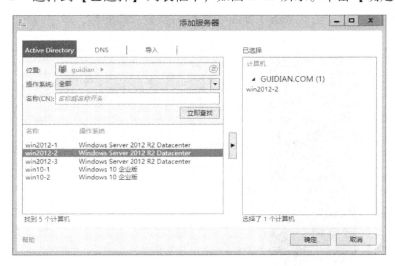

图 8-26　【添加服务器】对话框

2. 为 win2012 – 2 安装 DHCP 服务器

接下来在 win2012 – 1 上做 win2012 – 1 和 win2012 – 2 的 DHCP 故障转移配置，具体操作如下。

步骤 1：以域管理员账号登录 win2012 – 1。打开【服务器管理器】窗口，依次单击【管理】→【添加角色和功能】菜单项。

步骤 2：打开【添加角色和功能向导】，显示【开始之前】界面。单击【下一步】按钮。

步骤 3：出现【选择安装类型】界面，使用默认安装类型，单击【下一步】按钮。

步骤 4：出现【选择目标服务器】界面，从服务器池中选择 "win2012 – 2. guidian. com"，单击【下一步】按钮。

步骤5：出现【选择服务器角色】界面，选中【DHCP服务器】复选框，会弹出【添加DHCP服务器所需功能】对话框，单击【添加功能】按钮，返回【选择服务器角色】界面，单击【下一步】按钮。

步骤6：出现【添加功能】界面，单击【下一步】按钮。

步骤7：出现【DHCP服务器】界面，显示安装DHCP服务器的注意事项，单击【下一步】按钮。

步骤8：出现【确认安装】界面，单击【安装】按钮，执行安装。安装完成后，单击【关闭】按钮。

3. DHCP 服务器授权

win2012-2上的DHCP服务器授权操作与win2012-1相同。

4. 配置故障转移

步骤1：打开【服务器管理器】窗口，单击【工具】→【DHCP】菜单项。

步骤2：出现【DHCP】窗口，在导航窗格中右键单击作用域【guidian-scope1】，从弹出菜单中选择【配置故障转移】。

步骤3：启动【配置故障转移】向导，显示【DHCP故障转移简介】界面，选中【全选】复选框，如图8-27所示，为服务器上所有作用域都配置故障转移，单击【下一步】按钮。

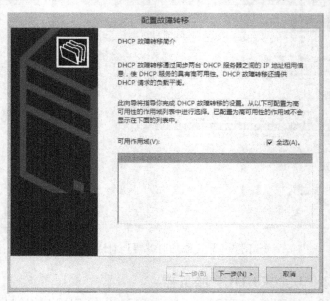

图8-27　【DHCP故障转移简介】界面

步骤4：出现【指定用于故障转移的伙伴服务器】界面，输入伙伴服务器的计算机名或IP地址，如图8-28所示，然后单击【下一步】按钮。也可单击【添加服务器】按钮，选择伙伴服务器。

步骤5：出现【新建故障转移关系】界面，选择故障转移模式，默认选择"负载平衡"，负载平衡百分比保持默认值50%，如图8-29所示。在【共享机密】文本框中输入两台服务器的共享机密，然后单击【下一步】按钮。

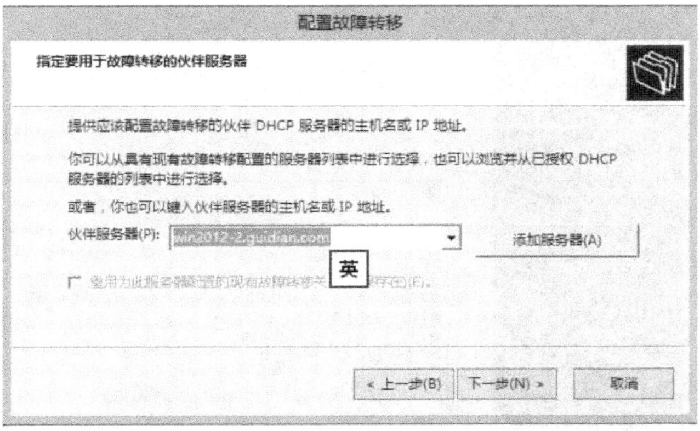

图 8-28　【指定用于故障转移的伙伴服务器】界面

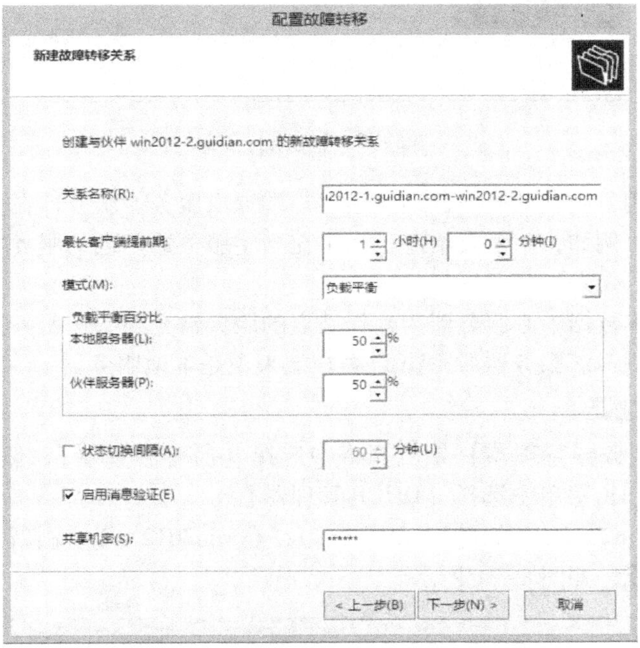

图 8-29　【新建故障转移关系】界面

步骤 6：出现【完成】界面，如图 8-30 所示。单击【完成】按钮，完成故障转移配置。

故障转移模式说明。

① 负载平衡。在默认的负载平衡模式部署中，两台服务器同时为特定子网中的客户端提供 IP 地址和选项服务。客户端请求在两台服务器之间进行负载平衡。

当具有故障转移关系的两台服务器都位于相同的物理站点时，最适合部署负载平衡运行模式。这两台服务器将基于管理员配置的负载分配比例，响应 DHCP 客户端的请求。

② 热备用。在热备用模式中，两台 DHCP 服务器以故障转移的关系运行。在该模式中，主服务器处于活动状态，负责为作用域或子网中所有客户端租用 IP 地址和配置信息。如果

图 8-30 【完成】界面

主服务器变得不可用，则辅助服务器继续为客户端提供服务。服务器在子网范围内充当主服务器或辅助服务器。例如，一台在给定子网中充当主服务器角色的服务器，可能在另一个子网中是辅助服务器。

当中央办公室或数据中心服务器为远程站点的服务器充当备份服务器时，最适合部署热备用运行模式。此时，该服务器对 DHCP 客户端来说是本地服务器。

5. 故障转移验证

　　步骤 1：在【服务器管理器】导航窗格中选择【所有服务器】，然后选择【win2012 - 2】，右键单击，从弹出菜单中选择【DHCP 管理器】。

　　步骤 2：出现 win2012 - 2 的【DHCP】窗口，在 win2012 - 2 上刷新 DHCP 配置，可查看到作用域已同步完成，如图 8-31 所示。

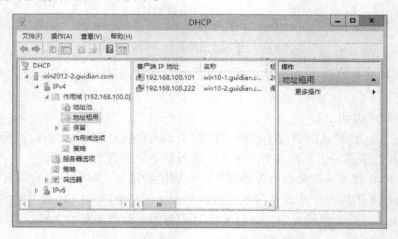

图 8-31 查看作用域同步

步骤3：在 DHCP 客户端 win10 - 1 上使用命令 ipconfig /all ，如图 8-32 所示，可以看到，为该客户端提供服务的是 192.168.100.3，也就是 win2012 - 2。

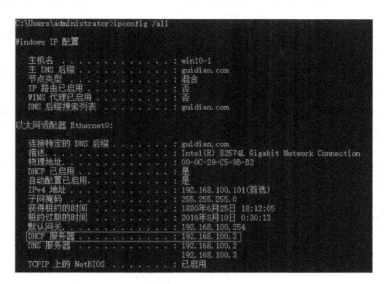

图 8-32　故障切换前 win10 - 1 的 IP 信息

步骤4：演示故障转移。在 win2012 - 2 的【DHCP】窗口的导航窗格中，右键单击【win2012 - 2. guidian. com】服务器图标，在弹出菜单中选择【所有任务】→【停止】，停止 win2012 - 2 的 DHCP 服务。

步骤5：在 win10 - 1 上依次运行 ipconfig /release，ipconfig /renew，ipconfig /all 命令，如图 8-33 所示。可以看到现在的 DHCP 服务器是 192.168.100.2，也就是 win2012 - 1，说明故障转移已经切换过来了。

图 8-33　故障切换后 win10 - 1 的 IP 信息

8.4　配置 DHCP 服务器为多个子网分配 IP 地址

当 DHCP 服务器与 DHCP 客户端位于不同子网上时，可使用 DHCP 中继代理在两者之间中转 DHCP 消息。中继代理从一个接口接收到广播的 DHCP 消息以后，以单播的形式从另一接口转发给 DHCP 服务器，DHCP 服务器的响应消息也以单播的形式发送给 DHCP 中继代理，然后由中继代理转发回 DHCP 客户端。

如图 8-34 所示，DHCP 服务器为 192.168.100.0/24 和 192.168.200.0/24 两子网上的客户端分配 IP 地址。

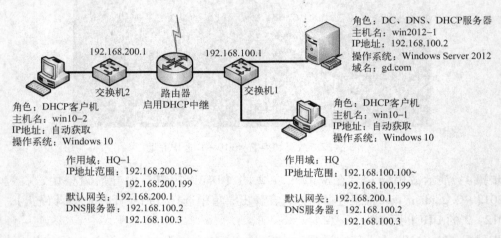

图 8-34　DHCP 多子网中继服务

配置步骤：
① 在路由器上启用并配置 DHCP 中继代理服务。
② 在 win2012-1 上创建两个独立的作用域，HQ 和 HQ-1，操作步骤参见 8.2.1 节。
③ 分别在 win10-1 和 win10-2 上测试，测试步骤参见 8.2.2 节。
注：在 VMWare 虚拟环境中做实验时，也可用多网卡的 Windows 服务器作为路由器。在 Windows 服务器上启用"路由和远程访问"服务，将其配置为 DHCP 中继代理。

8.5　实训——为网络中的计算机自动分配 IP 地址

8.5.1　实训目的

① 掌握 DHCP 服务器配置与管理。
② 掌握 DHCP 客户端的设置与调试方法。

8.5.2　实训环境

根据图 8-35 所示的环境部署 DHCP 服务。

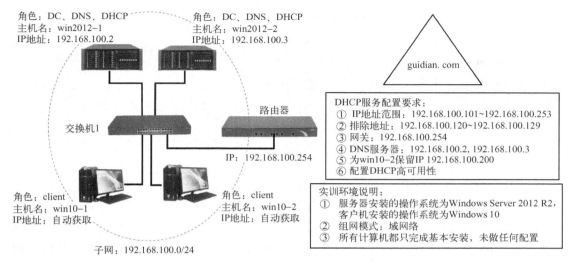

角色：DC、DNS、DHCP
主机名：win2012-1
IP地址：192.168.100.2

角色：DC、DNS、DHCP
主机名：win2012-2
IP地址：192.168.100.3

guidian.com

路由器

交换机1

IP：192.168.100.254

DHCP服务配置要求：
① IP地址范围：192.168.100.101~192.168.100.253
② 排除地址：192.168.100.120~192.168.100.129
③ 网关：192.168.100.254
④ DNS服务器：192.168.100.2，192.168.100.3
⑤ 为win10-2保留IP 192.168.100.200
⑥ 配置DHCP高可用性

实训环境说明：
① 服务器安装的操作系统为Windows Server 2012 R2，客户机安装的操作系统为Windows 10
② 组网模式：域网络
③ 所有计算机都只完成基本安装，未做任何配置

角色：client
主机名：win10-1
IP地址：自动获取

角色：client
主机名：win10-2
IP地址：自动获取

子网：192.168.100.0/24

图 8-35　DHCP 服务器配置实训环境

8.5.3　实训内容及要求

任务 1：根据图 8-35 中的网络拓扑图配置实训环境。

① 修改计算机名

② 配置网络连接

任务 2：在 win2012-1 上安装活动目录，要求域名为"guidian.com"，并且 DNS 服务器与活动目录集成。

任务 3：在 win2012-1 上安装 DHCP 服务角色，创建一个本地作用域"LocalNet"，IP 地址范围为 192.168.100.101~192.168.100.253/24。

任务 4：将 IP 地址 192.168.100.120~192.168.100.129 预留给需要手工配置 IP 地址的计算机。

任务 5：将 IP 地址 192.168.100.200 保留给主机名为 win10-2 的客户端。

任务 6：在 win2012-1 与 win2012-2 间配置故障转移，采用热备用模式。

任务 7：使客户端 win10-1 和 win10-2 使用不同的默认网关访问外网。win10-2 的默认网关为 192.168.100.1。

任务 8：完成任务 3~7 的验证测试。

习题

一、单项选择题

1. 通过（　　）技术，可以实现 DHCP 服务器和 DHCP 客户机位于不同的网段（跨路由）。

A. DHCP 转换　　　　　　　　　　B. DHCP 远程访问

C. DHCP 中继　　　　　　　　　　D. DHCP 寻址

2. DHCP 客户机要更新所有网络适配器的 DHCP 租约，应执行的命令是（　　　）。

A. ipconfig /renew
B. ipconfig release
C. nslookup
D. ping

二、判断题（正确的打"√"，错误的打"×"）

1. 保留地址是指不由 DHCP 服务器分配的 IP 地址，而是由管理员手工分配的 IP 地址。
（　　）

2. DHCP 服务器上设置排除地址是为了要将排除地址租借给其他特定主机使用。
（　　）

3. DHCP 服务器的作用域只与一个子网相对应。　　　　　　　　　　　　　（　　）

4. DHCP 服务器的管理层次为：超级作用域→作用域→DHCP 服务器→IP 地址范围。
（　　）

5. 在 Windows server 2012 上安装 DHCP 服务器时，DHCP 服务器本身的 IP 地址可以设置为动态获取。　　　　　　　　　　　　　　　　　　　　　　　　　　　（　　）

6. 在拥有多个子的网络中，只要配置一台 DHCP 服务器就可以为所有子网段的 DHCP 客户机分配 IP 地址。　　　　　　　　　　　　　　　　　　　　　　　　（　　）

7. 无论网络中有无 DHCP 服务器，DHCP 客户机都可在每次启动并加入网络时，动态地获得其 IP 地址和相关配置参数。　　　　　　　　　　　　　　　　　　　（　　）

三、问答题

1. 除了 Windows Server 2012 中的 DHCP 服务器提供的故障转移功能外，还可以使用什么方案实现 DHCP 服务器的高可用性？

2. 如何备份与还原 DHCP 数据库？

3. 简述 DHCP 服务的工作过程。

第9章 打印服务器的配置与管理

Windows Server 2012 R2 提供的打印服务功能使得我们能够在网络上共享打印机，以及集中执行打印服务器和网络打印机的管理任务，监视打印队列，并在打印队列停止处理打印作业时接收通知。使用 Windows 打印服务部署网络打印机，还能降低网络总体拥有成本。

学习目标：
- 理解网络打印服务器的概念
- 掌握打印服务器的安装与配置
- 掌握网络共享打印机的连接
- 掌握打印服作业的管理

学习环境（见图9-1）：

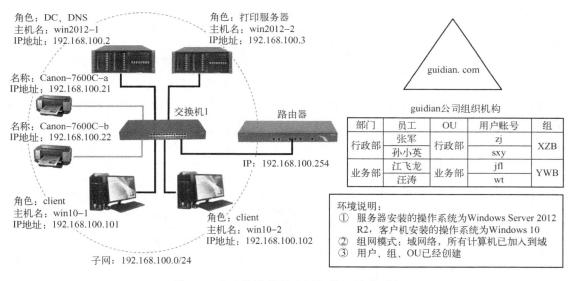

图 9-1 打印服务器的配置与管理学习环境

9.1 认识打印服务器

Windows Server 中，打印服务器是一种提供打印管理和服务功能的角色服务，管理员可以使用打印管理控制台连接和管理它。打印管理控制台用于管理多个打印机或打印服务器，并从其他 Windows 打印服务器迁移打印机或向这些打印服务器迁移打印机。共享了打印机之后，Windows 将自动在具有高级安全性的 Windows 防火墙中启用"文件和打印机共享"例外，允许来自远程的打印连接。

Windows 中的打印机是逻辑设备，是系统提供打印功能给应用程序的接口，用于连接到物理打印机（也叫打印设备），它们的关系如图 9-2 所示。我们可以在一台计算机上建立多台打印机去关联同一台打印设备，并使这些打印机拥有不同的优先级。

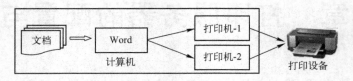

图 9-2   打印机与打印设备

Windows Server 2012 R2 还可以将多台打印设备加入到一个打印机池中，一个打印机池关联多台打印机，提高了打印作业的吞吐量，如图 9-3 所示。对于用户来说好像只有一台打印机。

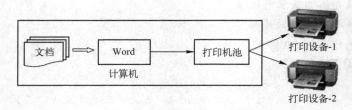

图 9-3   打印机池的示意图

打印服务器将打印机集中管理，所有客户机都需要连接到打印服务器执行打印任务，打印服务器将这些打印任务排队送往打印设备，如图 9-4 所示。打印服务器采用以下两种方式与打印设备连接。

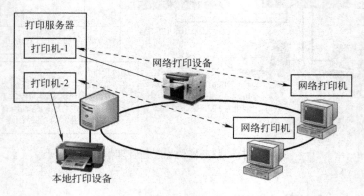

图 9-4   打印服务器工作原理

① 打印服务器 + 本地打印设备。
② 打印服务器 + 网络打印设备。

9.2   安装打印服务器

根据图 9-1 所示环境，将 win2012 - 2 配置成打印服务器。

9.2.1　安装打印和文件服务角色

在 win2012 - 2 上安装打印和文件服务角色的操作步骤如下。

步骤 1：以管理员身份登录 win2012 - 2，单击"开始"按钮■，选择"服务器管理器"按钮■，打开【服务器管理器】窗口。

步骤 2：在【服务器管理器】窗口中，依次单击【管理】→【添加角色和功能】菜单项。

步骤 3：打开【添加角色和功能向导】，显示【开始之前】界面。单击【下一步】按钮。

步骤 4：出现【选择安装类型】界面，使用默认安装类型，单击【下一步】按钮。

步骤 5：出现【选择目标服务器】界面，从服务器池中选择【win2012 - 2. guidian. com】。单击【下一步】按钮。

步骤 6：出现【选择服务器角色】界面，选中【打印和文件服务】复选框，会弹出对话框询问【添加打印和文件服务器所需功能?】，单击【添加功能】按钮，返回【选择服务器角色】界面，如图 9-5 所示。单击【下一步】按钮。

图 9-5　【选择服务器角色】界面

步骤 7：出现【选择功能】界面。单击【下一步】按钮。

步骤 8：出现【打印和文件服务器】界面，显示安装打印和文件服务器的注意事项，单击【下一步】按钮。

步骤 9：出现【选择角色服务】界面，在【角色服务】选项列表中选中【打印服务器】复选框、【LPD 服务】复选框，如图 9-6 所示。单击【下一步】按钮。

步骤 10：出现【确认安装所选内容】界面。单击【安装】按钮。

图 9-6 【选择角色服务】界面

9.2.2 连接打印设备与安装打印机

1. 连接打印设备

在服务器上连接打印设备有两种方式，一种方式是使用数据线（USB 或 LPT）将打印机设备与服务器连接，另一种方式是将打印设备（指带以太网卡的网络打印机）与网络连接。当然，网络打印设备需要先进行网络配置才能进行网络通信。

打印设备连接好后，打开电源启动设备，接下来就可在服务器上安装打印机。

2. 安装打印机

如果将打印设备与服务器直连，就必须与服务器放置在同一位置，通常计算机打印接口数量有限，这样配置不太灵活。目前，许多企业更倾向使用网络打印设备，它连接灵活，没有连接数量和位置的限制。下面以安装网络打印设备为例，具体操作步骤如下。

步骤 1：打开【服务器管理器】窗口，单击菜单中的【工具】→【打印管理】。

步骤 2：出现【打印管理】窗口，在导航窗格中导航到【打印服务器】→【win2012 - 2（本地）】→【打印机】，右键单击【打印机】，在弹出菜单中单击【添加打印机】，如图 9-7 所示。

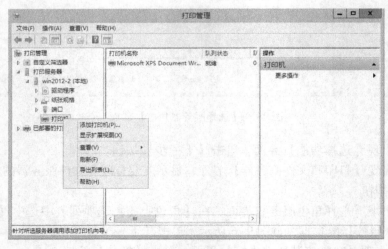

图 9-7 选择【添加打印机】选项

　　步骤 3：打开【网络打印机安装向导】，出现【打印机安装】界面，选中【按 IP 地址或主机名添加 TCP/IP 或 Web 服务打印机】单选按钮，如图 9-8 所示。单击【下一步】按钮。

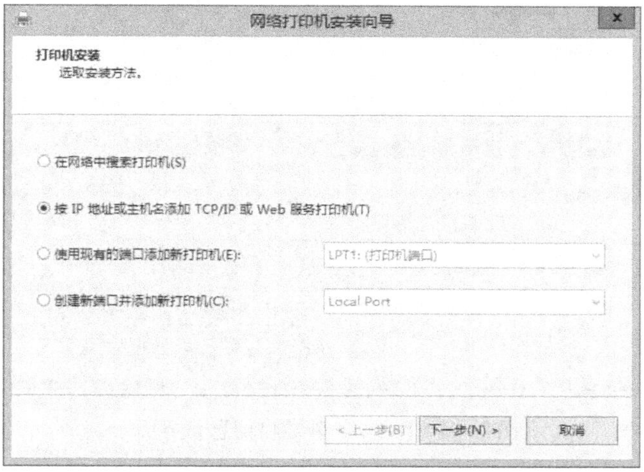

图 9-8　【打印机安装】界面

　　步骤 4：出现【打印机地址】界面，在【设备类型】下拉列表中选择【TCP/IP 设备】选项，在【主机名称或 IP 地址】文本框中输入网络打印设备的 IP 地址 192.168.100.21，如图 9-9 所示。单击【下一步】按钮。

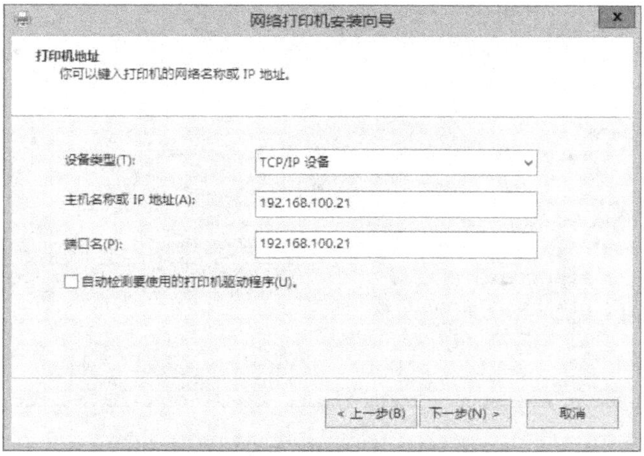

图 9-9　【打印机地址】界面

　　步骤 5：如果没有找到网络接口，则需要手动选择。出现【需要额外端口信息】界面，单击【标准】下拉列表箭头，选择【Generic Network Card】选项，如图 9-10 所示。单击【下一步】按钮。

　　步骤 6：出现【打印机驱动程序】界面，选择【安装新驱动程序】单选按钮。单击【下一步】按钮。

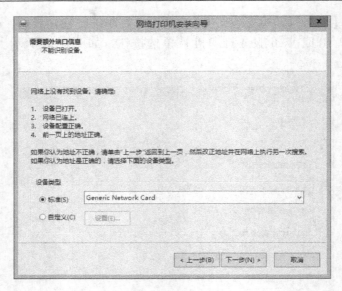

图 9-10 【需要额外端口信息】界面

步骤 7：出现【打印机安装】界面，先在【厂商】列表框中选择厂商，然后在【打印机】列表框中选择打印机型号，如图 9-11 所示。单击【下一步】按钮。

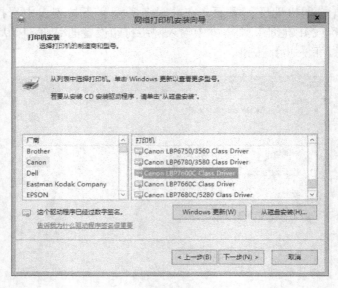

图 9-11 【打印机安装】界面

步骤 8：出现【打印机名称和共享设置】界面，在【打印机名】文本框中输入新的名称，选中【共享此打印机】复选框，在【共享名称】文本框中输入一个易于识别的名称，如图 9-12 所示。单击【下一步】按钮。

步骤 9：出现【找到打印机】界面，显示安装的打印机信息，如图 9-13 所示。单击【下一步】按钮。

步骤 10：出现【正在完成安装打印机向导】界面，提示安装完成。单击【完成】按钮。

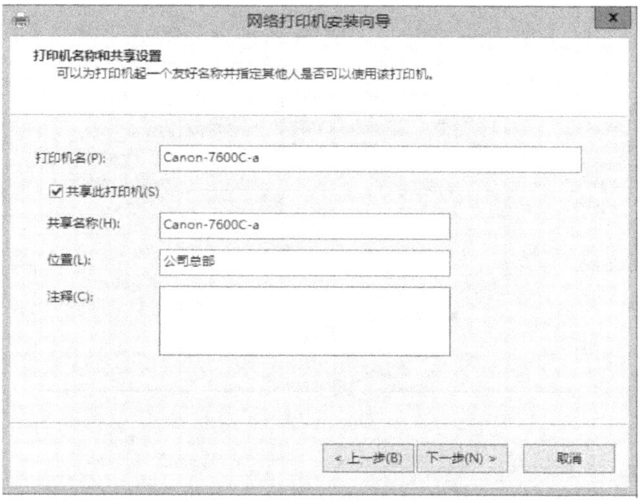

图 9-12　【打印机名称和共享设置】界面

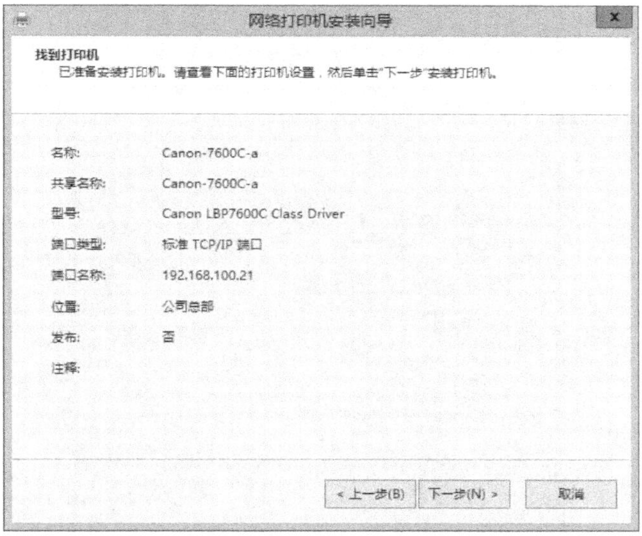

图 9-13　【找到打印机】界面

3. 在活动目录中发布打印机

从图 9-13 中可以看到【发布】状态为"否",表明打印机安装后并未在活动目录发布,通过活动目录查找不到该打印机。要在活动目录中发布打印机,返回到【打印管理】窗口,在导航窗格中依次选择【打印服务器】→【win2012-2(本地)】→【打印机】,在打印机列表中选择【Canon-7600C-a】,右键单击,从弹出菜单中选择【在目录中列出】,如图 9-14所示。

也可以双击【Canon-7600C-a】打印机,打开【Canon-7600C-a 属性】对话框,单击【共享】标签,切换到【共享】选项卡,选中【列入目录】复选框,如图 9-15 所示。单击【确定】按钮关闭对话框。

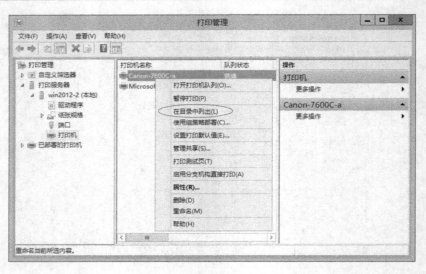

图 9-14　选择【在目录中列出】选项

图 9-15　【Canon－7600C－a 属性】对话框

9.3　在客户机上使用打印服务

9.3.1　添加网络打印机

在客户机 win10－1 上以孙小英账户名（sxy）登录，然后安装网络打印机。具体步骤如下。

步骤 1：单击"开始"按钮，选择【文件资源管理器】菜单项。

步骤2：出现【文件资源管理器】窗口，先在导航窗格中选择【网络】，然后单击【网络】菜单，如图9-16所示，在展开的工具按钮中单击【添加设备和打印机】按钮。

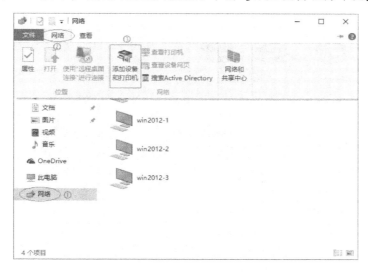

图9-16 在活动目录中发布打印机

步骤3：出现【添加设备】对话框，自动扫描查找网络打印机，查找结束后，从【选择设备】列表框中选择要安装的网络打印机，如图9-17所示。单击【下一步】按钮。

图9-17 【添加设备】对话框

步骤4：出现【正在安装】对话框，安装结束后自动关闭对话框。

接下来可以在客户机上查看安装的网络打印机，操作如下。

步骤1：单击"开始"按钮▦，依次选择【所有应用】→【Windows 系统】→【控制面板】菜单项，打开【控制面板】对话框。

步骤2：单击【硬件和声音】区域下的【查看设备和打印机】链接。

步骤3：打开【设备和打印机】窗口，如图9-18所示，win2012 - 2. guidian. com 上的 Canon - 7600C - a 是才安装的网络打印机。

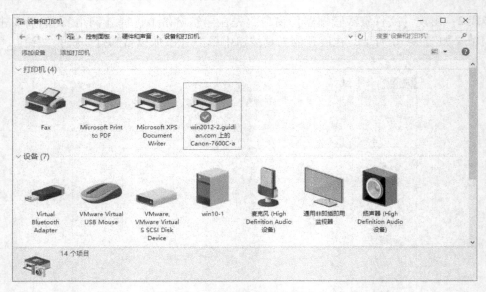

图 9-18 【设备和打印机】窗口

9.3.2 通过搜索活动目录连接网络打印机

由于该打印机已经在活动目录中发布，使用搜索就更简单。具体步骤如下。

步骤 1：单击"开始"按钮，选择【文件资源管理器】菜单项。

步骤 2：出现【文件资源管理器】窗口，在导航窗格中选择【网络】，再单击【网络】菜单，在展开的工具按钮中单击【搜索 Active Directory】按钮。

步骤 3：出现【查找】对话框，在【查找】下拉列表中选择【打印机】选项，查找范围是【整个目录】，单击【开始查找】按钮。

步骤 4：查找到的打印机显示在【搜索结果】列表框中，要安装打印机，右键单击【Canon – 7600C – a】条目，从弹出菜单中选择【连接】，如图 9-19 所示。系统自动连接安装网络打印机。

图 9-19 【查找 打印机】对话框

9.4　管理打印服务器

9.4.1　添加打印服务器到【打印管理】窗口

　　默认情况下，通过【打印管理】窗口可以管理本地打印机。但是，可以通过将打印服务器添加到【打印管理】窗口中，管理或监视任意数目的运行 Windows 2000 及更高版本 Windows 的打印服务器。

　　若要将打印服务器添加到【打印管理】中，操作步骤如下。

　　步骤1：打开【服务器管理器】窗口，单击【工具】→【打印管理】菜单项。

　　步骤2：出现【打印管理】窗口，在导航窗格中，右键单击【打印管理】，然后在弹出菜单中单击【添加/删除服务器】。

　　步骤3：出现【添加/删除服务器】对话框，如图 9-20 所示，在【添加服务器】文本框中输入打印服务器的名称（使用逗号分隔计算机名称）或 IP 地址。单击【添加到列表】。

图 9-20　【添加/删除服务器】对话框

　　步骤4：根据需要添加任意数目的打印服务器，然后单击【确定】按钮。

9.4.2　添加第二台打印机

　　公司行政部是处理文件比较多的部门，有时还要为领导处理文件，打印任务通常很紧急。之前安装的打印机 Canon-7600C-a 默认允许所有用户连接并打印文件，我们可以在同一台服务器上为行政部门单独安装一台打印机（当然还是连接到同一台物理打印设备），名称为 Canon-7600C-XZB，只允许行政部用户连接和打印文件，设置该打印机的优先级高于 Canon-7600C-a。

　　添加打印机 Canon-7600C-XZB 的操作步骤与安装 Canon-7600C-a 有些区别，具体操作如下。

　　步骤1：打开【服务器管理器】窗口，单击【工具】→【打印管理】菜单项。

　　步骤2：出现【打印管理】窗口，在导航窗格中导航到【打印服务器】→【win2012－2（本地）】→【打印机】，右键单击【打印机】，从弹出菜单中选择【添加打印机】。

　　步骤3：打开【网络打印机安装向导】，显示【打印机安装】界面，选中【使用现有的端口添加打印机】单选按钮，单击右边下拉箭头，选择【192.168.100.21（标准 TCP/IP 端口）】选项，如图9-21所示。单击【下一步】按钮。

图9-21　【打印机安装】界面

　　步骤4：出现【打印机驱动程序】界面，选择【使用计算机上现有的打印机驱动程序】单选按钮，单击右边下拉箭头，选择【Canno LBP7600C Class Driver】选项，如图9-22所示。单击【下一步】按钮。

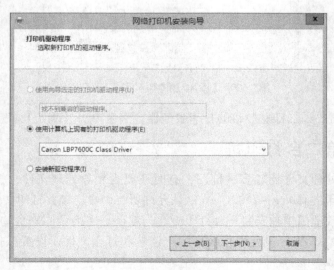

图9-22　【打印机驱动程序】界面

步骤 5：出现【打印机名称和共享设置】界面，在【打印机名】文本框中输入"Canon –
7600C – XZB"，选中【共享此打印机】复选框，在【共享名称】文本框中输入"Canon –
7600C – XZB"，如图 9-23 所示。单击【下一步】按钮。

图 9-23　【打印机名称和共享设置】界面

步骤 6：出现【找到打印机】界面，显示安装的打印机信息。单击【下一步】按钮。

步骤 7：出现【正在完成安装打印机向导】界面，提示安装完成。单击【完成】按钮。

9.4.3　设置打印权限

Windows 提供了三种等级的打印安全权限：打印、管理打印和管理文档。当给一组用户
指派了多个权限时，将应用限制性最少的权限。但是，当应用了【拒绝】权限时，它将优
先于其他任何权限。三种打印安全权限的具体含义如下。

① 打印权限。用户可以连接到打印机，并将文档发送到打印机。

② 管理打印权限。用户可以执行与"打印"权限相关联的任务，并且具有对打印机的
完全管理控制权。用户可以暂停和重新启动打印机、更改打印后台处理程序设置、共享打印
机、调整打印机权限，还可以更改打印机属性。

③ 管理文档权限。用户可以暂停、继续、重新开始和取消由其他所有用户提交的文档，
还可以重新安排这些文档的顺序。但是，用户无法将文档发送到打印机或控制打印机状态。

若要只允许行政部用户使用"Canon – 7600C – XZB"打印机执行打印作业，具体操作
步骤如下。

步骤 1：返回到【打印管理】窗口，在导航窗格中选择【打印服务器】→【win2012 – 2
（本地）】→【打印机】，在打印机列表框中双击【Canon – 7600C – XZB】。

步骤 2：打开【Canon – 7600C – XZB 属性】对话框，单击【安全】标签，切换到【安
全】选项卡，在【组或用户名】列表框中删除"Everyone"组，添加"XZB"组，在【打
印】选项右侧选中【允许】权限，如图 9-24 所示。

图 9-24　【安全】选项卡

9.4.4　设置打印优先级

　　优先级高的打印机总是比优先级低的打印机先执行打印任务，默认打印优先级为 1，数字越大优先级越高。在此将 Canon - 7600C - XZB 的优先级调整为 10，高于 Canon - 7600C - a。

　　要调整 Canon - 7600C - XZB 的打印优先级，可以在【Canon - 7600C - XZB 属性】对话框中，单击【高级】标签，切换到【高级】选项卡，在【优先级】文本框中输入"10"，如图 9-25 所示。

图 9-25　【Canon - 7600C - XZB 属性 - 高级】选项卡

9.4.5　设置打印机池

打印机池是由一组打印设备组成的一台逻辑打印机，它通过打印服务器的多个端口连接到多台打印设备。处于空闲状态的打印设备便可以接收发送到逻辑打印机的下一份文档。

这对于打印量很大的网络非常有帮助，因为它可以减少用户等待文档的时间。使用打印机池还可以简化管理，因为可以从服务器上的同一台逻辑打印机来管理多台打印设备。使用创建的打印机池，用户打印文档时不再需要查找哪一台打印机目前可用。逻辑打印机将检查可用的端口，并按端口的添加顺序将文档发送到各个端口。应首先添加连接到快速打印设备上的端口，这样可以保证发送到打印机的文档得以最快的速度打印。

例如，紧接着 9.4.4 节的操作，创建打印机池的操作步骤如下。

步骤 1：在【Canon – 7600C – XZB 属性】对话框中，单击【端口】标签，切换到【端口】选项卡，如图 9-26 所示。然后单击【添加端口】按钮。

步骤 2：出现【打印机端口】对话框，在【可用的端口类型】列表中选择【Standard TCP/IP Port】选项，如图 9-27 所示。单击【新端口】按钮。

图 9-26　【端口】选项卡　　　　　　　　　　图 9-27　【打印机端口】对话框

步骤 3：打开【添加标准 TCP/IP 打印端口向导】，显示欢迎界面。单击【下一步】按钮。

步骤 4：出现【添加端口】界面，在【打印机名或 IP 地址】文本框中输入网络打印机 Canon – 7600C – b 的 IP 地址 "192.168.100.22"，如图 9-28 所示。单击【下一步】按钮。

步骤 5：出现【正在完成添加标准 TCP/IP 端口向导】界面。单击【完成】按钮，再单击【关闭】按钮。

步骤 6：返回【端口】选项卡，选中【启用打印机池】复选框，然后在端口列表中选中端口【192.168.100.22】前的复选框，如图 9-29 所示。单击【关闭】按钮。

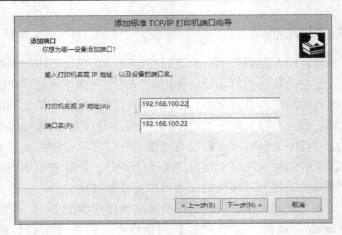

图 9-28　【添加端口】界面

图 9-29　【Canon－7600C－XZB 属性－端口】选项卡

9.5　实训——打印服务器配置与管理

9.5.1　实训目的

① 掌握打印服务器的安装与配置。

② 掌握网络共享打印机的连接。

③ 掌握打印服务器的管理。

9.5.2　实训环境

实训网络环境如图 9-30 所示（也可在虚拟机中进行），组成的是一个单域网络。

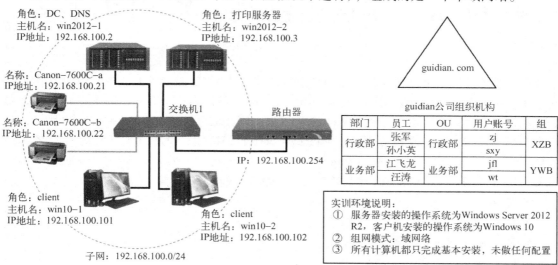

图 9-30　打印服务器配置实训环境

9.5.3　实训内容及要求

任务 1：安装活动目录，创建组织单位、用户和组。

任务 2：安装打印服务器。

任务 3：通过活动目录发布共享打印机。

任务 4：在客户端连接共享打印机。

任务 5：进行打印机作业管理。

任务 6：配置打印机池。

习题

一、填空题

1. Windows 提供了三种等级的打印安全权限：＿＿＿＿、＿＿＿＿和＿＿＿＿。

2. 打印机池是由一组打印设备组成的一台＿＿＿＿，它通过打印服务器的多个＿＿＿＿连接到多台打印设备。

3. 目前打印设备的通信接口主要有三种：＿＿＿＿、＿＿＿＿、＿＿＿＿。

二、问答题

1. 在设置打印池之前，应考虑哪些问题？

2. 打印服务器在企业网络中发挥了什么作用？

3. 简述打印机、打印设备和打印服务器之间的关系。

4. 为什么不同型号的打印设备不能加入到同一个打印机池？

第 10 章　架设企业网站和 FTP 站点

Web 服务是网络中应用最为广泛的服务，主要用来搭建 Web 网站，向网络发布各种信息，建立基于 B/S 结构的应用程序运行环境。如今企业除了建立 Web 网站发布信息外，更多的是将企业管理的信息化平台与 Web 系统集成。FTP 是最早的 Internet 文件传输协议，目前主要用于管理 Web 站点的内容。Windows Server 2012 R2 中的 IIS 8.5 是一个集 IIS、ASP. NET、FTP 、PHP（Hypertext Preprocessor，超文本预处理器）和 WCF（Windows Communication Foundation，Windows 通信基础）于一身的 Web 平台。

学习目标：
- 掌握 IIS 的安装与配置
- 掌握 Web 站点的创建与管理
- 掌握 Web 虚拟主机的创建
- 掌握 FTP 站点的创建与配置
- 掌握 IIS 安全管理

学习环境（见图 **10-1**）：

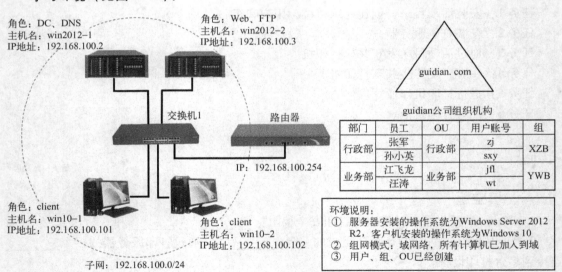

图 10-1　架设企业网站和 FTP 站点的学习环境

10.1　认识 IIS

IIS（Internet Information Services，Internet 信息服务），是 Windows Server 操作系统集成的服务组件，目前 Windows Server 2012 R2 中的版本是 IIS 8.5，IIS 8.5 提供一个安全、易于

管理的模块化和可扩展的平台，用以可靠地托管网站、服务和应用程序。

管理员可以使用 Web 服务器（IIS）角色设置和管理多个网站、Web 应用程序（如经典的 ASP、ASP. NET 和 PHP）和 FTP 站点。

IIS 8.5 采用模块化结构，它由 40 多个模块组成，默认安装 IIS 时，只安装支持静态页面所必需的模块。其设计的理念是按需添加模块，删除不必要的模块，以保证系统执行效率和安全性。

10.2　建立网站发布企业信息

10.2.1　网站发布前的准备

在将网站发布到 Web 服务器之前，Web 服务器需要满足以下要求。

① IIS 计算机的 IP 地址必须是固定的，建议使用静态 IP 地址。

② 如果要使用域名来连接 Web 网站，则需要在网络中配置一台 DNS 服务器，并且要将该网站的域名和 IP 地址注册到 DNS 服务器中。

③ 制作一个网站，并将网站内容保存到 Web 服务器上指定的文件夹中。最好存储在 NTFS 分区内，以便通过 NTFS 权限增加网站的安全性。

④ 确定 Web 网站的主页文件名。

图 10-1 所示的网络环境中，活动目录已经安装，所有计算机已经加入到 guidian. com 域，并添加了用户账户。第一个网站规划如下。

① 将 IIS 安装在 win2012 –2 服务器上，Web 站点注册的 DNS 名称为 www. guidian. com。

② 网站内容保存在 "E:\www" 文件夹。"E:" 盘为 NTFS 分区。

③ 网站主页文件名为 main. htm。

10.2.2　安装 IIS

在 Windows Server 2012 R2 中，IIS 角色服务是可选组件。默认安装的情况下，Windows Server 2012 R2 没有安装 IIS。

1. 在 win2012 –2 服务器上安装 IIS

在 win2012 –2 服务器上安装 Web 服务器（IIS）角色，具体操作步骤如下。

步骤 1：以域管理员账号登录 win2012 –2。打开【服务器管理器】窗口，依次单击【管理】→【添加角色和功能】菜单项。

步骤 2：打开【添加角色和功能向导】，显示【开始之前】界面。单击【下一步】按钮。

步骤 3：出现【选择安装类型】界面，使用默认安装类型。单击【下一步】按钮。

步骤 4：出现【选择目标服务器】界面，从服务器池中选择 "win2012 –2. guidian. com"。单击【下一步】按钮。

步骤 5：出现【选择服务器角色】界面，选中【Web 服务器(IIS)】复选框，会弹出对话框询问【添加 Web 服务器(IIS)服务器所需功能?】，单击【添加功能】按钮，返回【选择服务器角色】界面，如图 10-2 所示。单击【下一步】按钮。

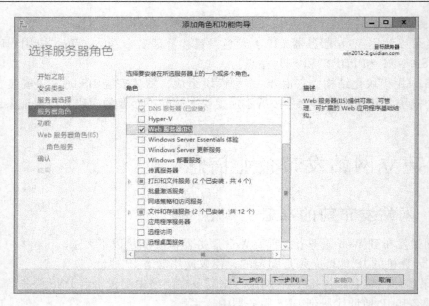

图 10-2 【选择服务器角色】界面

步骤 6：出现【选择功能】界面。单击【下一步】按钮。

步骤 7：出现【Web 服务器角色（IIS）】界面，显示 Web 服务器角色（IIS）简介和安装注意事项。单击【下一步】按钮。

步骤 8：出现【选择角色服务】界面，如图 10-3 所示，列出了 Web 服务器所包含的所有组件，用户可以手动选择。这里采用默认选项，之后在需要时再行安装。单击【下一步】按钮。

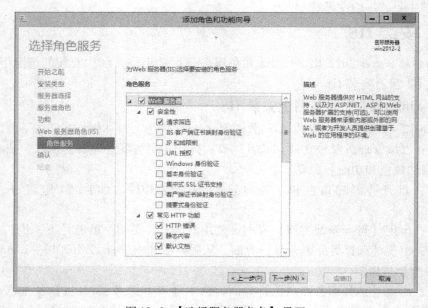

图 10-3 【选择服务器角色】界面

步骤 9：出现【确认安装所选内容】界面。单击【安装】按钮，开始安装 Web 服务器（IIS）角色。安装完成后，显示安装结果信息，单击【关闭】按钮。

2. 测试默认站点

在【服务器管理器】窗口中，单击【工具】→【Internet Information Service（IIS）管理器】菜单项，打开【Internet Information Service（IIS）管理器】。即可看到已安装的 Web 服务器【win2012 – 2】，展开导航窗格中的【站点】节点，可以看到 Web 服务器安装完成后，默认创建的一个名字为【Default Web Site】的站点，如图 10-4 所示，中间详细窗格包含【功能视图】和【内容视图】，通过单击窗格下的标签切换。左侧为【操作】窗格，提供了常用管理操作的快捷启动链接。

图 10-4　【Internet Information Service（IIS）管理器】窗口

默认站点有以下两个主要作用：

① 通过访问默认站点，可以测试 Web 服务器是否工作正常。

② 通过查看默认站点的配置，可以了解在 IIS 下创建 Web 站点的基本配置要求。

要验证 IIS 服务器是否安装成功，打开浏览器，在地址栏输入 http://localhost 或者"http://192.168.100.3"，如果出现如图 10-5 所示页面，说明 Web 服务器安装成功；否则，说明 Web 服务器安装失败，需要重新检查服务器设置或者重新安装。

通过【Default Web Site】我们还可以了解网站的基本要素。

步骤 1：在【Internet Information Service（IIS）管理器】窗口的导航窗格中，单击【Default Web Site】站点，再单击【操作】窗格中的【绑定】链接。

步骤 2：出现【网站绑定】对话框，如图 10-6 所示。【类型】即协议，是"http"；【主机名】为空，表示访问网站不匹配主机名，只匹配 IP 地址；【IP 地址】为"＊"，表示该网站监听服务器所有 IP 地址；【端口】为 80，是 HTTP 服务的默认端口。也就是设置网站的 URL（Uniform Resource Locator，统一资源定位地址），用于客户端寻找网站。单击【关闭】按钮。

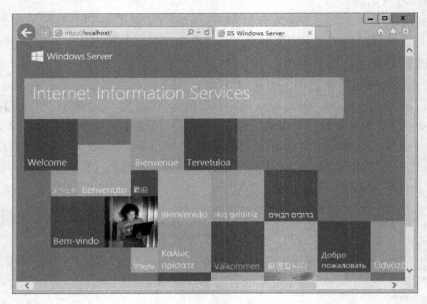

图 10-5　IIS 测试页面

图 10-6　【网站绑定】对话框

步骤 3：单击【操作】窗格中的【基本设置】，出现【编辑网站】对话框，如图 10-7 所示。可以看到：【网站名称】用于显示在管理控制台中；【物理路径】指网络内容存放在服务器上的文件夹路径，% SystemDrive% 由系统环境变量替换，即变成"C:"，实际物理路径为"C:\inetpub\wwwroot"。单击【确定】按钮退出。

图 10-7　【编辑网站】对话框

步骤 4：在【Internet Information Service（IIS）管理器】窗口中，双击【Default Web Site 主页】界面中的【默认文档】图标。出现【默认文档】页面，如图 10-8 所示。默认文档的作用是当客户端的请求中没有指定特定文件时，Web 服务器则返回默认文档给客户端。服务器是按文件名的先后顺序在网站的物理路径中查找默认文档。"C:\inetpub\wwwroot"文件夹中与默认文档匹配的文件是"iisstart. htm"。单击【Default Web Site】站点返回【Default Web Site 主页】界面。

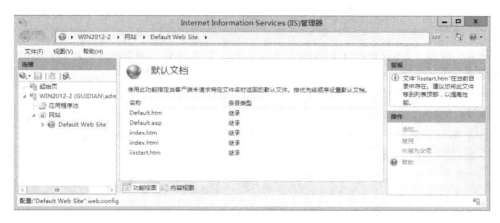

图 10-8　【默认文档】页面

步骤 5：单击【操作】窗格的【编辑权限】链接。出现【wwwroot 属性】对话框，切换到【安全】选项卡，单击【高级】按钮，出现【wwwroot 的高级安全设置】对话框，如图 10-9 所示，这是网站的物理路径的 NTFS 权限设置。其中组"IIS_IUSRS（WIN2012 − 2\IIS_IUSRS）"是 Internet 信息服务使用的内置组。所有访问网站的用户都被映射为 IIS 匿名账户 IUSR，IUSR 属于 IIS_IUSRS 组。也就是说，访问该网站的所有用户对网站的文件夹只有"读取和执行"权限。单击两次【确定】按钮退出。

图 10-9　【wwwroot 的高级安全设置】对话框

10.2.3 创建企业的 Web 网站

在创建企业的 Web 网站前，先停止"默认网站"。在【Internet Information Service（IIS）管理器】窗口的导航窗格中右键单击【Default Web Site】站点，从弹出菜单中选择【管理网站】→【停止】菜单项。

接下来创建一个新的网站。操作步骤如下。

步骤 1：创建"E:\www"文件夹，并将制作好的网页文件 main.htm 复制到该文件夹下。

步骤 2：设置"E:\www"的 NTFS 权限，IIS_IUSRS 具有"读取和执行"权限。

步骤 3：在【Internet Information Service（IIS）管理器】窗口中，单击导航窗格中的【网站】节点，再单击【操作】窗格的【添加网站】链接。

步骤 4：出现【添加网站】对话框，在【网站名称】文本框中输入"guidian"，在【物理路径】文本框中输入"E:\www"，让【绑定】选项区中的选项保持默认值，如图 10-10 所示。单击【确定】按钮退出。

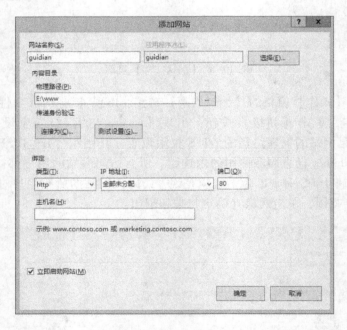

图 10-10 【添加网站】对话框

步骤 5：在【Internet Information Service（IIS）管理器】窗口中，双击【Guidian 主页】界面中的【默认文档】图标，出现【默认文档】页面，单击操作窗格中的【添加】链接，出现【添加默认文件】对话框，在【名称】文本框中输入"main.htm"。单击【确定】按钮退出。添加默认文档的结果如图 10-11 所示。

步骤 6：此时的网站可以使用 IP 地址和主机名 win2012 - 2. guidin. com 访问。在客户机 win10 - 1 上，打开浏览器，在地址栏分别输入"http://192.168.100.3""http://win2012 - 2. guidin. com""http://www. guidin. com"进行测试，结果如图 10-12 所示。

图 10-11 【默认文档】页面

图 10-12 浏览 guidian 网站

我们想要用的网址 http://www. guidin. com 不能访问，原因是 DNS 不能解析该名称。接下来需要在 DNS 服务器上注册该名称，具体操作步骤如下。

步骤 1：在服务器 win2012 - 1 上，打开【DNS 管理器】窗口，右键单击【正向查找区域】节点下的【guidian. com】，在弹出菜单中选择【新建主机(A 或 AAA)】菜单项。

步骤 2：打开【新建主机】对话框，在【名称】文本框中输入主机名 "www"，再在【IP 地址】文本框中输入该主机的 IP 地址 "192. 168. 100. 3"。单击【添加主机】按钮，再单击【完成】按钮。

步骤 3：在客户机 win10 - 1 上，打开浏览器，在地址栏输入 "http://www. guidin. com" 进行测试，就可以打开该网站（如果不能访问，可能是 DNS 本地缓存或浏览器缓存引起的，关闭浏览器，并执行"ipconfig/flushdns"命令清除 DNS 本地缓存重试）。

10.2.4　在一台服务器上发布多个网站

前面在服务器上只建了一个网站，无论 URL 怎么写，只要能访问到 Web 服务器，就能打开网页。那么，如果我们不得不在一台服务器上搭建多个网站呢（有时候需要这么做）？要如何才能准确地访问到我们想访问的网站？当有多个网站时，需要用"网站绑定"的信息来区别它们。网站绑定包含：类型、主机名、IP 地址、端口 4 个标识信息，类型用来指定访问协议，是不能变的。那么还可以为不同网站绑定不同的主机名、IP 地址、端口用以区别。当然也可以同时改变这三个信息，但简单的做法是只改变其中一个信息就可以了。

1. 为多个网站绑定不同的端口号

假如企业的办公系统是基于 B/S 的，入口网站也建在服务器 win2012 - 2 上。网站的物理路径是"E:\OA"，主页文件名为 index.htm（已包含在默认文档列表中），使用端口8080。在 win2012 - 2 上创建网站 OA 的操作如下。

步骤 1：在【Internet Information Service（IIS）管理器】窗口中，单击导航窗格中的【网站】节点，再单击【操作】窗格的【添加网站】链接。

步骤 2：出现【添加网站】对话框，在【网站名称】文本框中输入"OA"，在【物理路径】文本框中输入"e:\OA"，在【绑定】选项区中，将【端口】改为 8080，其他选项保持默认值，如图 10-13 所示。单击【确定】按钮退出。

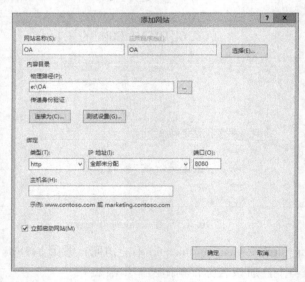

图 10-13　【添加网站】对话框

步骤 3：打开浏览器，在地址栏输入"http://192.168.100.3""http://192.168.100.3:8080"进行测试，结果如图 10-14 所示。

使用非标准服务端口建网站，几乎没有数量限制。麻烦的是得将端口告诉用户，否则用户无法访问到网站。因此，一般只有一些特殊用途的网站才使用这种方式，比如管理类网站。

图 10-14　测试使用不同端口的网站

2. 为多个网站绑定不同的 IP 地址

还可以为每一个网站独立绑定一个 IP 地址，但使用默认服务端口 80。

（1）为服务器添加 IP 地址

首先为服务器添加 IP 地址，具体操作如下。

步骤 1：在 win2012 - 2 上，打开【服务器管理器】窗口，单击【本地服务器】→【Eternet0】右边的 IP 链接。

步骤 2：出现【网络连接】窗口，双击【Ethernet0】网络连接图标。

步骤 3：出现【Ethernet0 状态】对话框，单击【属性】按钮。

步骤 4：出现【Ethernet0 属性】对话框，选择【Internet 协议版本 4（TCP/IPv4）】，单击【属性】按钮。

步骤 5：出现【Internet 协议版本 4（TCP/IPv4）属性】对话框，单击【高级】按钮。

步骤 6：出现【高级 TCP/IP 设置】对话框，单击【IP 地址】选项区的【添加】按钮。

步骤 7：现出【TCP/IP 地址】对话框，在 IP 地址文本框中输入"192.168.100.4"，在【子网掩码】文本框中输入"255.255.255.0"。单击【确定】按钮，返回【高级 TCP/IP 设置】对话框，如图 10-15 所示。然后关闭所有打开的对话框。

图 10-15　【高级 TCP/IP 设置】对话框

（2）将网站绑定到不同的 IP 地址

接下来将两个网站绑定修改为使用不同的 IP 地址。具体操作步骤如下。

步骤1：在【Internet Information Service（IIS）管理器】窗口中，单击导航窗格中的【guidian】站点，再单击【操作】窗格的【绑定】链接。

步骤2：出现【网站绑定】对话框，单击【编辑】按钮。

步骤3：出现【编辑网站绑定】对话框，在【IP 地址】下拉列表中选择【192.168.100.3】，在【端口】文本框中输入"80"，【主机名】保持为空，如图 10-16 所示。单击【确定】按钮。

图 10-16　【编辑网站绑定】对话框

步骤4：重复步骤 1～3，设置网站 OA 的绑定，【IP 地址】选择【192.168.100.4】，【端口】输入"80"。

（3）测试网站

打开浏览器，在地址栏输入"http://192.168.100.3""http://192.168.100.34"进行测试，结果如图 10-17 所示。

图 10-17　测试使用不同 IP 地址的网站

3. 为多个网站绑定不同的主机名

为多个网站绑定不同的主机名，首先要在服务器 win2012 -2 上删除多余的 IP 地址，只保留 192.168.100.3，然后按以下方法操作。

（1）在 DNS 服务器上注册 oa.guidian.com 主机名，IP 地址为 192.168.100.3

步骤1：在服务器 win2012 -1 上，打开【DNS 管理器】窗口，右键单击【正向查找区域】节点下的【guidian. com】，在弹出的快捷菜单中选择【新建主机(A 或 AAA)】菜单项。

步骤 2：打开的【新建主机】对话框，在【名称】文本框中输入主机名 oa，在【IP 地址】文本框中输入该主机的 IP 地址 192.168.100.3。单击【添加主机】按钮，再单击【完成】按钮。

（2）将网站绑定到不同的主机名

接下来将两个网站绑定修改为使用不同的主机名。具体操作步骤如下。

步骤 1：在【Internet Information Service (IIS) 管理器】窗口中，单击导航窗格中的【guidian】站点，再单击【操作】窗格的【绑定】链接。

步骤 2：出现【网站绑定】对话框，单击【编辑】按钮。

步骤 3：出现【编辑网站绑定】对话框，在【IP 地址】下拉列表中选择【全部未分配】，在【端口】文本框中输入"80"，在【主机名】文本框中输入"www. guidian. com"，其他保持不变。单击【确定】按钮。

重复步骤 1 ~ 3，设置网站站点 OA 的绑定，不同的是在【主机名】文本框中输入"OA. guidian. com"。

（3）测试网站

打开浏览器，在地址栏输入"http://www. guidian. com""http://OA. guidian. com"进行测试，结果如图 10-18 所示。

图 10-18　测试使用不同主机名的网站

10.3　使用 IIS 部署企业应用程序

IIS 应用程序是指在 Web 网站中完成某种功能的计算机程序，或者是一组 ASP（active server pages，动态服务器页面）脚本和组件。每个网站都可以建立多个应用程序。一个论坛所在的目录或虚拟目录就是论坛应用程序的根。

默认安装情况下，IIS 中的 Web 网站只支持运行静态 HTML（hypertext markup language，超文本置标语言）页面，但现在越来越多的企业采用动态技术建立企业网站，这就需要在 IIS 中启用动态网站技术以支持网站运行。IIS 8.5 支持 ASP、ASP. NET、PHP 和 WCF 等多种动态网站技术。我们将以如何搭建 ASP 环境做一具体介绍。

10.3.1　安装和启用应用程序功能

比如在网站中支持 ASP 应用程序，就只需要安装 ASP 相关的 Web 服务器角色。具体操作步骤如下。

步骤 1：以域管理员账号登录 win2012 – 2。打开【服务器管理器】窗口，依次单击【管理】→【添加角色和功能】菜单项。

步骤 2：打开【添加角色和功能向导】，显示【开始之前】界面。连续单击【下一步】按钮，直到出现【选择服务器角色】界面，单击【Web 服务器(IIS)】左侧的 ▷ 按钮，展开【Web 服务器(IIS)】→【应用程序开发】选项，然后选中【ASP】复选框，会弹出对话框询问【添加 ASP 所需功能】，单击【添加功能】按钮返回【选择服务器角色】界面，如图 10-19 所示。单击【下一步】按钮。

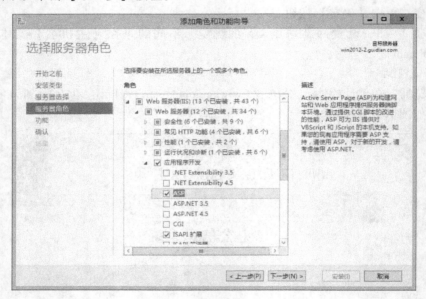

图 10-19　【选择服务器角色】界面

步骤 3：直至出现【确认安装所选内容】界面。单击【安装】按钮，开始安装所选服务器角色。安装完成后，显示安装结果信息，单击【关闭】按钮。

10.3.2　配置应用程序

① 准备应用程序文件。这里编写一个简单的 ASP 程序 default. asp 进行演示，文件内容如下。

```
<h1 align = center > OA 办公系统　 </h1 > </P >
<h2 > 日期：<% = date( )% > </h2 >
```

② 指定一个目录作为应用程序的开始位置（也称为应用程序根目录）。IIS 8.5 在创建一个网站时，同时会创建一个默认应用程序，并自动建立隔离应用程序的应用程序池。

在 "E:\OA" 下新建子文件夹 APP，将文件 default. asp 复制到 "E:\OA\APP" 文件夹。

10.3.3　测试应用程序

打开浏览器，在地址栏输入"http://oa.guidian.com/app"进行测试。如果 ASP 程序正确运行，结果如图 10-20 所示。

图 10-20　ASP 测试程序执行结果

10.4　实现 Web 服务器的网络负载平衡

10.4.1　认识网络负载平衡

如果单台 Web 服务器不能承担网络访问流量，Windows Server 2012 R2 提供了 Web Farm，通过将多台 IIS Web 服务器组成 Web Farm 的方式，可以组成一个具有排错与负载平衡功能的高可用性网站。当 Web Farm 接收到不同用户的连接请求时，这些请求会被分散地送给 Web Farm 中各个 Web 服务器去处理，从而提高网站访问效率。如果其中有服务器出故障的话，其他服务器仍然能正常提供服务，不影响用户对 Web 服务的访问。

10.4.2　准备网络负载平衡环境

1. 网络环境

根据图 10-21 准备网络环境，域控制器 win2012 - 1 已经安装，其他计算机已配置网络并加入到 guidian.com 域。win2012 - 2 和 win2012 - 3 均未安装任何服务角色。

2. 创建域用户账户 webuser

在活动目录中创建一个域用户账户 webuser，必须是 IIS_IUSRS 组成员，如图 10-22 所示。账户 webuser 是用于给 web 服务器访问共享文件夹专用的。

3. 创建共享文件夹

为了让两台 Web 服务器上的内容保持一致，在 win2012 - 2 和 win2012 - 3 创建一个相同名称的文件夹"C:\webfiles"。

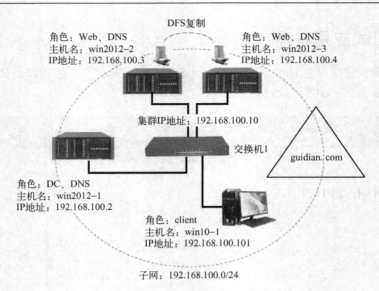

图 10-21　配置 Web 服务器负载平衡的网络环境

图 10-22　【webuser 属性】对话框

分别在 win2012-2 和 win2012-3 将文件夹 "C:\webfiles" 设置为共享，两台服务器上的操作相同。具体操作步骤如下。

步骤 1：在 "C:\webfiles" 文件夹上右键单击，在弹出菜单中选择【共享】→【特定用户】。

步骤 2：出现【文件共享】对话框，添加用户 webuser，并赋予【读取/写入】权限，如图 10-23 所示。再单击【共享】按钮。

步骤 3：提示文件夹共享完成，单击【完成】按钮。

在 win2012 - 2 上的"C:\webfiles"下创建一个子文件夹 oa,用于存放办公系统(ASP 程序)。再在"C:\webfiles"下创建一个子文件夹 conf - oa,作为两台 web 服务器共享 web 服务器配件文件用。不需要在 win2012 - 3 上创建子文件夹,DFS 会自动复制"C:\webfiles"的内容到 win2012 - 3 上。

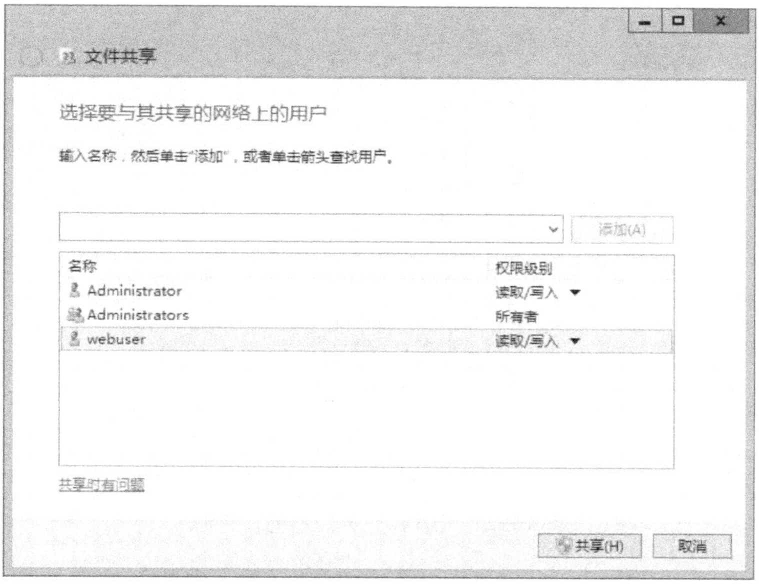

图 10-23　【文件共享】对话框

编写一个简单的 ASP 程序 default. asp,存放到"C:\webfiles\oa"文件中。文件内容如下,通过访问这个网页,可以知道客户端连接的 Web 服务器是哪一台。

> < h1 align = center > OA 办公系统　</h1 > </P >
> < h2 > 日期: < % = date( )% > </h2 >
> 客户端 IP 地址: < % response. write　Request. ServerVariables("REMOTE_ADDR")　% > </P >
> 服务器 IP 地址: < % response. write　Request. ServerVariables("LOCAL_ADDR")　% > </P >
> 服务器名称: < % response. write　Request. ServerVariables("SERVER_NAME")　% > </P >

4. 安装并配置 DFS,在两台 Web 服务器间同步复制共享文件夹 webfiles

(1) 在 win2012 - 2 和 win2012 - 3 上安装 DFS

win2012 - 2 和 win2012 - 3 安装 DFS 的过程相同,具体步骤如下。

步骤 1:以域管理员账号登录。打开【服务器管理器】窗口,依次单击【管理】→【添加角色和功能】菜单项。

步骤 2:打开【添加角色和功能向导】,显示【开始之前】界面。连续单击【下一步】按钮。

步骤 3:直到出现【选择服务器角色】界面,展开【文件和存储服务】→【文件和 iSCSI 服务】,然后选中【DFS 复制】和【DFS 命名空间】复选框,如图 10-24 所示。单击【下一步】按钮。

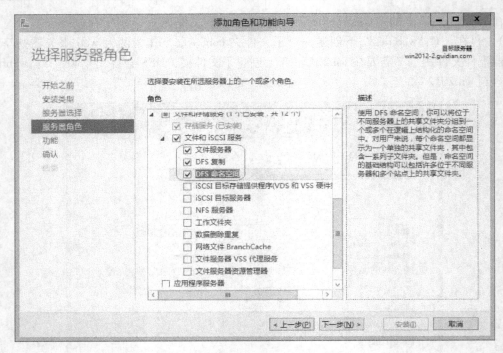

图 10-24 【选择服务器角色】界面

步骤 4：直到出现【确认安装所选内容】界面。单击【安装】按钮。

（2）创建 DFS 命名空间

步骤 1：打开【服务器管理器】窗口，单击【工具】→【DFS 管理】菜单项。

步骤 2：出现【DFS 管理】窗口，在导航窗格中右键单击【命名空间】，从弹出菜单中选择【新建命名空间】，如图 10-25 所示。

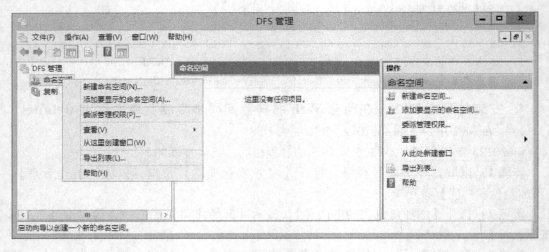

图 10-25 新建命名空间

步骤 3：打开【新建命名空间向导】，显示【命名空间服务器】界面，在【服务器】文本框中输入命名空间服务器名"win2012 – 2. guidian. com"，如图 10-26 所示。单击【下一步】按钮。

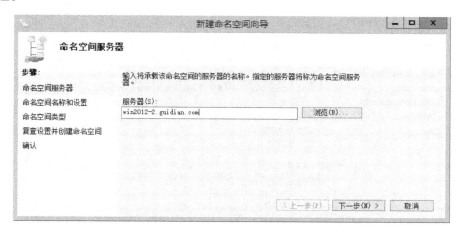

图 10-26 【命名空间服务器】界面

步骤 4：出现【命名空间名称和设置】界面，在【名称】文本框中输入"names"，如图 10-27 所示。单击【下一步】按钮。

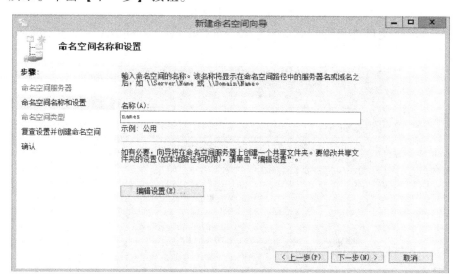

图 10-27 【命名空间名称和设置】界面

步骤 5：出现【命名空间类型】界面，因为是在域环境下配置 DFS，选中【基于域的命名空间】单选按钮，选中【启用 Windows Server 2008 模式】复选框，如图 10-28 所示。单击【下一步】按钮。

步骤 6：出现【复查设置并创建命名空间】界面，单击【创建】按钮。

步骤 7：出现【确认】界面，成功创建命名空间。单击【关闭】按钮。

（3）添加目标文件夹

步骤 1：打开【DFS 管理】窗口，在导航窗格中右键单击【\\guidian.com\names】，从弹出菜单中选择【新建文件夹】。

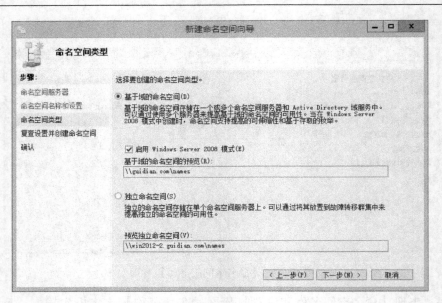

图 10-28　【命名空间类型】界面

步骤 2：出现【新建文件夹】对话框，在【名称】文本框中输入"webfiles"，再单击【添加】按钮，添加文件夹目标\\win2012 – 2. guidian. com\webfiles\，如图 10-29 所示。单击【确定】按钮。

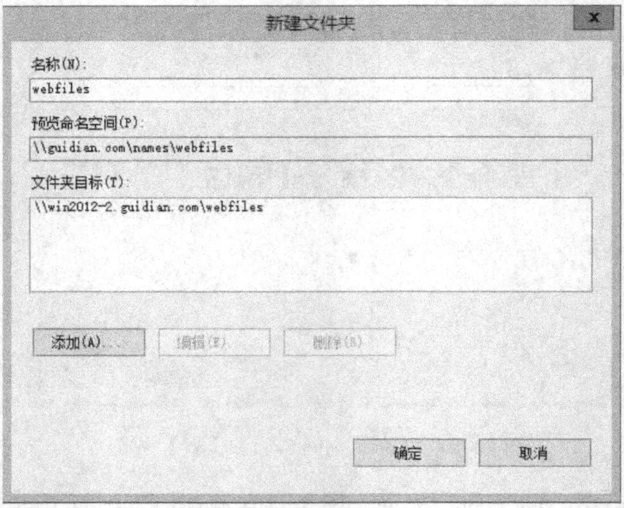

图 10-29　添加文件夹目标

步骤 3：返回【DFS 管理】窗口，在导航窗格中右键单击【webfiles】，从弹出菜单中选择【新建文件夹目标】。

步骤 4：出现【新建文件夹目标】对话框，在【文件夹目标的路径】文本框中输入"\\win2012 – 3. guidian. com\webfiles"，如图 10-30 所示。单击【确定】按钮。

步骤 5：DFS 添加文件夹目标后自动验证共享文件夹，通过后现出【复制】对话框，提示在两个文件夹目标之间可以创建复制组，单击【是】按钮。

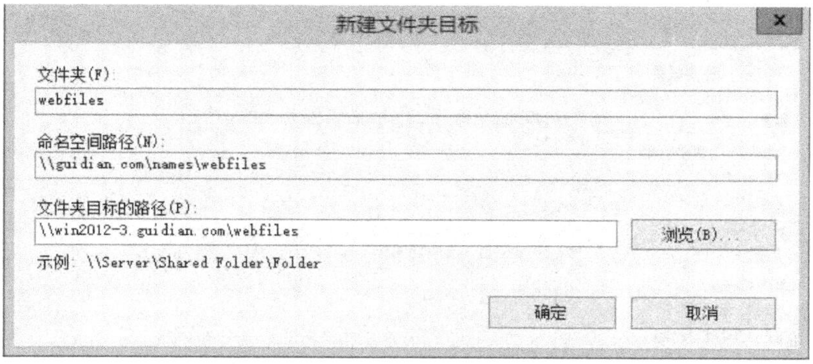

图 10-30 　【新建文件夹目标】对话框

步骤 6：打开【复制文件夹向导】，显示【复制组和已复制文件夹名】界面，使用默认名，如图 10-31 所示。单击【下一步】按钮。

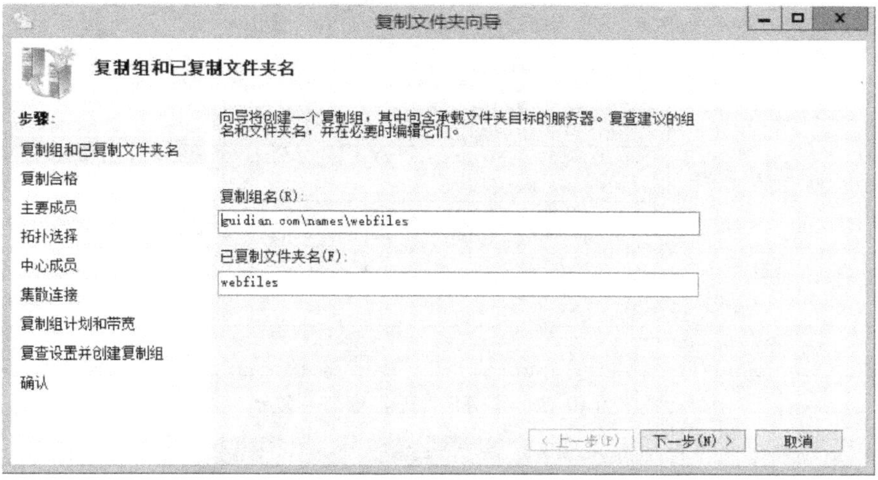

图 10-31 　【复制组和已复制文件夹名】界面

步骤 7：出现【复制合格】界面，显示参与复制的成员。单击【下一步】按钮。

步骤 8：出现【主要成员】界面，在【主要成员】下拉列表中选择【win2012 - 2】，如图 10-32 所示。在第一次同步文件夹内容时，如果多台服务器上已经存在了文件夹和文件，则主要成员服务器上的文件夹和文件具有权威性。单击【下一步】按钮。

步骤 9：出现【拓扑选择】界面，使用默认的交错拓扑。单击【下一步】按钮。

步骤 10：出现【复制组计划和带宽】界面，使用默认选项。单击【下一步】按钮。

步骤 11：出现【复制设置并创建复制组】界面，确认没有错误。单击【创建】按钮。

步骤 12：出现【确认】界面，显示成功完成创建复制文件夹。单击【关闭】按钮。返回【DFS 管理】窗口，结果如图 10-33 所示。

（4）添加 DNS 主机记录

群集使用统一的虚拟 IP 地址 192.168.100.10 对外提供服务，在 DNS 服务器注册名称 oa. guidian. com。打开 win2012 - 1 的【DNS 管理器】窗口，新建主机记录如图 10-34 所示。

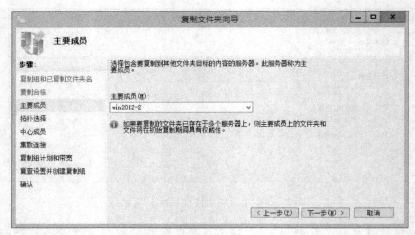

图 10-32 【主要成员】界面

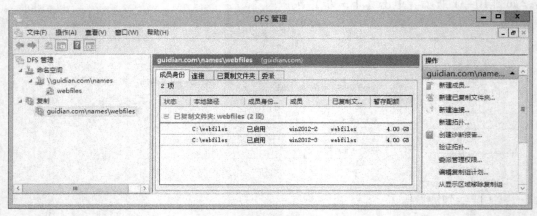

图 10-33 【DFS 管理】窗口 – 复制

图 10-34 新建主机记录

10.4.3　实施 WEB 服务的网络负载平衡

1. 安装 Web 服务器

在服务器 win2012－2 和 win2012－3 上安装 Web 服务器，操作步骤相同，参见 10.2.2 节，需要启用 ASP 支持。

安装完成后删除两台服务器上的默认网站。

2. 创建 Web 网站

在服务器 win2012－2 上新建网站 oa，操作步骤如下。

步骤 1：在【Internet Information Service(IIS)管理器】窗口中，单击导航窗格中的【网站】节点，再单击【操作】窗格中的【添加网站】链接。

步骤 2：出现【添加网站】对话框，在【网站名称】文本框中输入"oa"，在【物理路径】文本框中输入"\\guidian.com\names\webfiles\OA"，【绑定】选项区中的选项保持默认值，如图 10-35 所示。

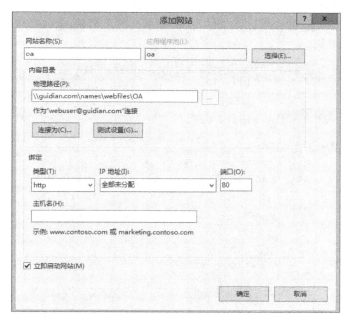

图 10-35　【添加网站】对话框

步骤 3：单击【连接为】按钮，出现【连接为】对话框，选中【特定用户】单选按钮，如图 10-36 所示，单击【设置】按钮。

步骤 4：出现【设置凭据】对话框，在【用户名】文本框中输入"webuser@guidian.com"，然后在【密码】文本框中输入用户密码，在【确认密码】文本框中再次输入密码，如图 10-37 所示。单击【确定】按钮。返回到【Internet Information Service(IIS)管理器】窗口。

步骤 5：在 win10－1 上，打开浏览器，确认能用 IP 地址访问 win2012－2 上的 oa 网站。在未配置 web farm 情况下，用 oa.guidian.com 和 192.168.100.10 是访问不到 oa 网站的。

图 10-36　【连接为】对话框　　　　　　　图 10-37　【设置凭据】对话框

3. 配置 Web 服务器启用共享的配置

由于 win2012-2 和 win2012-3 的 oa 网站使用同一个网络共享文件夹，会导致它们的 Web 服务器配置冲突，解决的方法是在两台 Web 服务器上启用 Web 服务器共享的配置。

（1）在 win2012-2 上导出 Web 服务器配置到共享文件夹

步骤 1：在 win2012-2 打开【Internet Information Service（IIS）管理器】窗口，单击导航窗格中的【win2012-2】服务器，如图 10-38 所示。然后双击【win2012-2 主页】界面中的【共享的配置】图标。

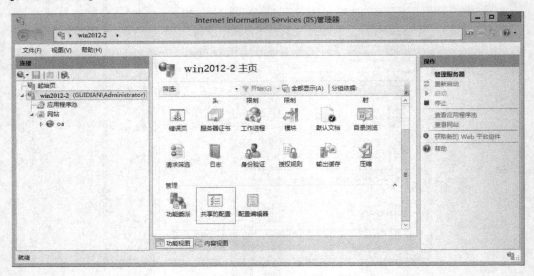

图 10-38　【win2012-2 主页】界面

步骤 2：出现【共享的配置】界面，如图 10-39 所示。单击右侧【操作】窗格中的【导出配置】。

步骤 3：出现【导出配置】对话框，在【物理路径】文本框中输入网络路径"\\guidian. com\names\webfiles\conf-oa"，将共享的配置导出到共享文件夹，在【加密密钥的密码】和【确认密码】文本框中输入加密密码（要求强密码），如图 10-40 所示。单击【连接为】按钮。

步骤 4：出现【设置凭据】对话框，在【用户名】文本框中输入"administrator"，在【密码】和【确认密码】文本框中输入用户密码，如图 10-41 所示。单击【确定】按钮。

图 10-39　【共享的配置】界面

注意：导出配置需要适当的权限，这里使用 administrator，而不是 webuser。

图 10-40　【导出配置】对话框

图 10-41　【设置凭据】对话框

（2）在 win2012 - 2 上为 Web 服务器启用共享的配置

在【共享的配置】界面，选中【启用共享的配置】复选框，然后在【物理路径】文本框中输入网络路径 "\\guidian. com\names\webfiles\conf - oa"，在【用户名】文本框中输入 webuser@ guidian. com，在【密码】和【确认密码】文本框中输入用户密码，如图 10-42 所示。单击【确定】按钮。

（3）在 win2012 - 3 上创建 Web 网站，并启有 Web 服务器共享的配置

在 win2012 - 3 上创建 Web 网站的操作与 win2012 - 2 上完全一样。

在 win2012 - 3 上为 Web 服务器启用共享的配置也与 win2012 - 2 上完全一样。

（4）测试 win2012 - 2 和 win2012 - 3 的 Web 网站

在 win10 - 1 上，打开浏览器，分别用 http：//192. 168. 100. 3 和 http：//192. 168. 100. 4

访问 oa 网站，应当能正常访问。

图 10-42　【共享的配置】界面

4. 分别在 win2012 – 2 和 win2012 – 3 安装网络负载平衡功能

在 win2012 – 2 和 win2012 – 3 安装网络负载平衡功能步骤相同，具体操作如下。

步骤 1：打开【服务器管理器】窗口，依次单击【管理】→【添加角色和功能】菜单项。

步骤 2：打开【添加角色和功能向导】，显示【开始之前】界面。连续单击【下一步】按钮，直到出现【选择功能】界面，选中【网络负载平衡】复选框，如图 10-43 所示。单击【下一步】按钮，然后根据提示操作完成安装。

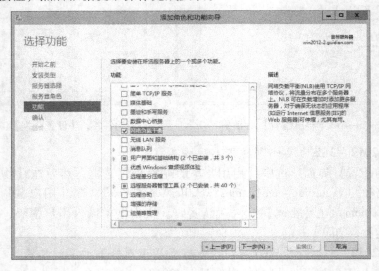

图 10-43　【选择功能】界面

5. 创建 Windows NLB 群集

在 win2012 – 2 上执行以下操作。

步骤 1：打开【服务器管理器】窗口，单击菜单中的【工具】→【网络负载平衡管理器】。

步骤 2：出现【网络负载平衡管理器】窗口，在导航窗格中右键单击【网络负载平衡群集】，如图 10-44 所示，从弹出菜单中选择【新建群集】。

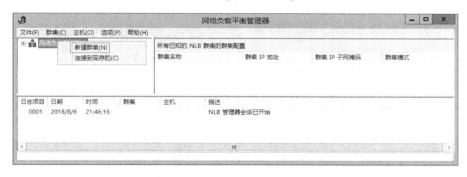

图 10-44　【网络负载平衡管理器】窗口

步骤 3：出现【新群集：连接】对话框，在【主机】文本框中输入 win2012 - 2，然后单击【连接】按钮，结果如图 10-45 所示，显示可用于群集的接口，因为只使用单网卡，只能选它。单击【下一步】按钮。

步骤 4：出现【新群集：主机参数】对话框，直接单击【下一步】按钮。

步骤 5：出现【新群集：群集 IP 地址】对话框，单击【添加】按钮，添加用于访问群集的虚拟 IP 地址 192.168.100.10，子网掩码为 255.255.255.0，结果如图 10-46 所示。单击【下一步】按钮。

图 10-45　【新群集：连接】对话框

图 10-46　【新群集：群集 IP 地址】对话框

步骤 6：出现【新群集：群集参数】对话框，在【群集操作模式】选项区选中【单播】单选按钮，如图 10-47 所示。单击【下一步】按钮。

步骤 7：出现【新群集：端口规则】对话框。单击【完成】按钮。

步骤 8：设置完成后群集会进入聚合程序，稍等一会便会完成，而服务器接口状态会变成"已聚合"。

步骤 9：将 win2012 - 3 加入群集。右键单击【192.168.100.10】群集图标，在弹出菜单中选择【添加主机到群集】。

步骤 10：出现【将主机添加到群集：连接】对话框，在【主机名】文本框中输入 win2012 – 3，然后单击【连接】按钮，结果如图 10-48 所示。单击【下一步】按钮。

图 10-47　【新群集：群集参数】对话框　　　　　　图 10-48　【将主机添加到群集：连接】

步骤 11：出现【将主机添加到群集：主机参数】对话框，单击【下一步】按钮。

步骤 12：出现【将主机添加到群集：端口规则】对话框，单击【下一步】按钮。

步骤 13：设置完成后群集会进入聚合程序，稍等一会便会完成，服务器接口状态变成 "已聚合"，如图 10-49 所示。

图 10-49　【网络负载平衡管理器】窗口

6. 测试 Web Farm 网站

在 win10 – 1 上打开浏览器，输入网址 oa. guidian. com 或 192. 168. 100. 10，结果如图 10-50 所示。

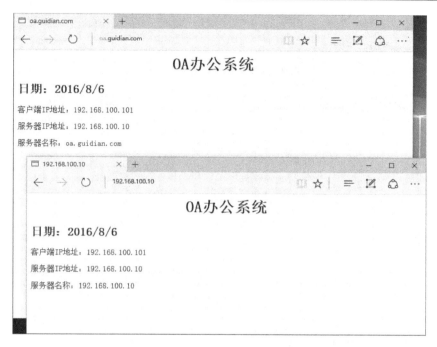

图 10-50　测试 Web Farm 网站

10.5　配置 FTP 服务器

FTP（file transfer protocol，文件传输协议）是专门用来传输文件的协议，也是早期 Internet 中使用的最广泛的协议之一，目前主要用于 Web 网站的内容管理。

10.5.1　安装 FTP 服务

Windows Server 2012 R2 中，FTP 是集成在 IIS 中的，如果已经安装了 IIS，默认并没有安装 FTP 服务器，只需要安装 FTP 服务器角色；如果未安装 IIS，则在安装 IIS 时，选择安装 FTP 服务器角色。

在服务器 win2012 – 2 上已经安装了 IIS，执行安装 FTP 服务器的过程如下。

步骤 1：以域管理员账号登录。打开【服务器管理器】窗口，依次单击【管理】→【添加角色和功能】菜单项。

步骤 2：打开【添加角色和功能向导】，显示【开始之前】界面。单击【下一步】按钮。

步骤 3：出现【选择安装类型】界面，使用默认安装类型。单击【下一步】按钮。

步骤 4：出现【选择目标服务器】界面，从服务器池中选择"win2012 – 2. guidian. com"。单击【下一步】按钮。

步骤 5：出现【选择服务器角色】界面，展开【Web 服务器(IIS)】，然后选中【FTP 服务器】复选框，如图 10-51 所示。连续单击【下一步】按钮。

步骤 6：出现【确认安装所选内容】界面。单击【安装】按钮。

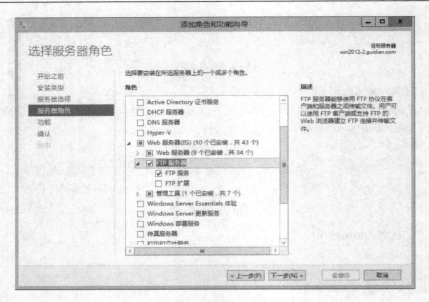

图 10-51 【选择服务器角色】界面

10.5.2 创建匿名 FTP 站点

在 win2012 - 2 上创建匿名 FTP 站点，具体操作如下。

1. 准备 FTP 主目录

在"C："盘上创建文件夹"C：\ftproot\public"作为匿名 FTP 站点主目录，在目录中存放一个名为 public. txt 的文件，便于之后的测试。

2. 创建匿名 FTP 站点

匿名 FTP 站点使用公开账户（一般为 anonymous 或 ftp）登录，该账户通常只有读取权限。用户想要登录到这些 FTP 服务器时，无须事先申请用户账户，可以用"anonymous 或 ftp"作为用户名，用自己的 E - mail 地址或姓名作为用户密码，便可登录。在 IIS 中创建匿名 FTP 站点的操作步骤如下。

步骤 1：在【服务器管理器】窗口中，依次单击【工具】→【Internet 信息服务(IIS)管理器】菜单项。

步骤 2：出现【Internet 信息服务(IIS)管理器】窗口，在导航窗格中右键单击服务器【win2012 - 2】，在弹出菜单中单击【添加 FTP 站点】。

步骤 3：出现【添加 FTP 站点】对话框，显示【站点信息】界面，在【FTP 站点名称】文本框中输入 public，在【物理路径】文本框中输入"c：\ftproot\public"，如图 10 - 52 所示。单击【下一步】按钮。

步骤 4：出现【绑定和 SSL 设置】界面，要监听所有 IP 地址，使用默认选项【全部未分配】，保留【端口】文本框的默认值 21，在【SSL】选项区选中【无 SSL】单选按钮，如图 10-53 所示。单击【下一步】按钮。

步骤 5：出现【身份验证和授权信息】界面，在【身份验证】选项区，选中【匿名】复选框，在【授权】选项区单击【允许访问】下拉箭头，选择【所有用户】，然后选中

【权限】下的【读取】复选框，如图 10-54 所示。单击【完成】按钮。注意，【授权】不能选择【匿名用户】，因为 guest 是被禁用的。

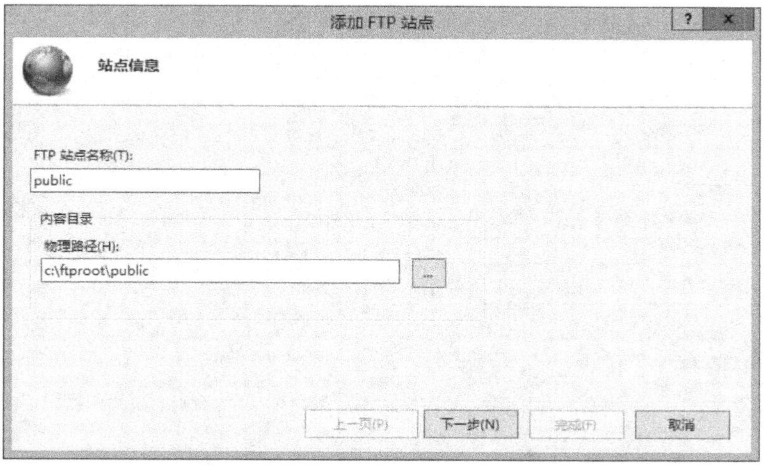

图 10-52 【站点信息】界面

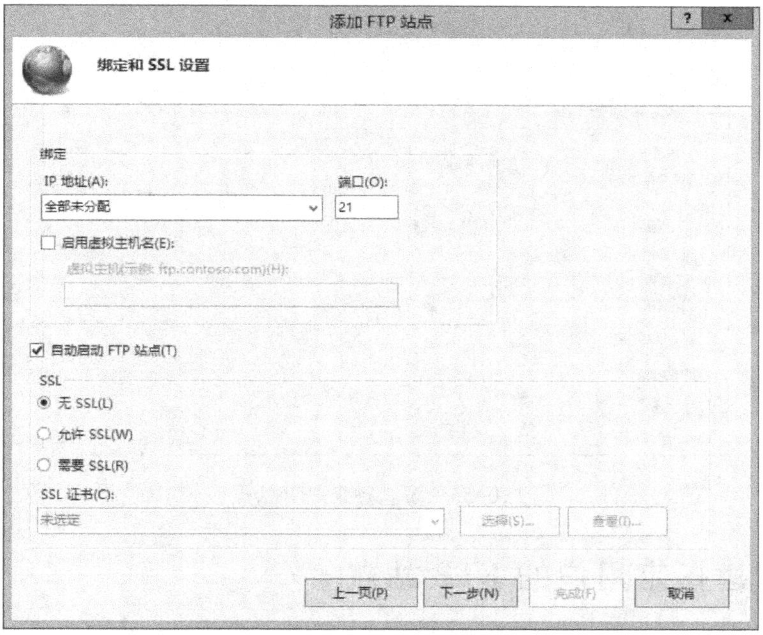

图 10-53 【绑定和 SSL 设置】界面

3. 测试匿名 FTP 站点

步骤 1：以孙小英的账户名（sxy）登录到 win10－1，单击"开始"按钮，选择【文件资源管理器】菜单项。

步骤 2：在【文件资源管理器】窗口的【地址栏】输入"ftp://192.168.100.3/"，按 Enter 键，将以匿名 FTP 用户身份登录到 FTP 站点，如图 10-55 所示。

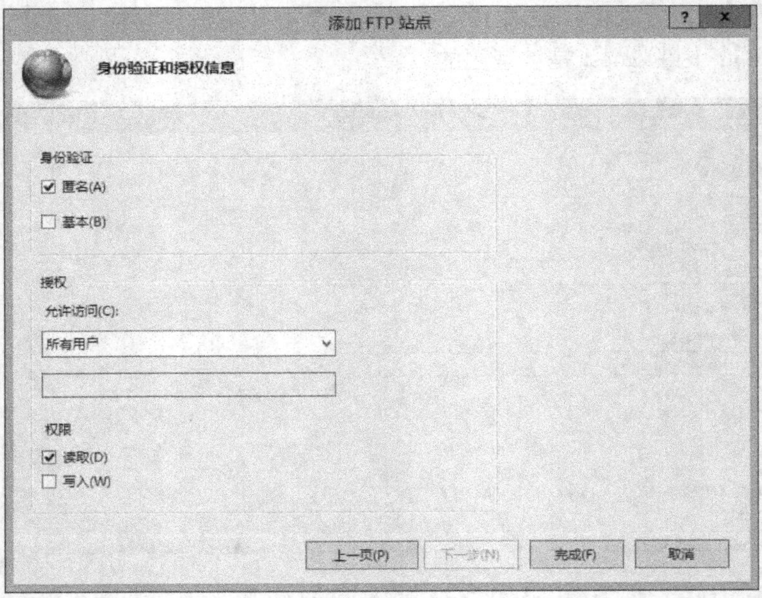

图 10-54　【站点信息】界面

图 10-55　匿名登录 FTP 站点

10.5.3　创建指定用户的 FTP 站点

假如用户孙小英（sxy）被指定为 guidian 网站的内容管理员，需要给她提供一种远程更新网页的方式，那么 FTP 是一种不错的选择。guidian 网站在 10.2.3 节已创建，主目录为"E:\www"。

1. 设置 guidian 网站的主目录访问权限

内容管理员孙小英（sxy）要更新网页，对网站主目录必须要有读取和写入权限。打开"E:\www"文件夹的属性对话框，切换到【安全】选项卡，给孙小英添加【修改】权限，如图 10-56 所示。

2. 创建连接到 Web 网站主目录的 FTP 站点

注意，创建新 FTP 站点前，要确保没有其他 FTP 站点在运行。

步骤 1：在【Internet 信息服务（IIS）管理器】导航窗格中右键单击服务器【win2012 - 2】，在弹出菜单中单击【添加 FTP 站点】。

步骤 2：出现【添加 FTP 站点】对话框，显示【站点信息】界面，在【FTP 站点名称】文本框中输入"FTP - www"，在【物理路径】文本框中输入"E：\www"。单击【下一步】按钮。

步骤 3：出现【绑定和 SSL 设置】界面，要监听所有 IP 地址，使用默认选项【全部未分配】，保留【端口】文本框的默认值 21，在【SSL】选项区选中【无 SSL】单选按钮。单击【下一步】按钮。

步骤 4：出现【身份验证和授权信息】界面，在【身份验证】选项区，选中【基本】复选框，在【授权】选项区单击【允许访问】下拉箭头，选中【指定用户】选项，然后在其下文本框中输入孙小英的用

图 10-56　【www 属性】对话框

户名"sxy"，然后选中【读取】和【写入】复选框，如图 10-57 所示。单击【完成】按钮。

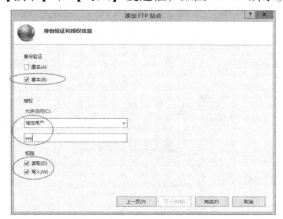

图 10-57　【身份验证和授权信息】界面

3. 测试使用 FTP 站点更新网页

步骤 1：测试过程如图 10-58 所示。在 win10 - 1 上，单击"开始"按钮，选择【文件资源管理器】菜单项。

步骤 2：出现【文件资源管理器】窗口，在【地址栏】输入"ftp：//www. guidian. com/"，按 Enter 键。

步骤 3：出现【登录身份】对话框，在【用户名】文本框中输入"sxy"（或"sxy@ guidian. com"），然后在【密码】文本框中输入用户密码。单击【登录】按钮。

步骤 4：验证通过后，进入 FTP 站点。这时可以像使用普通文件夹一样进行文件的复

制。将 main. htm 文件复制到桌面，修改后复制回 FTP 站点，完成网页修改。

图 10-58　测试使用 FTP 站点更新网页

4. 限制 FTP 客户端 IP 地址

出于安全考虑，可以限定用户孙小英（sxy）只能由指定的 IP 地址或 IP 地址范围登录 FTP 服务器。具体操作如下。

步骤 1：如图 10-59 所示，在【Internet 信息服务 (IIS) 管理器】导航窗格中单击【FTP - www】，出现【FTP - www 主页】界面，双击【FTP IP 地址和域限制】图标。

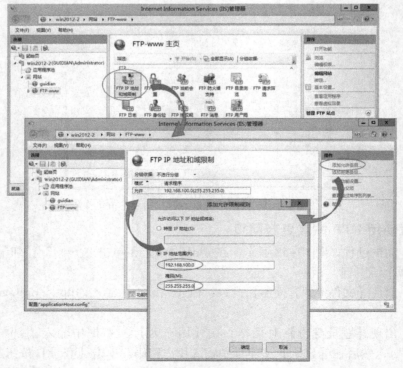

图 10-59　限制 FTP 客户端 IP 地址

步骤 2：出现【FTP IP 地址和域限制】界面，单击右侧的【添加允许条目】链接。

步骤 3：出现【添加允许限制规则】对话框，选中【IP 地址范围】单选按钮，然后在其下文本框中输入"192.168.100.0"，在【掩码】文本框中输入"255.255.255.0"。设置只允许来自于 192.168.100 子网的主机登录该 FTP 站点。

5. 启用 SSL 加密传输

如果对传输内容需要保密，可启用 SSL（Secure Sockets Layer，安全套接层）加密通信。

（1）为 FTP 服务器生成服务器证书

步骤 1：在【Internet 信息服务(IIS)管理器】导航窗格中，单击服务器【win2012 - 2】，在【win2012 - 2 主页】下找到【IIS】设置区域，双击【服务器证书】图标。

步骤 2：出现【服务器证书】界面，在右侧【操作】窗格中单击【创建自签名证书】链接。

步骤 3：出现【创建自签名证书】对话框，在【为证书指定一个好记名称】文本框中输入证书名称"FTP"，在【为证书选择证书存储】下拉列表中，选择【Web 宿主】选项，如图 10-60 所示。单击【确定】按钮。

自签名证书是由服务器自己生成，自己签名发放的数字证书，可以用于加密传输，但不能通过第三方验证。

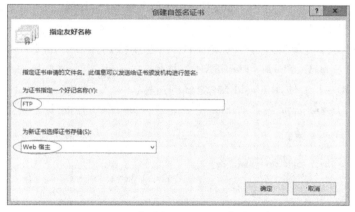

图 10-60　【创建自签名证书】对话框

（2）在 FTP - www 站点启用 SSL

步骤 1：如图 10-61 所示，在【Internet 信息服务(IIS)管理器】导航窗格中，单击【FTP - www】，出现【FTP - www 主页】界面，双击【FTP SSL 设置】图标。

步骤 2：出现【FTP SSL 设置】界面，在【SSL 证书】下拉列表中选择【FTP】选项，在【SSL 策略】选项区，选中【需要 SSL 连接】单选按钮，最后单击【应用】链接。这里选择的证书是前面创建的 FTP 服务器证书，【需要 SSL 连接】选项要求客户端连接 FTP 服务器必须使用加密的 SSL 连接。

客户端连接 FTPS 有两种模式：explicit SSL 模式和 implicit SSL 模式。

① explicit SSL 模式：如果 FTP 服务器控制端口号设置 21，客户端就是以 explicit SSL 模式连接的。

② implicit SSL 模式：如果 FTP 服务器控制端口号设置 990，客户端就是以 implicit SSL 模式连接的。

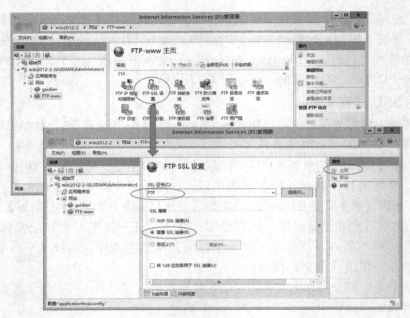

图 10-61　在 FTP - www 站点启用 SSL 连接

（3）测试 FTPS 访问

由于浏览器和文件资源管理器不支持 FTPS，要连接启用 SSL 的 FTP 站点，需要使用专用的 FTP 客户端，比如 CuteFTP、FlashFXP 等软件。

以下是在 win10 - 1 上使用 FlashFXP 测试的过程。

步骤1：如图 10-62 所示，启动 FlashFXP，在 FlashFXP 界面中，单击【站点】→【站点管理器】。

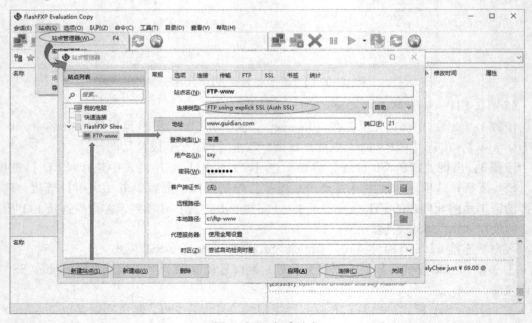

图 10-62　新建站点

步骤 2：在【站点管理器】对话框中，单击【新建站点】按钮，弹出【新建站点】对话框，输入新站点名称"FTP‐www"。单击【确定】返回【站点管理器】对话框。

步骤 3：在【常规】选项卡中输入站点参数。然后单击【连接】按钮连接到 FTP 服务器。

步骤 4：第一次连接会提示安装服务器证书，单击【接受并保存】按钮。如果已经安装 FTP 服务器证书，则直接建立连接。

步骤 5：连接到 FTP‐www 站点后，就可以在本地文件夹"C:\FTP‐www"和远程 FTP 站点间传输文件和文件夹了，如图 10‐63 中的左右两侧窗格所示，可以在两个窗格间用鼠标拖动操作文件和文件夹。

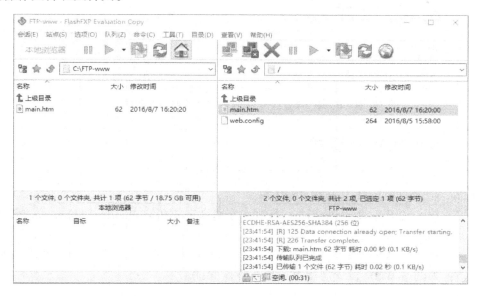

图 10-63　已连接到 FTP 站点

10.6　实训——架设企业网站与 FTP 站点

10.6.1　实训目的

① 掌握 IIS 8.5 的安装与管理。
② 掌握 Web 网站的创建与配置。
③ 掌握虚拟主机的创建与配置。
④ 掌握匿名 FTP 服务器的创建与管理。
⑤ 掌握指定用户 FTP 服务器的创建与管理。
⑥ 掌握 FTP 客户端的使用。

10.6.2　实训环境

实训网络环境如图 10-64 所示（也可在虚拟机中进行），组成的是一个单域网络。

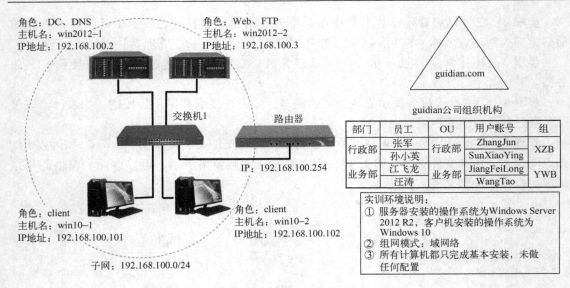

角色：DC、DNS
主机名：win2012-1
IP地址：192.168.100.2

角色：Web、FTP
主机名：win2012-2
IP地址：192.168.100.3

交换机1

路由器

IP：192.168.100.254

角色：client
主机名：win10-1
IP地址：192.168.100.101

角色：client
主机名：win10-2
IP地址：192.168.100.102

子网：192.168.100.0/24

guidian.com

guidian公司组织机构

部门	员工	OU	用户账号	组
行政部	张军	行政部	ZhangJun	XZB
	孙小英		SunXiaoYing	
业务部	江飞龙	业务部	JiangFeiLong	YWB
	汪涛		WangTao	

实训环境说明：
① 服务器安装的操作系统为Windows Server 2012 R2，客户机安装的操作系统为 Windows 10
② 组网模式：域网络
③ 所有计算机都只完成基本安装，未做任何配置

图 10-64　架设企业网站与 FTP 站点实训环境

10.6.3　实训内容及要求

任务 1：安装活动目录，创建组织单位、用户和组。

任务 2：在 win2012-2 上安装 IIS 服务。

任务 3：在 win2012-2 上创建两个网站。分别绑定主机名 Web1. guidian. com 和 Web2. guidian. com。

任务 4：在 DNS 服务器上为主机名 Web1. guidian. com、Web2. guidian. com 注册主机记录。

任务 5：为网站 Web2 设置启用 Windows 身份验证。

任务 6：设置网站 Web2 只能从网段 10. 10. 10. 0/24 中的客户机访问。

任务 7：为网站 Web2 启用 ASP 应用程序功能，编写文件 index. asp，文件内容如下：
今天日期为：< % = date( ) % >

任务 8：进行 WWW 服务器测试。

任务 9：创建用于管理 Web 站点内容的 FTP 站点，只允许从 win10-2 上执行管理任务，管理员为 zj。

任务 10：进行 FTP 服务器测试。

习题

一、填空题

1. 一个完整的 URL 格式为：_____。

2. IIS 除了可用来建立 Web 网站外，还可用来建立 _____。

3. 虚拟主机用来在一台服务器上创建多个 Web 网站，IIS 通过_____、_____、_____的组合来唯一标识每一个 Web 网站。

4. HTTP 的服务端口号是_____，HTTPS 的服务端口号是_____，FTP 的服务端口号是_____。

二、单项选择题

1. 虚拟主机技术是指（　　　）。

A. 在多台服务器上运行一个网站　　　　B. 在多台服务器上运行多个网站

B. 在一台服务器上运行一个网站　　　　D. 在一台服务器上运行多个网站

2. 如果为了使用主机头名架设 Web 网站，必须在 DNS 中先建立（　　　）记录。

A. 域名　　　　　　B. 主机　　　　　　C. 别名　　　　　　D. 邮件交换器

3. 在默认情况下，所有 Web 客户使用（　　　）账号访问 Web 服务器。

A. IUSR_计算机名　B. IWAM_计算机名　C. guest　　　　　D. administrator

4. IIS6.0 使用（　　　）模式，可以将 WWW 服务的关键组件与 Web 应用程序进行隔离，从而防止由于 Web 应用程序的错误，而造成 IIS 的崩溃。

A. 网站隔离　　　　B. 工作进程隔离　　C. 应用进程隔离　　D. Web 服务隔离

5. 基于 B－S 结构的网络服务和应用程序都需要（　　　）来承载。

A. FTP 服务器　　　B. SMTP 服务器　　C. NNTP 服务器　　D. Web 服务器

6. Web 服务器与客户端的通信协议是（　　　）。

A. HTTP　　　　　　B. FTP　　　　　　C. NNTP　　　　　　D. POP3

7. 以下协议中，（　　　）会在服务器与客户端之间使用两对端口号建立两个 TCP 连接分别用于传输控制信息和数据。

A. HTTP　　　　　　B. SMTP　　　　　　C. FTP　　　　　　　D. DNS

8. 以下说法不正确的是（　　　）。

A. HTTP、FTP 服务都能用于文件下载　　B. HTTP、BT 服务都能用于文件下载

C. FTP、BT 服务都能用于文件下载　　　D. DHCP、HTTP 服务都能用于文件下载

9. 以下（　　　）不能用作 FTP 客户端。

A. FTP 命令　　　　B. IE 浏览器　　　　C. CuteFTP　　　　D. FoxMail

三、问答题

1. 网站为什么要指定默认文档？

2. 要让网站只能由指定的用户访问，应如何设置？

3. 如果要只让某一组 IP 地址的计算机访问你的网站，应该怎么做？

4. 创建虚拟网站的方式有哪几种？

5. 简要说明虚拟网站和虚拟目录的区别。

6. IIS 中为 Web 站点提供了哪些安全措施？

7. 管理 WWW 站点内容更新有哪些常用方法？

8. 要想用域名访问 WWW 服务器，需要在 DNS 服务器上进行什么设置？

9. 目前 FTP 服务主要有哪些方面应用？

第 11 章　用 Exchange Server 建立企业邮局

无论在企业内部，还是在企业外部进行信息沟通，邮件系统都起到了举足轻重的作用。从简单使用个人免费邮箱到构建企业邮局，功能从简单收发邮件到实现移动办公，邮件系统全方面推进了企业信息化。邮件系统是企业信息化的一种重要工具，除了收发邮件这种核心功能之外，邮件系统其实还解决了企业内网和自动化办公系统的很多问题，如通知发布、文件批复、文件传输、数据共享，等等。邮件系统在其基础功能之上不断延伸其应用，正在成为企业内部协同办公不可或缺的信息系统。

学习目标：

- 理解邮件系统工作过程
- 掌握电子邮件系统组成
- 掌握 Exchange Server 基本结构
- 掌握 Exchange Server 的安装与基本配置

学习环境（见图 11-1）：

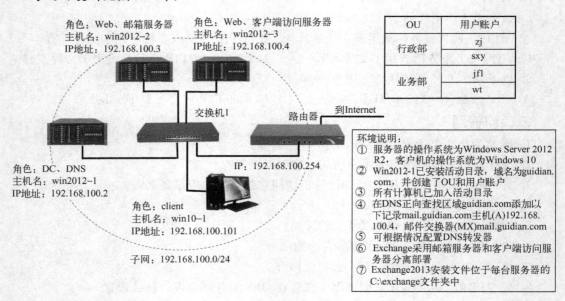

图 11-1　Exchange 服务器的配置与管理学习环境

11.1　认识 E-mail 服务

电子邮件（electronic mail，简称 E-mail，也被大家昵称为"伊妹儿"）又称电子信箱、电子邮政，它是一种与传统的邮政信件服务类似的网络通信服务，是 Internet 上使用得最广和最受用户欢迎的应用之一。用户通过电子邮件软件把邮件发送到邮件服务器，并放在其中的收信人邮箱中，收信人可随时上网在邮件服务器进行读取。电子邮件不仅使用方便，而且还具有传递迅速和费用低廉的优点。现在电子邮件不仅可传送文字信息，而且还可传送声音和图像等多媒体信息。

11.1.1　电子邮件的组成

与普通邮件类似，电子邮件由信封（envelope）和内容（content）两部分组成。

电子邮件的传输程序根据邮件信封上的信息来投递邮件。用户从自己的邮箱中读取邮件时才能见到邮件的内容。

在邮件的信封上，最重要的就是收信人的地址。

11.1.2　了解电子邮件地址

电子邮件地址又称电子邮箱地址，一般而言由邮件账号和区域名两个部分组成。格式如下：

　　账号@区域名

账号代表用户信箱，对于同一个邮件接收服务器来说，这个账号必须是唯一的；@ 是分隔符；区域名代表用户信箱所在的位置，可以是邮件接收服务器域名，但更为常见的是代表邮件接收服务器所在的区域，而具体的邮件服务器由 DNS 服务器上的邮件交换器（MX）记录定位。

例如：

　　zhang@guidian.com

zhang：是用户邮件账号。

guidian.com：是邮件账号所在的区域。

在该区域负责收发邮件的服务器是 mail.guidian.com。

11.1.3　电子邮件的邮递机制

电子邮件的传递过程如图 11-2 所示。具体过程描述如下。

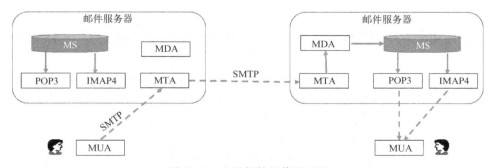

图 11-2　电子邮件的传递过程

　　① 发送方的用户使用 MUA（mail user agent，邮件用户代理）登录邮件服务器，编写邮件交给本地 MTA（mail transfer agent，邮件传输代理）。

　　② 本地 MTA 通过查询收件方 DNS 域名的 MX 记录获得对方邮件服务器的 IP 地址。

　　③ 本地 MTA 与收件方邮件服务器的 MTA 建立 TCP 连接，使用 SMTP 协议传输邮件。

　　④ 收件方邮件服务器的 MTA 将邮件交由 MDA（mail delivery agent，邮件投递代理）放入 MS（mail storage，邮件存储）。

　　⑤ 接收方的用户使用 MUA 登录邮件服务器，使用 POP3（post office protocol – version 3，邮局协议 – 版本 3）或 IMAP4（internet message access protocol – version 4，Internet 邮件访问协议 – 版本 4）协议读取用户的邮件。

11.2　安装 Exchange Server 服务器

　　Microsoft Exchange Server 是个消息与协作系统。Exchange Server 可以被用来构架应用于企业、学校的邮件系统或免费邮件系统。它还是一个协作平台，可以在此基础上开发工作流、知识管理系统、Web 系统或者是其他消息系统。

11.2.1　Exchange 2013 系统要求

　　（1）网络与活动目录环境要求

　　Exchange 2013 需要活动目录支持，域控制器的操作系统可以是 Windows Server 2003 Standard Edition Service Pack 2（SP2）或更高版本，使用 64 位 Active Directory 域控制器可以提高 Exchange 2013 的目录服务性能。

　　Active Directory 必须处于 Windows Server 2003 林功能模式或更高级别模式。

　　出于安全和性能的考虑，建议仅在成员服务器上安装 Exchange 2013，不要将 Exchange 2013 安装在域控制器上。安装 Exchange 2013 后，不支持将其角色从成员服务器更改为域控制器，反之亦然。

　　（2）硬件要求

　　Exchange Server 2013 包含两种不同角色的服务器——邮箱服务器角色和客户端访问服务器角色。这两种角色可以分别部署在不同的服务器上，也可以合并部署在同一服务器上。对硬件的要求也视服务器部署而定。

　　CPU：需要采用 64 位 CPU。

　　内存：邮箱服务器 8 GB 以上内存，客户端访问服务器 4 GB 以上内存，两者合并安装时 8 GB 以上内存。

　　磁盘：在安装 Exchange 的驱动器上至少具有 30 GB 的可用磁盘空间；对于要安装的每个统一消息（UM）语言包，需要另外 500 MB 的可用磁盘空间；系统驱动器上具有 200 MB 的可用磁盘空间；存储邮件队列数据库的硬盘至少具有 500 MB 的可用空间。

　　（3）能支持 Exchange 2013 安装的操作系统

　　Windows Server 2008 R2 Standard 或更高版本。网络需要 IPv4 协议的存在，当只是用 IPv6 时，可以禁用 IPv4 协议，但不能删除该协议。文件系统使用 NTFS。

（4）客户端要求

Exchange 2013 支持的客户端有 Outlook 2016、Outlook 2013、Outlook 2010、Outlook 2007、Entourage 2008 for Mac Web Services Edition、Office 365 适用的 Outlook for Mac、Outlook for Mac 2011 等。

11.2.2　先决条件安装

根据图 11-1 所示，我们采用的 Exchange 2013 部署方案是邮箱服务器和客户端访问服务器分离的。在 win2012 - 2 上安装邮箱服务器，在 win2012 - 3 上安装客户端访问服务器。对于先决条件的要求，这两台服务器是一样的。下面以 win2012 - 2 上的安装为例。

对于先决条件的检查和安装，可以参照微软网站提供的 Exchange Server 部署助理，Exchange Server 部署助理是一种基于 Web 的工具，可帮助管理员进行 Microsoft Exchange Server 2013 部署。部署助理会询问一些有关当前环境的问题，然后生成有助于简化部署的自定义清单和步骤。Exchange Server 部署助理地址 "https://technet. microsoft. com/zh - cn/library/bb691354(v = exchg. 150). aspx#ADPrep"。

（1）活动目录远程工具管理包支撑环境

Exchange 2013 服务器需要安装 Windows PowerShell、. NET Framework 4. 5 和 Windows Management Framework 3. 0，不过由于操作系统是 Windows Server 2012 R2，以上组件均已经自动存在无须手动安装。

（2）安装活动目录远程管理工具包

为了便于 Exchange 2013 服务器远程管理活动目录，需要安装 Remote Tools Administration Pack for Active Directory。操作步骤如下。

步骤 1：以域管理员身份登录 win2012 - 2。单击"开始"按钮，选择【Windows PowerShell】菜单项，打开【Windows PowerShell】窗口。

步骤 2：在【Windows PowerShell】窗口，输入命令 "Install - WindowsFeature RSAT - ADDS"，按 Enter 键执行。执行结果如图 11-3 所示。

图 11-3　安装活动目录远程管理工具

（3）安装必需的 Windows 角色和功能

Exchange 2013 还需要 IIS 支持，通过运行 PowerShell 命令来完成必需的 Web 服务器角色的安装，具体命令如下：

Install - WindowsFeature AS - HTTP - Activation, Desktop - Experience, NET - Framework - 45 - Features, RPC - over - HTTP - proxy, RSAT - Clustering, RSAT - Clustering - CmdInterface, Web - Mgmt - Console, WAS - Process - Model, Web - Asp - Net45, Web - Basic - Auth, Web - Client - Auth, Web -

Digest – Auth，Web – Dir – Browsing，Web – Dyn – Compression，Web – Http – Errors，Web – Http – Logging，Web – Http – Redirect，Web – Http – Tracing，Web – ISAPI – Ext，Web – ISAPI – Filter，Web – Lgcy – Mgmt – Console，Web – Metabase，Web – Mgmt – Console，Web – Mgmt – Service，Web – Net – Ext45，Web – Request – Monitor，Web – Server，Web – Stat – Compression，Web – Static – Content，Web – Windows – Auth，Web – WMI，Windows – Identity – Foundation

以上命令执行结果如图 11-4 所示。安装完成后，需重新启动计算机。该命令可以从微软技术支持网站上复制到 PowerShell 中运行。

图 11-4　Web 服务器角色的安装

（4）其他所需的应用程序或组件

① Microsoft Unified Communications Managed API 4.0，Core Runtime 64 – bit，下载地址：http：//go. microsoft. com/fwlink/p/? linkId = 258269。

② Microsoft Office 2010 FilterPack 64 位，下载地址：http：//go. microsoft. com/fwlink/p/? linkID = 191548。

③ Microsoft Office 2010 FilterPack SP1 64 位，下载地址：http：//go. microsoft. com/fwlink/p/? LinkId = 254043。

从以上网址分别下载下列安装包到服务器：UcmaRuntimeSetup. exe，FilterPack64bit. exe，filterpack2010sp1 – kb2460041 – x64 – fullfile – zh – cn. exe。

然后依次运行。安装完成后，重新启动计算机。

11.2.3　安装 Exchange Server 2013

由于安装了 Exchange 2013 后，计算机不能进行重命名，因此，建议安装之前规划好服务器的名称，并加入到活动目录。

（1）在 win2012 – 2 上安装邮箱服务器

步骤 1：以域管理员身份登录到 win2012 – 2。单击 "开始" 按钮，选择【这台电脑】图标，导航到 Exchange 2013 安装文件所在文件夹。双击 Setup. exe 启动 Exchange 2013 安装程序。

步骤 2：出现【检查更新】页面，选择是否希望安装程序连接到 Internet 并下载 Exchange 2013 的产品和安全更新。选中【现在不检查更新】单选按钮，以后手动下载和安装更新。单击【下一步】按钮。开始复制文件和执行安装程序初始化。

步骤 3：出现【简介】页面，开始 Exchange 安装的过程。单击【下一步】按钮。

步骤 4：出现【许可协议】页面，选中【我接受许可协议中的条款】单选按钮。单击【下一步】按钮。

步骤 5：出现【推荐设置】页面，选择是否要使用建议设置，选中【不使用建议设置】单选按钮。单击【下一步】按钮。

步骤 6：出现【服务器角色选择】页面，选中【邮箱角色】复选框，"管理工具"是必选的，复选框已被默认选中，并且不能修改，选中【自动安装安装 Exchange Server 所需的 Windows Server 角色和功能】复选框，如图 11-5 所示。单击【下一步】按钮。

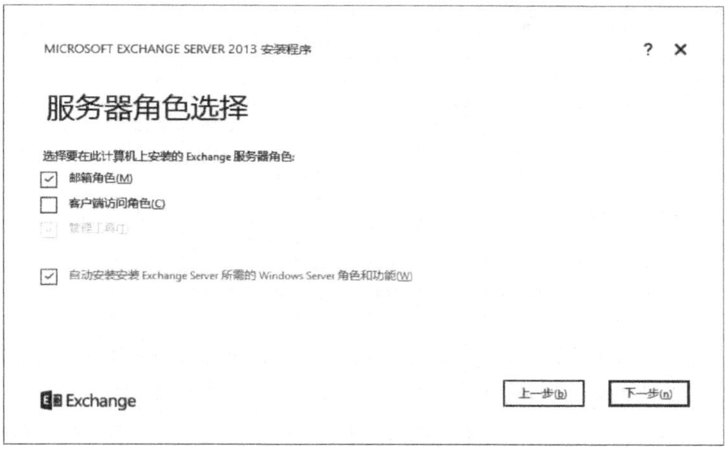

图 11-5　【服务器角色选择】页面

步骤 7：出现【安装空间和位置】页面，接受默认安全位置。单击【下一步】按钮。注意，要确保安装 Exchange 的位置有足够磁盘空间。

步骤 8：出现【Exchange 组织】页面，在【指定此 Exchange 组织的名称】文本框中输入"guidian"，也就是公司的名称，如图 11-6 所示。单击【下一步】按钮。

图 11-6　【Exchange 组织】页面

步骤 9：出现【恶意软件防护设置】页面，在【禁用恶意软件扫描】选项下选中【是】单选按钮，如图 11-7 所示。单击【下一步】按钮。

默认情况下 Exchange 启用了恶意软件扫描，但通常会为服务器部署其他杀毒软件产品，要使用其他杀毒软件产品执行恶意软件扫描，需要禁用 Exchange 恶意软件扫描。

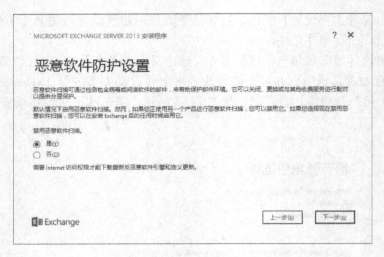

图 11-7　【恶意软件保护设置】页面

步骤 10：出现【准备情况检查】页面，如图 11-8 所示。查看状态以确定是否成功完成了服务器角色先决条件检查。出现 3 个警告，第一个是 AD 扩展安装程序会自行处理，后两个警告是与 FilterPack 相关的，之前已经安装。单击【安装】按钮，开始安装 Exchange 2013。如果未成功完成操作，则必须解决所有报告的错误，然后才能安装 Exchange 2013。解决某些先决条件错误时，不需要退出安装程序。解决报告的错误后，单击【返回】按钮，然后单击【下一步】按钮，运行先决条件检查。

图 11-8　【准备情况检查】页面

步骤 11：出现【安装进度】页面，等待直到出现【安装程序已完成】页面，单击【完成】按钮，然后重启计算机。

（2）在 win2012 - 3 上安装客户端访问服务器

在 win2012 - 3 上安装客户端访问服务器的过程与 win2012 - 2 上安装邮箱服务器大致一样，区别在于步骤 7，出现【服务器角色选择】页面时，是选中【客户端访问角色】复选框，不选【邮箱角色】复选框。

（3）验证 Exchange 2013 安装结果

若要验证 Exchange 2013 安装是否成功，在 Exchange 命令行管理程序中运行 Get - Exchange Server cmdlet。将显示运行此 cmdlet 时在指定服务器上安装的所有 Exchange 2013 服务器角色。操作步骤如下：

步骤 1：单击"开始"按钮▦，依次选择"下一页"按钮◉→【Exchange Management Shell】菜单项，打开【Exchange Management Shell】窗口。

步骤 2：在【Exchange Management Shell】窗口，输入命令"Get - ExchangeServer"，按 Enter 键运行，结果如图 11-9 所示，显示在 win2012 - 2 上安装了邮箱服务器，在 win2012 - 3 上安装了客户端访问服务器。

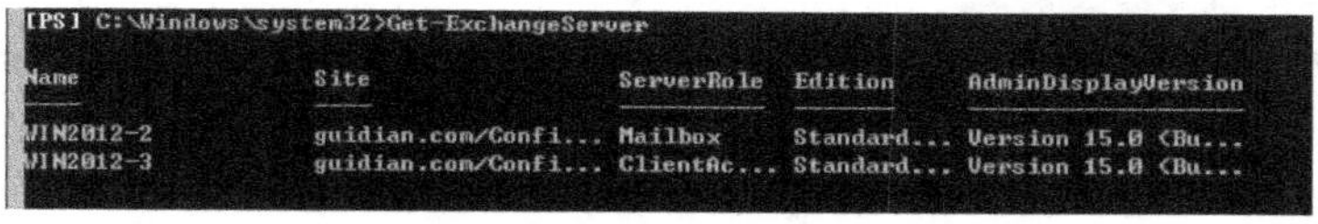

图 11-9　Get - Exchange Server 命令结果

11.3　配置 Exchange Server 服务器

Exchange 2013 没有提供用于管理邮件服务器的管理控制台（MMC），而是通过 Web 方式对 Exchange 服务器进行管理，也就是 Exchange 管理中心（EAC）。EAC 是 Microsoft Exchange Server 2013 中提供的一个基于 Web 的管理控制台，该控制台针对 Exchange 内部部署、联机部署和混合部署进行了优化。而更加细的管理配置需要通过 PowerShell 来执行。

因为 EAC 现在是一个基于 Web 的管理控制台，因此需要使用 ECP 虚拟目录 URL 才能通过 Web 浏览器访问它，其入口位于客户访问服务器。在大多数情况下，EAC 的 URL 如下所示。

① 内部 URL：https://win2012 - 3/ecp，用于从企业的防火墙内部访问 EAC。

② 外部 URL：https://mail. guidian. com/ecp，用于从企业的防火墙外部访问 EAC。

11.3.1　输入 Exchange 2013 产品密钥

产品密钥是已经购买了标准版或企业版的许可证。如果不输入产品密钥，服务器就会自动启用试用版许可。试用版功能与标准版相同，如果只想在实验室中运行检测，它会很有帮助。试用版的 Exchange 服务器的试用期只有 180 天。输入 Exchange 2013 产品密钥操作步骤如下。

步骤 1：启动 Internet Explorer（IE）浏览器，访问"https：//win2012 – 3/ecp"，打开 EAC。

步骤 2：在 IE 中显示【Outlook Web App】登录界面，在【域\用户名】文本框中输入 Exchange 管理员账户，默认为"guidian/administrator"，在【密码】文本框中输入管理员密码，如图 11–10 所示。然后单击【登录】按钮。账户名必须包含域名，可以是"guidian/administrator"或"administrator@ guidiian. com"两种形式。

图 11–10　【Outlook Web App】登录界面

步骤 3：如果是初次登录，【Exchange 管理中心】将提示设置语言和时区。单击【保存】按钮。

步骤 4：显示【Exchange 管理中心】页面，单击导航栏中的【服务器】，单击中间窗格上方导航条中的【服务器】，显示如图 11–11 所示页面。然后单击"编辑"图标🖉。也可单击【输入产品密钥】链接。

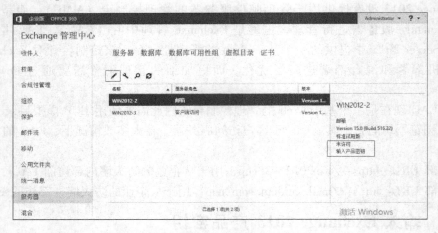

图 11–11　【Exchange 管理中心】界面

步骤 5：出现【Exchange 服务器】对话框，在【常规】页面上的【输入有效密钥】文本框中输入产品密钥，如图 11–12 所示。单击【保存】按钮。

图 11-12　【Exchange 服务器】对话框

11.3.2　发送外出邮件设置

安装 Exchange 2013 后，需要为 Exchange 2013 配置邮件流以便其能够发送外出电子邮件。否则 Exchange Server 2013 将无法发送邮件到 Internet 的其他邮件系统。可以通过 EAC，创建发送连接器以便达到开启 Exchange 2013 向外部域发送邮件的目的。

创建发送连接器的操作步骤如下。

步骤 1：启动 Internet Explorer（IE）浏览器，访问 "https：//win2012 - 3/ecp"，打开 EAC。

步骤 2：在 IE 中显示【Outlook Web App】登录界面，在【域\用户名】文本框中输入 Exchange 管理员账户，默认为 "guidian/administrator"，在【密码】文本框中输入管理员密码。然后单击【登录】按钮。

步骤 3：显示【Exchange 管理中心】页面，先单击左侧导航栏中的【邮件流】，再单击上方导航条中的【发送连接器】，显示如图 11-13 所示页面，然后单击 "新建" 按钮 ✚。

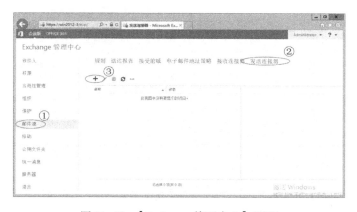

图 11-13　【Exchange 管理中心】页面

步骤 4：弹出【新发送连接器】向导对话框，为新建发送连接器定义名称，在【名称】文本框中输入 "外发邮件"。由于现在需要创建的发送连接器用于向 Internet 所有域发送邮件，即向其他任何组织的邮件系统发送邮件，因此选中【类型】选项区下的【Internet】单选按钮，如图 11-14 所示。单击【下一步】按钮。

步骤 5：出现【网络设置】界面，指定使用 DNS 的 MX 进行邮件路由，选中【与收件人域关联的 MX 记录】单选按钮，如图 11-15 所示。单击【下一步】按钮。

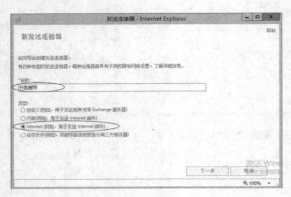 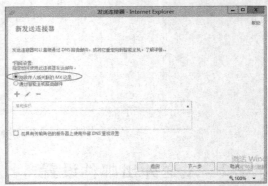

图 11-14　设置名称和类型　　　　　　　图 11-15　网络设置

步骤 6：出现【地址空间】界面，添加该发送连接器所支持发送的邮件地址域名后缀，在地址空间中单击"添加"按钮 ✚。如图 11-16 所示。

步骤 7：出现【地址空间 - 网页对话框】，【类型】默认为"SMTP"。在【完全限定的域名（FQDN）】文本框中输入"＊"，表示需要通过其向所有 Internet 的域发送邮件，如图 11-17 所示。【完全限定的域名（FQDN）】指发往的目标域，如：Exchange 需要通过它向 abc. com 域的邮箱发送电子邮件，则在此填写"＊. abc. com"。单击【保存】按钮返回【地址空间】界面。单击【下一步】按钮。

图 11-16　【地址空间】界面　　　　　　　图 11-17　设置域类型

步骤 8：出现【源服务器】界面，指定有哪些服务器可以使用该发送连接器向外部发送电子邮件，即该发送连接器可以作用于哪些 Exchange 邮件服务器。单击"添加"按钮 ✚。

步骤 9：出现【选择服务器】对话框，选中指定的 Exchange 邮件服务器，单击【添加】按钮。然后单击【确定】按钮，返回【源服务器】界面，如图 11-18 所示。再单击【完成】按钮，完成添加发送连接器操作。

图 11-18　【源服务器】界面

步骤 10：返回【Exchange 管理中心】页面，如图 11-19 所示，可以从 Exchange 管理中心主窗口中看到该连接器，并且状态为"已启用"。即该发送连接器可正常工作，能将 GuiDian 公司中的外发邮件通过指定的邮件服务器发送到 Internet 其他组织的邮件系统。

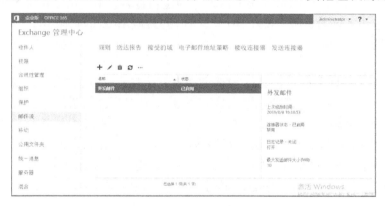

图 11-19　【Exchange 管理中心】界面

11.3.3　接收外部邮件设置

接收连接器控制发送到 Exchange 邮件服务器的入站邮件流。默认情况下，安装客户端访问服务器或邮箱服务器时，将自动创建内部邮件流所需的接收连接器。典型操作中无须其他的接收连接器，且大多数情况下不必对默认的接收连接器进行配置更改。

11.3.4　Exchange 2013 支持的客户端

1. Outlook MAPI 和 Outlook Web App

Exchange 2013 默认支持通过 Outlook MAPI 和 Outlook Web App（简称 OWA）的方式进行访问。当使用 Outlook MAPI 进行访问时，通常依赖于企业内部网络。通过 Outlook Web App 是依赖于基于 Web 浏览器的访问，虽然可用于 Internet，但若需要使用 Exchange 为用户提供更强大的功能则力不从心。

2. POP3 和 IMAP4

默认情况下，Exchange Server 2013 中禁用 POP3 和 IMAP4。为了支持仍依赖于这些协议的 POP3 客户端，需要启动两种 POP3 服务：Microsoft Exchange POP3 服务和 Microsoft Exchange POP3 后端服务。为了支持仍依赖于这些协议的 IMAP4 客户端，需要启动两种 IMAP4 服务：Microsoft Exchange IMAP4 服务和 Microsoft Exchange IMAP4 后端服务。客户端访问服务器上运行的服务的名称是 Microsoft Exchange IMAP4 服务和 Microsoft Exchange POP3 服务。邮箱服务器上运行的两项新服务的名称分别为 Microsoft Exchange IMAP4 后端服务和 Microsoft Exchange POP3 后端服务。不建议启用 POP3 和 IMAP4。

11.3.5　配置 SSL 证书

默认情况下，在安装 Exchange 2013 时，如果使用 Outlook Web App、Exchange Active-Sync 和 Outlook Anywhere，将使用 SSL 对客户端通信进行加密。SSL 要求在 Exchange 2013 服务器上配置数字证书。Exchange 会在客户端访问服务器和邮箱服务器上安装自签名证书，以便对所有网络通信进行加密。

"自签名"表示仅由 Exchange 服务器本身创建和签名证书。由于该证书不是由通常受信任的 CA 所创建和签署的，所以除了同一公司内的其他 Exchange 服务器外，任何软件都不会信任默认自签名证书。应该用客户端自动信任的证书替换客户端访问服务器上的自签名证书。

尽管企业网络中的其他 Exchange 服务器会自动信任此证书，但是客户端（如 Web 浏览器、Outlook 客户端、移动电话等电子邮件客户端）都不会自动信任它。因此，应考虑使用受信任的第三方证书来替换 Exchange 客户端访问服务器上的自签名证书。如果网络中拥有自己的内部 PKI，并且所有客户端都信任该实体，也可以使用自己颁发的证书。

以下步骤展示了如何配置来自第三方证书颁发机构（CA）的 SSL 证书。

步骤 1：在【Exchange 管理中心】页面，单击左侧导航栏中的【服务器】，再单击上方导航条中的【证书】，显示如图 11-20 所示页面，在【选择服务器】下拉列表中选择【win2012-3. guidian. com】，然后单击"新建"按钮**＋**。

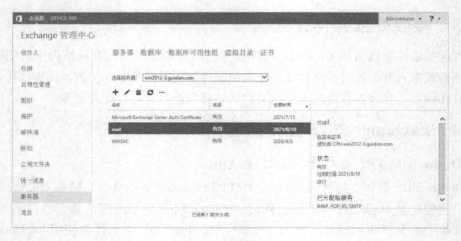

图 11-20　选择服务器

步骤2：弹出【新建 Exchange 证书】向导，选中【创建从证书颁发机构获取证书的请求】单选按钮，如图 11-21 所示，然后单击【下一步】按钮。

图 11-21　【新建 Exchange 证书】向导

步骤3：显示设置证书名称界面，在【此证书的友好名称】文件框中输入"guidian.com"，如图 11-22 所示。然后单击【下一步】按钮。

图 11-22　设置证书名称

步骤4：显示请求通配符证书界面，直接单击【下一步】按钮。如果要申请通配符证书，请选择【申请通配符证书】，然后在【根域】字段中指定所有子域的根域。如果不想申请通配符证书，而是要指定添加到证书的每个域，则将该页留空。

步骤5：显示图 11-23 所示界面，单击【浏览】按钮，指定用于存储证书的 Exchange 服务器 win2012-3。单击【下一步】按钮。

图 11-23　设置存储证书的服务器

步骤6：显示图 11-24 所示界面，对于列表中显示的每个服务，验证用户用来连接到 Exchange 服务器的外部或内部服务器名称是否正确，比如从内部访问 OWA，我们希望使用

mail、mail. guidian. com，双击【OWA(从 Intranet 访问)】，打开【编辑域】对话框，将域名改为"mail，mail. guidian. com"，然后单击【确定】按钮。这些域将用于创建 SSL 证书申请。单击【下一步】按钮。

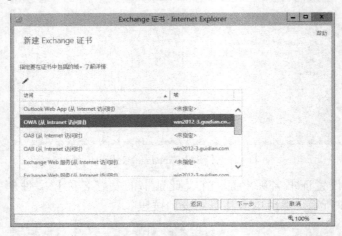

图 11-24　指定证书中包括的域

步骤 7：显示之前选择的域信息，单击【下一步】按钮。

步骤 8：显示图 11-25 所示界面，输入公司相关信息，将包含在证书中。单击【下一步】按钮。

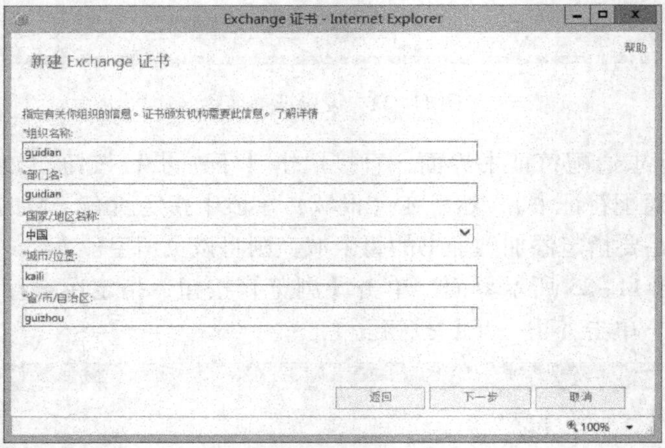

图 11-25　输入公司相关信息

步骤 9：显示图 11-26 所示界面，输入证书请求文件保存位置的 UNC 路径（共享文件夹路径）。单击【完成】按钮。

保存证书申请之后，将此申请提交给证书颁发机构（CA）。该机构可能是内部 CA 或第三方 CA，这取决于企业实际条件。连接到客户端访问服务器的客户端必须信任我们使用的 CA。从 CA 获得（cert1. cer）证书后，继续完成下列步骤。

步骤 1：在【Exchange 管理中心】页面，单击左侧导航栏中的【服务器】，再单击上方导航条中的【证书】，在【选择服务器】下拉列表中，选择"win2012 - 3. guidian. com"，选择在之前步骤中创建的证书申请"guidian. com"，如图 11-27 所示。

图 11-26　设置证书请求保存位置

图 11-27　【Exchange 管理中心】-【证书】界面

步骤 2：在证书申请的详细信息窗格中，单击【状态】下面的【完成】链接。

步骤 3：出现【完成搁置请求】页面，指定获取到的 SSL 证书文件的路径，如图 11-28 所示。然后单击【确定】按钮。

图 11-28　设置要导入证书文件路径

步骤 4：返回【Exchange 管理中心】页面，选择刚添加的新证书，然后单击"编辑"按钮。

步骤 5：在证书【guidian. com】页面上，单击【服务】。

步骤 6：出现【guidian. com】页面，选择要分配给此证书的服务。至少应选中【SMTP】复选框或【IIS】复选框，如图 11-29 所示。然后单击【保存】按钮。如果收到警告【是否覆盖现有的默认 SMTP 证书?】，单击【是】按钮。

图 11-29　设置证书绑定的服务

11.3.6　为用户添加邮箱

默认情况下，Exchange 只为当前域中的第一个 Exchange 管理员分配了邮箱，其余账户需要管理员手动分配或创建。为用户添加邮箱有两种情况，即为新用户创建邮箱和为现有活动目录用户创建邮箱。

1. 为活动目录中现有用户分配 Exchange 邮箱

为活动目录中现有用户分配 Exchange 邮箱的操作步骤如下。

步骤 1：在【Exchange 管理中心】页面，单击导航栏中的【收件人】，再单击上方导航条中的【邮箱】，然后单击"新建"按钮 ✚ ▼，在下拉菜单中选择【用户邮箱】，如图 11-30 所示。

图 11-30　添加用户邮箱

步骤 2：出现【用户邮箱】页面，在【别名】文本框中输入"sunxiaoying"，是分配给用户邮箱的电子邮件地址别名（即@ 左边的部分），要求该字符串在组织中是唯一的。然后，选中【现有用户】单选按钮，并单击【浏览】按钮，如图 11-31 所示。

步骤 3：出现【选择用户】页面，选中列表框中【名称】为"sxy"的选项，如图 11-32

所示。然后单击【确定】按钮。

图 11-31 【用户邮箱】页面 – 现有用户

图 11-32 【选择用户】页面

步骤 4：返回【用户邮箱】页面，单击【保存】按钮，完成为现有用户分配邮箱操作。

2. 为新用户创建邮箱

步骤 1：在【Exchange 管理中心】页面，单击导航栏中的【收件人】，单击上方导航条中的【邮箱】，然后单击"新建"按钮 ✚ ▾，在下拉菜单中选择【用户邮箱】。

步骤 2：出现【用户邮箱】页面，在【别名】文本框中输入"zhangsan"。然后，选中【新用户】单选按钮，并输入用户姓、名，组织单位、用户登录名等信息，如图 11-33 所示。组织单位可单击【浏览】按钮进行查找。

图 11-33 【用户邮箱】页面 – 新用户

步骤 3：单击【保存】按钮，保存该邮箱账户。新添加的用户账户可以在【Active Directory 用户和计算机】窗口中查看到。

11.4　使用邮件客户端发送/接收邮件

　　安装 Exchange 2013 时，默认未启用 POP3 和 IMAP4 客户端连接，而是启用了 Outlook Web App（简称 OWA）。OWA 使用户通过 Web 浏览器访问其 Exchange 邮箱，不需要专用的邮件客户端。要通过 Web 浏览器访问 Exchange 邮箱，建议使用 Internet Explorer 9.0 及以上浏览器，Internet Explorer 8.0 虽然可用，但响应很慢，Internet Explorer 7.0 及以下不可用。

　　通过 Web 浏览器访问其 Exchange 邮箱常用方式有以下两种。

　　① https://mail. guidian. com/owa，外部 URL，供位于企业外部网络的用户访问。

　　② https://win2012 – 3/owa，内部 URL，用于由域内计算机登录的用户访问。

　　下面使用客户机 win10 – 1 登录 Exchange 邮箱做收发邮件测试。

　　步骤 1：以孙小英的账户名 sxy 登录 win10 – 1，打开 IE 浏览器，输入 "https://win2012 – 3/owa"。

　　步骤 2：出现证书错误提示，单击【继续浏览网页】。出现【Outlook Web App】登录页面，在【域\用户名】文本框中输入 "guidian\sxy"，在【密码】文本框中输入用户密码。然后单击【登录】按钮。

　　步骤 3：如果是初次登录，【Exchange 管理中心】将提示设置语言和时区，单击【保存】按钮。否则跳过这一步。

　　步骤 4：出现【新邮件】页面，如图 11–34 所示。单击【新邮件】按钮。

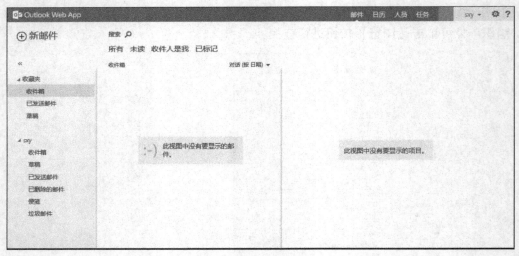

图 11–34　OWA 主界面

　　步骤 5：在【新邮件】页面右侧出现新邮件编辑界面。在【收件人】文本框中输入 "wt@ guidian. com"，在【主题】文本框中输入 "mail test"，在正文编辑框中输入邮件内容，如图 11–35 所示。然后单击上方【发送】图标发送邮件。（如果要打开单独的窗口编写邮件，可以单击右上角的 "新窗口" 按钮 ⬚ 。）

　　步骤 6：关闭并重新打开 IE 浏览器，再次输入 "https://win2012 – 3/owa"，以用户汪涛的账户名 wt 登录邮件服务器。打开【邮件】主界面，【收件箱】旁边显示有 1 封邮件。单击该邮件，右侧显示该邮件详细信息，如图 11-36 所示。

图 11-35　编辑邮件

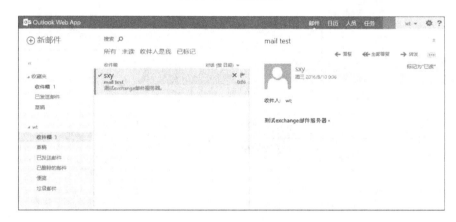

图 11-36　读取邮件

　　步骤 7：测试一下发送邮件到 Internet 上的邮箱。单击【新邮件】按钮。

　　步骤 8：在【新邮件】页面右侧出现新邮件编辑界面。在【收件人】文本框中输入"lwckl@163. com"，在【主题】文本框中输入"test"，在正文编辑框中输入邮件内容 test。然后单击上方【发送】图标发送邮件。

　　步骤 9：登录 163 邮箱，读取收件箱中 wt@ guidian. com 发来的邮件，如图 11-37 所示。

图 11-37　读取 lwckl@ 163. com 中的邮件

11.5 实训——用 Exchange Server 建立企业邮局

11.5.1 实训目的

① 掌握 Exchange Server 部署与管理
② 掌握电子邮件客户端访问 Exchange 服务器的配置

11.5.2 实训环境

实训网络环境如图 11-38 所示（也可在虚拟机中进行），组成的是一个单域网络。

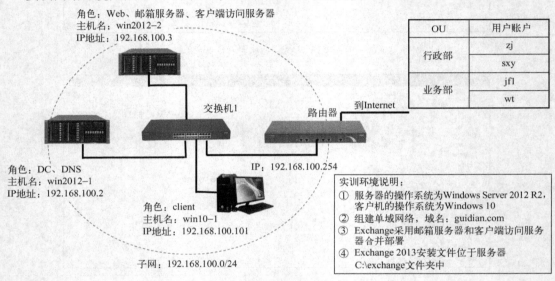

图 11-38　邮件服务器配置实训环境

11.5.3 实训内容及要求

任务 1　在 win2012-1 上安装活动目录，创建组织单位、用户和组。
任务 2　将 win2012-2、win10-1 加入活动目录。
任务 3　在 win2012-2 上安装 IIS 以及 Exchange Server 2013 所需的支持软件。
任务 4　在 win2012-2 上安装 Exchange Server 2013。
任务 5　配置 Exchange Server 2013 允许发送外出邮件。
任务 6　添加用户邮箱。
任务 7　进行电子邮件的收发测试。

习题

一、填空题

1. 电子邮件由_____和_____两部分组成。

2. 电子邮件地址又称电子邮箱地址，一般而言由_____和_____两个部分组成。

3. Exchange Server 2013 包含两种不同角色的服务器——_____和_____。

4. Exchange Server 2013 要发送邮件到 Internet 的其他邮件系统，需要创建_____。

5. 要通过 Web 浏览器访问 Exchange 2013 邮箱，需要使用 Internet Explorer _____及以上版本的浏览器。

二、单项选择题

1. 以下（　　）不是 Windows 系统下常用的电子邮件客户机。

A. Outlook Express　　　B. Foxmail　　　C. Berkelay Mail　　　D. FlashGet

2. 电子邮件的工作方式遵循（　　）的模式。

A. B/S　　　　　　B. F/S　　　　　　C. C/S　　　　　　D. 没有模式

3. POP3 协议是关于（　　）的协议。

A. 邮件传输　　　　B. 超文本传输　　　C. 邮件接收　　　D. 文件传输

4. SMTP 协议是关于（　　）的协议。

A. 邮件传输　　　　B. 超文本传输　　　C. 文件传输　　　D. 网络新闻组传输

5. mailhost. abc. com 是一台邮件服务器的 DNS 名称，如果要将邮箱 test @ mailhost. abc. com 缩减为 test@ abc. com，则必须在 abc. com 域的 DNS 服务器上建立（　　）记录。

A. 服务定位　　　　B. 主机　　　　　C. 别名　　　　　D. 邮件交换器

6. 随着邮件采用多媒体格式，邮件越来越大，如希望能灵活掌握下载什么文件、何时下载，应选用（　　）服务器，该服务器还支持用户自己在邮件服务器上建立文件夹。

A. SMTP　　　　　B. POP3　　　　　C. IMAP4　　　　　D. 以上任意

第 12 章　备份与灾难恢复

　　企业网络中一切业务数据都存储在服务器上，这些数据被损坏或丢失会给企业造成巨大的损失。现实情况中总存在一些不可抗力、人为失误、设备故障等因素会导致服务器上的数据受到损坏或丢失。作为系统管理员，应当定期对数据和系统做备份，并将其放在安全的地点，当意外事故发生时，即使系统完全损坏，也可以使用备份来迅速还原数据和系统。

　　学习目标：
- 理解 Windows 数据备份类型及技术原理
- 掌握数据备份与恢复的方法

　　学习环境（见图 12-1）：

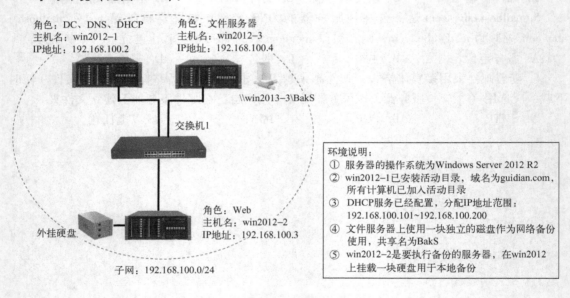

图 12-1　备份与灾难恢复学习环境

12.1　认识 Windows Server Backup

　　Windows Server Backup 是 Windows Server 2012 R2 中的一种功能，可以对服务器执行基本备份和恢复任务，适合于需要基本备份解决方案的中小型企业。

　　使用 Windows Server Backup 可以备份整个服务器（所有卷）、选定卷、系统状态或特定的文件或文件夹，并且可以创建用于裸机恢复的备份。可以恢复卷、文件夹、文件、某些应用程序和系统状态。此外，在发生诸如硬盘损坏之类的灾难时，可以执行裸机恢复。

　　可以使用 Windows Server Backup 为本地计算机或远程计算机创建和管理备份。并且可以创建备份计划让系统自动执行备份操作。

对于备份内容的选择，Windows Server Backup 提供了两种类型。

① 完整服务器备份。会备份所有服务器数据、应用程序和系统状态。可以用完整服务器备份来将整台计算机还原。

② 自定义备份。可以选择备份系统保留卷、一般卷（如 C：、D：），也可以选择备份这些磁盘分区内指定的文件夹或文件，也可以选择备份系统状态，甚至可以选择裸机恢复备份（也就是备份整个操作系统，可以用来还原整个操作系统）。

对于备份操作的执行方式，Windows Server Backup 提供了以下两种选择。

① 计划备份。通过设定备份执行的时间和备份内容，让服务器在指定的时间自动执行备份操作。

② 一次性备份。也就是手动立即执行备份操作。

在 Windows Server 2012 R2 中 Windows Server Backup 功能只有增量备份和完整备份。

与传统的数据备份还原功能相比，Windows Server 2012 R2 系统中的 Backup 功能具有以下特点。

① 备份速度更为快速。Backup 功能是以磁盘块为基础进行数据传输，这种传输数据的方式速度非常快。

② 备份方式更为灵活。Windows Server Backup 提供完整备份、增量备份，甚至还允许针对服务器系统中的某个特定磁盘卷，自定义选用合适的备份方式。

③ 备份类型更为多样。可以将数据内容直接备份保存到本地硬盘的其他分区中，也可以通过网络传输通道将数据内容直接备份保存到网络文件夹，理论上甚至还能将其备份保存到 Internet 网络中的任何一个位置处。

④ 还原效率更加高效。Windows Server Backup 功能在还原先前备份好的数据内容时，往往可以对目标备份内容进行智能识别，判断它是采用了完全备份方式还是增量备份方式，再选择还原方式。

⑤ 支持从 Hyper - V 主机服务器备份和还原单个虚拟机。

⑥ 能够备份大于 2 TB 且具有 4 K 扇区大小的卷。

⑦ 支持群集共享卷（CSV）的备份。

12. 2　安装 Windows Server Backup

Windows Server Backup 是一种功能，它提供了一组向导和其他工具，使我们可以对服务器执行基本备份和恢复任务。默认情况下，Windows Server Backup 功能没有安装，需要手动添加此功能。

Windows Server Backup 安装操作步骤如下。

步骤 1：以域管理员账号登录 win2012 - 2。打开【服务器管理器】窗口，依次单击【管理】→【添加角色和功能】菜单项。

步骤 2：打开【添加角色和功能向导】，显示【开始之前】界面。单击【下一步】按钮。

步骤 3：连续单击【下一步】按钮，直到出现【选择功能】界面，选中【Windows

【Server Backup】复选框，如图 12-2 所示。单击【下一步】按钮。

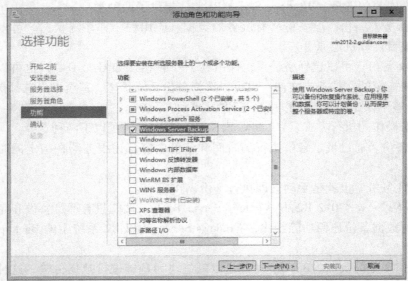

图 12-2　【选择功能】界面

步骤 4：出现【确认安装所选内容】界面。单击【安装（I）】按钮，开始安装 Windows Server Backup。安装完成后，显示【安装结果】界面，单击【关闭】按钮。

12.3　备份服务器

12.3.1　计划完整服务器备份

可以通过计划每日备份整个服务器来自动保护运行 Windows Server 2012 R2 的服务器及其数据。

要执行计划备份整个服务器，需要首先确定用于存储备份的位置。如果将计划备份存储在远程共享文件夹中，则每次新建备份时都会覆盖以前的备份。如果要存储多个备份，不要选择此选项。建议使用独立的本地硬盘或远程的 iSCSI（internet small computer system interface，Internet 小型计算机系统接口）存储。

还要确保用于执行备份的账户具有管理员或 Backup Operators 组成员身份。

计划完整服务器备份的具体操作步骤如下。

步骤 1：打开【服务器管理器】窗口，单击【工具】→【Windows Server Backup】菜单项。

步骤 2：出现【wbadmin】窗口，在导航窗格中单击【本地备份】，然后单击【操作】窗格中的【备份计划】，如图 12-3 所示。

步骤 3：打开【备份计划向导】，显示【开始】界面，单击【下一步】按钮。

步骤 4：出现【选择备份配置】界面，选中【整个服务器（推荐）】单选按钮，备份服务器中的所有卷，如图 12-4 所示。单击【下一步】按钮。

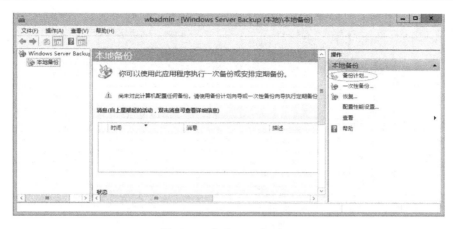

图 12-3　【wbadmin】窗口

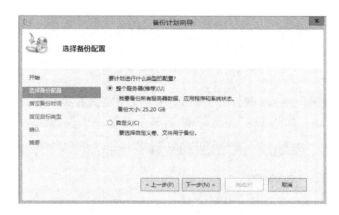

图 12-4　【选择备份配置】界面

步骤 5：出现【指定备份时间】界面，选中【每日一次】单选按钮，然后从下拉列表中选择【23∶30】，指定开始运行每日备份的时间，如图 12-5 所示。单击【下一步】按钮。

图 12-5　【指定备份时间】界面

步骤 6：出现【指定目标类型】界面，选中【备份到专用于备份的硬盘（推荐）】，如图 12-6 所示。然后单击【下一步】按钮。

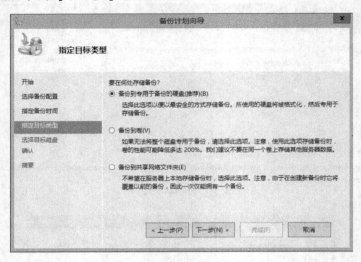

图 12-6　【指定目标类型】界面

步骤 7：出现【选择目标磁盘】界面，选中【可用磁盘】列表框中的【1】复选框，是专门用于做备份的磁盘，如图 12-7 所示。然后单击【下一步】按钮。

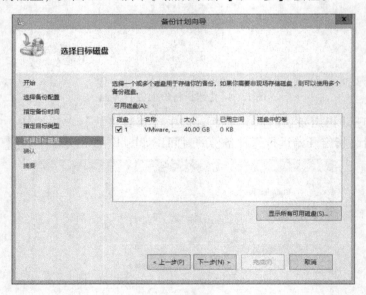

图 12-7　【选择目标磁盘】界面

　　默认情况下，可用的磁盘将显示在【可用磁盘】列表框中。这些磁盘是外部磁盘，可用于将备份移离现场，以便进行灾难保护。如果列表为空，或未列出要使用的磁盘，单击【显示所有可用磁盘】按钮。在【显示所有可用磁盘】对话框中，选中要用于存储备份的磁盘旁边的复选框，单击【确定】按钮，然后在【选择目标磁盘】界面中，再次选中该磁盘的复选框。磁盘用于备份后，Windows 文件资源管理器中将不再显示该磁盘，以防止将数据意外存储到该驱动器上而导致原有备份数据被覆盖，还可防止备份意外丢失。

系统将显示一条消息，通知用户将对选定的磁盘进行格式化，并删除现有的全部数据。单击【是】按钮。如果磁盘上有需要的数据，请不要单击【是】按钮。若要使用其他磁盘，请单击【否】按钮，然后在【可用磁盘】下选择其他磁盘。

步骤 8：出现【确认】界面，显示备份计划的详细信息，确认无误后单击【完成】按钮。

步骤 9：出现【摘要】界面，显示已成功创建备份计划，以及第一个计划的备份时间。如果专门将某个磁盘用于存储，向导将格式化该磁盘，这可能需要几分钟时间，时间长短取决于磁盘大小。单击【关闭】按钮。

12.3.2 取消计划备份

要取消计划备份，操作步骤如下。

步骤 1：打开【服务器管理器】窗口，单击【工具】→【Windows Server Backup】菜单项。

步骤 2：出现【wbadmin】窗口，在导航窗格中单击【本地备份】，然后单击【操作】窗格中的【备份计划】。

步骤 3：打开【备份计划向导】，显示【开始】界面，单击【下一步】按钮。

步骤 4：出现【修改计划的备份设置】界面，选中【停止备份】单选按钮，停止运行计划的备份并释放存储备份的磁盘空间。单击【下一步】按钮，如图 12-8 所示。

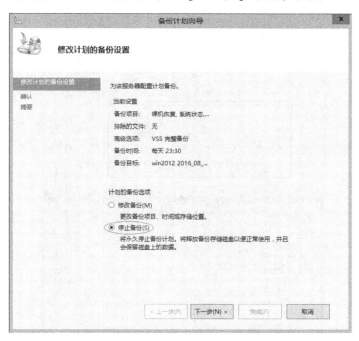

图 12-8 【修改计划的备份设置】界面

步骤 5：出现【确认】界面，查看详细信息，确认无误后单击【完成】按钮。将看到一条消息，要求用户确认更改。单击【是】按钮。

步骤6：出现【摘要】界面，单击【关闭】按钮。

12.3.3 计划自定义的备份

当需要自行选择备份的内容时，可以使用自定义备份。计划自定义备份操作步骤如下。

步骤1：打开【服务器管理器】窗口，单击【工具】 → 【Windows Server Backup】菜单项。

步骤2：出现【wbadmin】窗口，在导航窗格中单击【本地备份】，然后单击【操作】窗格中的【备份计划】。

步骤3：打开【备份计划向导】，显示【开始】界面，单击【下一步】按钮。

步骤4：出现【选择备份配置】界面，选中【自定义】单选按钮。单击【下一步】按钮。

步骤5：出现【选择要备份的项】界面，如图12-9所示，单击【添加项目】按钮。在【选择项】对话框中，选中要备份的项目【inetpub】前的复选框，如图12-10所示。单击【确定】按钮。再单击【下一步】按钮。

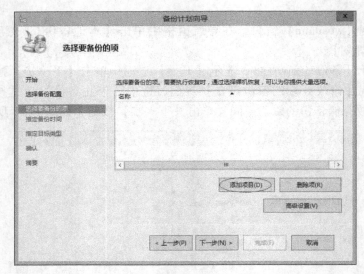

图12-9 【选择要备份的项】界面

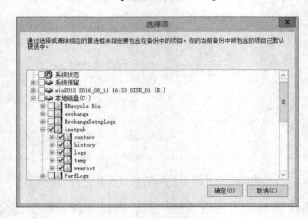

图12-10 【选择项】对话框

步骤6：出现【指定备份时间】界面，选中【每日多次】单选按钮，然后从【可用时间】列表中选择【12:30】和【18:30】（按住 Ctrl 键可一次多选），再单击【添加】按钮，将时间项添加到【计划时间】列表框中，从【计划时间】列表框中删除多余的时间项，如图 12-11 所示。单击【下一步】按钮。

图 12-11　【指定备份时间】界面

步骤7：出现【指定目标类型】界面，选中【备份到专用于备份的硬盘（建议）】。然后单击【下一步】按钮。

步骤8：出现【选择目标磁盘】界面，选中【可用磁盘】列表框中的【1】复选框，即外挂专用磁盘，然后单击【下一步】按钮。

步骤9：出现【确认】界面，查看详细信息，然后单击【完成】按钮。

步骤10：出现【摘要】界面。单击【关闭】按钮。

12.3.4　一次性备份整个服务器

执行一次性备份这一功能主要用于创建备份以补充定期计划备份。比如，备份计划备份中不包括的卷。在进行安装更新或安装新功能等更改前，备份包含重要项目的卷。一次性备份存储位置应与计划备份的存储位置不同。

建议不要将一次性备份用作创建备份的唯一方式。

为 win2012-2 做一次性备份整个服务器，并将备份保存到 win2012-3 的共享文件夹中，操作步骤如下。

步骤1：打开【服务器管理器】窗口，单击【工具】→【Windows Server Backup】菜单项。

步骤2：出现【wbadmin】窗口，在导航窗格中单击【本地备份】，然后单击【操作】

窗格中的【一次性备份】。

步骤3：打开【一次性备份向导】，显示【备份选项】界面，选中【其他选项】，如图12-12所示。然后单击【下一步】按钮。

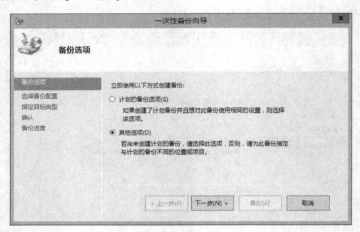

图12-12 【备份选项】界面

步骤4：出现【选择备份配置】界面，选中【自定义】单选按钮。单击【下一步】按钮。挂载的本地备份磁盘在备份时要排除，就不能选备份整个服务器，而要选择自定义。

步骤5：出现【选择要备份的项】界面，单击【添加项目】按钮。出现【选择项】对话框，选中【裸机恢复】复选框，会自动选中【系统状态】【本地磁盘（C:）】【系统保留】复选框，并自动识别隐藏卷"win2012 2016_08_11 17:35 DISK_01"为本地备份磁盘而不选择，单击【确定】按钮。结果如图12-13所示，单击【下一步】按钮。

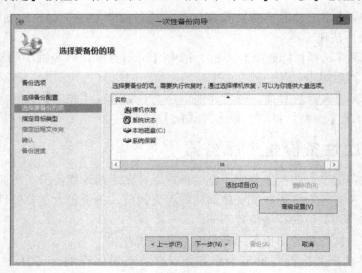

图12-13 【选择要备份的项】界面

步骤6：出现【指定目标类型】界面，选中【远程共享文件夹】单选按钮，如图12-14所示。然后单击【下一步】按钮。

图 12-14　【指定目标类型】界面

步骤 7：出现【指定远程文件夹】界面，在【位置】文本框中输入远程文件夹网络路径"＼＼win2012 – 3＼bakS"，选中【继承】单选按钮，是为此用途而连接的磁盘，如图 12-15 所示。然后单击【下一步】按钮。

图 12-15　【指定远程文件夹】界面

步骤 8：出现【确认】界面，可查看详细信息。然后单击【备份】按钮。

步骤 9：出现【备份进度】界面，如图 12-16 所示。如果专门将某个磁盘用于存储，向导将格式化该磁盘，这可能需要几分钟时间，时间长短取决于磁盘大小。单击【关闭】按钮。

备份完成后，在【wbadmin】窗口中，单击导航窗格中的【本地备份】，在详细窗格中显示【本地备份】界面，可以查看最近一个星期操作过的备份，以及上次备份的时间、状态、详细信息，下次备份会在什么时候进行等，如图 12-17 所示。

图 12-16　【备份进度】界面

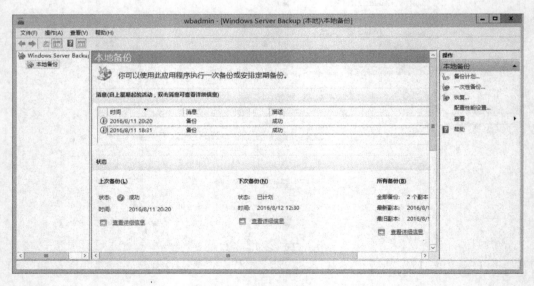

图 12-17　【本地备份】界面

12.4　恢复数据和系统

12.4.1　恢复部分文件或文件夹

恢复文件或文件夹之前，要确保承载备份的外部磁盘或远程共享文件夹处于联机状态并且可供服务器使用。

　　例如，c：\inetpub\wwwroot 文件夹损坏（模拟时，预先将该文件夹删除），使用远程共享文件夹中的备份来恢复该文件夹的操作如下。

　　步骤1：单击"开始"按钮，选择"管理工具"按钮，然后双击【Windows Server Backup】。

　　步骤2：打开【Windows Server Backup】窗口，在【本地备份】界面的【操作】窗格中，单击【恢复】。

　　步骤3：打开【恢复向导】，显示【开始】界面，选中【在其他位置存储备份】单选按钮，如图 12-18 所示。然后单击【下一步】按钮。

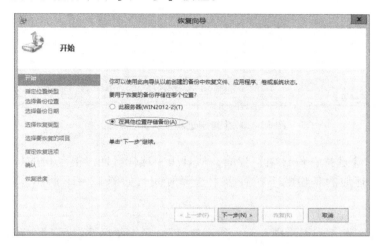

图 12-18　【开始】界面

　　步骤4：出现【指定位置类型】界面，选中【远程共享文件夹】单选按钮，如图 12-19 所示。然后单击【下一步】按钮。

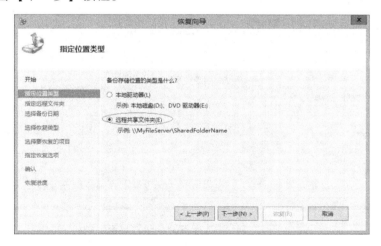

图 12-19　【指定位置类型】界面

　　步骤5：出现【指定远程文件夹】界面，在【键入包含要使用的备份的远程共享文件夹通用命名约定路径】文本框中输入"\\win2012 - 3\bakS"，如图 12-20 所示。然后单击

【下一步】按钮。

图 12-20　【指定远程文件夹】界面

　　步骤6：出现【选择备份日期】界面，从日历中选择日期（有备份的日期是粗体字显示的），并从要用来还原的备份的下拉列表中选择时间，如图 12-21 所示。然后单击【下一步】按钮。

图 12-21　【选择备份日期】界面

　　步骤7：出现【选择恢复类型】界面，选中【文件和文件夹】单选按钮，如图 12-22 所示。然后单击【下一步】按钮。
　　步骤8：出现【选择要恢复的项目】界面，在【可用项目】下，展开文件夹树直至显

图 12-22　【选择恢复类型】界面

示所需的文件夹。选中【wwwroot】文件夹，在相邻窗格中显示有详细内容，如图 12-23 所示。然后单击【下一步】按钮。

图 12-23　【选择要恢复的项目】界面

步骤 9：出现【指定恢复选项】界面，选中【其他位置】单选按钮，单击【浏览】按钮定位文件夹，在【当此向导发现要备份的某些项目已在恢复目标中存在时】选项区，选中【创建副本，使你同时保留两个版本】单选按钮，在【安全设置】下，选中【还原正在恢复的文件或文件夹的访问控制列表（ACL）权限】复选框，如图 12-24 所示。然后单击

【下一步】按钮。

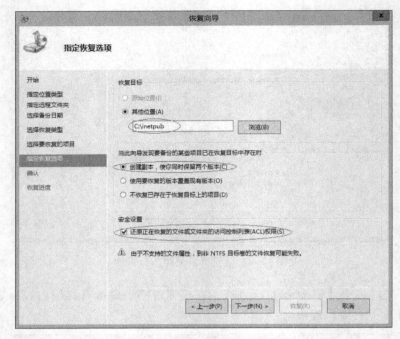

图 12-24　【指定恢复选项】界面

步骤 10：出现【确认】界面，查看详细信息，确认无误后单击【恢复】按钮，还原指定的项目。

步骤 11：出现【恢复进度】界面，可以查看恢复操作的状态，以及恢复是否已成功完成，如图 12-25 所示。最后单击【关闭】按钮。

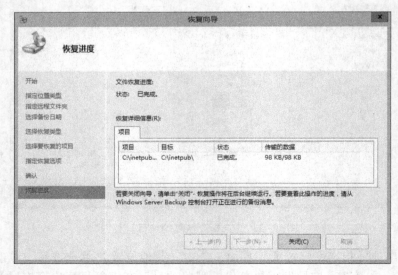

图 12-25　【恢复进度】界面

12.4.2　恢复整个系统

我们可以模拟 win2012 - 2 磁盘损坏故障，系统无法启动和读取数据。将故障磁盘取出，换上一个新磁盘（服务器上的磁盘可热插拔，更换磁盘比较方便。如果使用虚拟机环境，直接删除虚拟机中的磁盘，然后再添加一个新磁盘即可）。

还需要准备 Windows Server 2012 R2 系统安装光盘或系统镜像文件（虚拟机中用）。

在 win2012 - 2 上恢复整个系统的操作如下。

步骤 1：在 win2012 - 2 上插入 Windows Server 2012 R2 系统安装光盘，然后从光盘启动计算机，启动到如图 12-26 所示【现在安装】界面，单击【修复计算机】。

图 12-26　【现在安装】界面

步骤 2：出现【选择一个选项】界面，如图 12-27 所示，单击【疑难解答】。

步骤 3：出现【高级选项】界面，如图 12-28 所示，然后单击【系统映像恢复】。

图 12-27　【选择一个选项】界面

图 12-28　【高级选项】界面

步骤 4：打开【对计算机进行重镜像】向导，显示【选择系统镜像备份】界面，提示找不到系统映像，由于是做的远程备份，所以找不到系统映像，单击【取消】按钮，如

图 12-29 所示。然后单击【下一步】按钮。

图 12-29 【选择系统镜像备份】界面

生产环境中如果将备份文件存储在本地或事先将备份拷贝到服务器硬盘上，则可以直接找到相应的镜像，不会出现这个警告信息。

步骤 5：出现【选择要还原的计算机的备份位置】界面，如图 12-30 所示，由于系统镜像在远程服务器上，单击【高级】按钮。

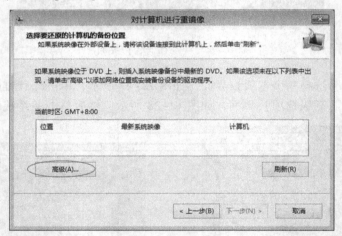

图 12-30 【选择要还原的计算机的备份位置】界面

步骤 6：在弹出的【对计算机进行重镜像】对话框中单击【在网络上搜索系统映像】，如图 12-31 所示。

步骤 7：弹出【你确定要连接到网络吗?】提示信息，如图 12-32 所示，询问是否连接网络，单击【是】按钮。

① 如果在网络中已经配置 DHCP 服务器，系统会自动配置网络。

② 如果没有配置 DHCP，需要为服务器手动设置 IP 地址，否则无法从网络读取备份文件。按 Shift + F10 组合键，调出命令提示符，启用网络功能输入"startnet"，查看接口名输

入 "netsh interface ip show config"，为 "以太网" 接口设置 IP 地址，输入 "netsh interface ip set address" 以太网 "static 192.168.100.3　255.255.255.0"。最后确认 IP 已经配置及能否进行通信。

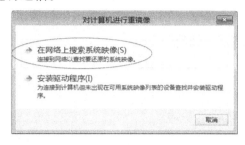
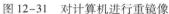

图 12-31　对计算机进行重镜像　　　　　　　　图 12-32　【你确定要连接到网络吗?】对话框

步骤 8：出现【指定系统镜像的位置】对话框，在【网络文件夹】文本框中输入备份文件的 UNC 路径 "\\win2012-3.guidian.com\bakS"，如图 12-33 所示。然后单击【确定】按钮。

步骤 9：出现【输入网络凭据】对话框，输入访问该路径文件的用户凭据，即管理员账户和密码，如图 12-34 所示。然后单击【确定】按钮。返回【选择要还原的计算机备份位置】界面，单击【下一步】按钮。

图 12-33　【指定系统映像的位置】对话框　　　　图 12-34　【输入网络凭据】对话框

步骤 10：出现【选择要还原的系统映像的日期和时间】界面，如图 12-35 所示，选择搜索到的系统映像后，单击【下一步】按钮。

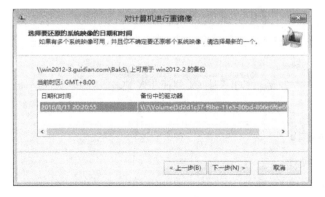

图 12-35　【选择要还原的系统映像的日期和时间】界面

　　步骤 11：出现【选择其他的还原方式】界面，其【格式化并重新分区磁盘】复选框是灰色，并已被选中，这是因为系统安装了新磁盘，如图 12-36 所示。单击【排除磁盘】按钮，然后选中不希望进行格式化和分区的磁盘的复选框，包含备份数据的磁盘将被自动排除，单击【确定】按钮，返回【选择其他的还原方式】界面。然后单击【下一步】按钮。

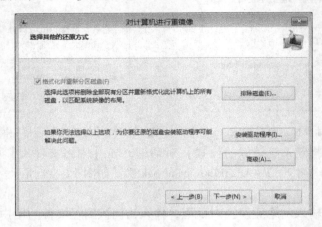

图 12-36　【选择其他的还原方式】界面

　　步骤 12：出现【你的计算机将从以下系统映像中还原】界面，如图 12-37 所示。然后单击【完成】按钮，开始进行还原。

图 12-37　【你的计算机将从以下系统映像中还原】界面

　　步骤 13：还原成功后，重启计算机即可。只要恢复了所有关键卷（包含操作系统组件的卷），就可以成功完成恢复操作。重启计算机后还需要手动将 IP 地址重新设置为静态 IP。

12.5　实训——备份与灾难恢复

12.5.1　实训目的

　　① 掌握计划备份操作。
　　② 掌握一次性备份操作。
　　③ 掌握恢复指定的文件和文件夹操作。

④ 掌握裸机系统恢复操作。

12.5.2　实训环境

实训网络环境如图 12-38 所示（也可在虚拟机中进行），组成的是一个单域网络。

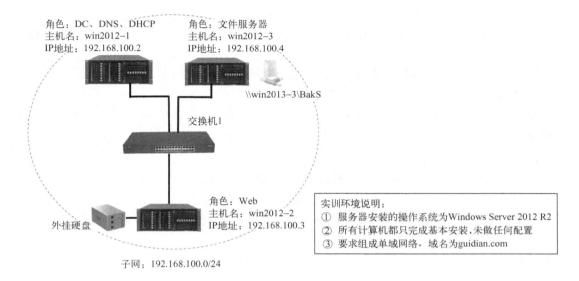

图 12-38　备份与灾难恢复实训环境

12.5.3　实训内容及要求

任务 1　配置网络和计算机名。

任务 2　在 win2012-1 上安装活动目录，并将所有服务器加入活动目录。

任务 3　在 win2012-1 安装 DHCP 服务器，分配的 IP 地址范围为：192. 168. 100. 101 ～ 192. 168. 100. 200。

任务 4　在 win2012-3 上另加一块硬盘（100 GB），将整个硬盘划分为一个分区，并设置为共享，共享名为 bakS。作为网络备份文件夹，仅允许管理员有完全控制权限。

任务 5　在 win2012-2 上另加一块硬盘（100 GB），并且建立一个分区，作为本地备份磁盘。

任务 6　在 win2012-2 上安装 Windows Server Backup 工具。

任务 7　为 win2012-2 配置计划完整服务器备份，使用本地磁盘保存备份。

任务 8　为 win2012-2 的"用户"文件夹做计划自定义的备份，使用本地磁盘保存备份。

任务 9　为 win2012-2 做一次性备份整个服务器，使用网络共享文件夹保存备份。

任务 10　模拟 win2012-2 磁盘损坏故障，进行裸机恢复。

习题

一、填空题

1. 对于备份内容的选择，Windows Server Backup 提供了两种类型：_____和_____。

2. 使用 Windows Server Backup 执行备份与恢复操作的用户需要是_____组和_____组的成员。

3. Windows Server Backup 使用_____格式的备份文件。

4. Windows Server Backup 的备份模式只有_____备份或_____备份两种。

5. Windows Server Backup 功能是以_____为基础进行数据传输，这种传输数据的方式速度非常快。

二、问答题

1. 什么是备份？Windows Server 2012 R2 支持使用哪些存储来做备份？

2. 要做裸机恢复，必须具备哪些先决条件？

3. 使用本地磁盘和网络共享文件夹保存备份有什么区别？

第 13 章　使用 Hyper – V 实施服务器虚拟化

传统的企业网络中，每台服务器都是为了运行一种服务或应用的单一目的而设计、购买、部署和维护的。这样会出现服务器工作负载不均衡，但我们又难以调整物理资源去适应服务器的工作负载，将服务迁移到其他计算机又需要中断服务，要保证服务的高可用性需要付出很大的代价。虚拟化技术出现后，这种情况发生了很大变化，像 Hyper – V 这样的虚拟化产品可以在一台服务器上高效地并行运行多个操作系统，从而可将多个服务器角色合并到一台服务器上，最优化地利用服务器硬件投资，不同服务器上的虚拟机可以实现高可用性和实时迁移，实现了管理的高度灵活性。

学习目标：

- 理解服务器虚拟化技术
- 掌握 Hyper – V 的安装与管理
- 掌握 Hyper – V 的服务器虚拟化部署

学习环境（见图 13–1）：

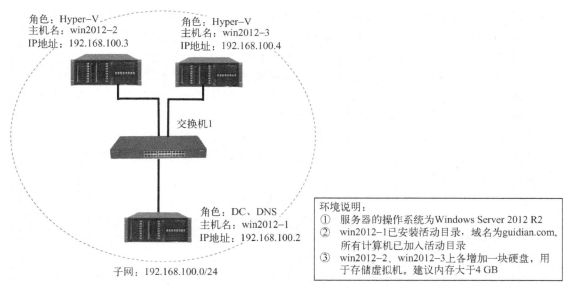

图 13–1　使用 Hyper – V 实施服务器虚拟化的学习环境

13.1 认识 Hyper – V

13.1.1 什么是 Hyper – V

Hyper – V 可以在一台服务器上并行运行多个操作系统，包括 Windows、Linux 和其他操作系统。使用 Windows Server 2012 R2 中的 Hyper – V 服务器角色，我们能够创建一个虚拟化的环境，在这样的环境中可以创建和管理虚拟机。Hyper – V 最早出现在 Windows Server 2008 中，并在 Windows Server 2008 R2、Windows Server 2012、Windows Server 2012 R2 中得以进一步扩展与增强。

从 2008 年 6 月发布 Windows Server 2008 以来，通过 Hyper – V 提供的服务器虚拟化技术已成为操作系统不可分割的一部分。随后 Windows Server 2008 R2 中提供了一个新版 Hyper – V，并且在 Service Pack 1（SP1）中再次进行了增强。

Hyper – V 技术有两种实现方式。

① Hyper – V 是 Windows Server 中一种基于 Hypervisor 的虚拟化角色。

② Microsoft Hyper – V Server 则是一种基于 Hypervisor 的服务器虚拟化产品，可供客户将负载整合到一台物理服务器。该产品可免费下载。

随着 2009 年 10 月 Windows Server 2008 R2 Hyper – V 的发布，微软引入了一系列有竞争力的技术，帮助企业降低成本，同时提升敏捷度与灵活性。其中的主要功能如下。

① 实时迁移，可不中断或不停机移动运行中的虚拟机。

② 群集共享卷，能让虚拟机以更高扩展性与灵活性的方式使用共享存储（NAS）。

③ 处理器兼容性，改善在不同架构 CPU 的宿主机之间实时迁移虚拟机时的灵活性。

④ 热添加存储，灵活地为虚拟机添加或删除存储。

⑤ 改善的虚拟网络性能，支持巨型帧及虚拟机队列。

随着 2011 年 10 月 Hyper – V Service Pack 1（SP1）的发布，微软又引入了两个新增的重要功能，可帮助企业通过该平台获得更大的效益。

① 动态内存，更高效地利用内存，同时维持一致的负载性能与可扩展性。

② RemoteFX，为虚拟桌面基础架构（Virtual Desktop Infrastructure，VDI）环境提供最丰富的虚拟化 Windows 7 体验。

到了 2012 年 9 月，Windows Server 2012 发布。该版本为 Hyper – V 带来了以下新功能。

① 共享虚拟硬盘，通过使用共享虚拟硬盘（VHDX）文件来启用群集虚拟机。

② 存储服务质量，使用存储 QoS，可以管理虚拟机访问的虚拟硬盘的存储吞吐量。

③ 虚拟机代次，包括两个受支持的虚拟机代次。

↳ 第 1 代虚拟机，为虚拟机提供的虚拟硬件与以前版本的 Hyper – V 提供的虚拟硬件相同。

↳ 第 2 代虚拟机，在虚拟机上提供以下新功能：安全启动（默认启用）、从 SCSI 虚拟硬盘启动、从 SCSI 虚拟 DVD 启动、PXE 通过使用标准网络适配器启动、UEFI 固件支持。

④ 增强会话模式，Hyper – V 中的虚拟机连接允许重定向虚拟机连接会话中的本地

资源。

⑤ 虚拟机自激活（automatic virtual machine activation，AVMA），可在已经激活了的 Windows Server 2012 R2 的计算机上安装虚拟机时，不需管理每一台虚拟机的产品密钥，即使在连接断开的环境中，也是如此。

13.1.2　Hyper - V 的应用

Hyper - V 提供了可以虚拟化应用程序和工作负载的基础结构，主要应用于以下几个方面。

① 建立私有云环境。Hyper - V 可整合各种用途的共享资源进行动态分配，随着需求的变化而调整利用率，根据需要提供更灵活的 IT 服务。

② 提高硬件利用率。通过将服务器和工作负载合并到数量更少但功能更强大的物理计算机上，可以减少对资源（如电源和物理空间）的消耗。

③ 改进业务连续性。Hyper - V 可将计划和非计划停机对工作负载的影响降到最低限度。

④ 建立虚拟桌面基础架构（VDI）。包含 VDI 的集中式桌面策略可提高业务灵活性和数据安全性，还可简化对桌面操作系统和应用程序的管理。

⑤ 提高部署和测试活动的效率。使用虚拟机可以很容易模拟出不同的计算环境，对于部署前的测试非常有用。

13.1.3　Hyper - V 对硬件的要求

Hyper - V 对硬件有以下要求。

① 需要 64 位处理器的支持。

② CPU 必须启用硬件辅助虚拟化。目前，硬件辅助虚拟化技术主要代表有 Intel 公司的 VT - d，AMD 公司的 AMD - V，用于 x86 平台。目前 Intel 和 AMD 生产的主流 CPU 都支持虚拟化技术，但很多计算机或主板 BIOS 出厂时默认禁用虚拟化技术，需要在 BIOS 设置中开启 CPU 虚拟化支持。

③ CPU 必须支持硬件强制实施的数据执行保护（data execution prevention，DEP），并且已启用。具体地说就是，必须启用 Intel XD 位（执行禁用位）或 AMD NX 位（无执行位）。

④ 最低内存为 2GB。对内存的需求视客户机的操作系统和数量而定。

13.1.4　VMWare 嵌套安装 Hyper - V

如果是使用 VMWare Workstation 做实验，要让运行在 VMWare 虚拟机中的 Windows Server 2012 R2 支持 Hyper - V，需要做如下配置。

① 在【虚拟机设置】对话框中开启支持虚拟化的选项，如图 13-2 所示。

② 然后在新建虚拟机的保存目录找到 .vmx 文件，用记事本打开并在最后一行后面添加下面两句然后保存退出，如图 13-3 所示。

```
hypervisor. cpuid. v0 = "FALSE"
mce. enable = "TRUE"
```

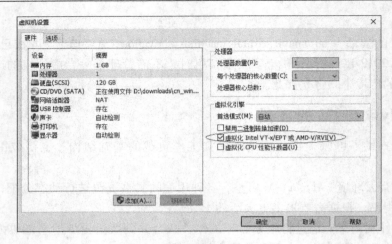

图 13-2　【虚拟机设置】对话框

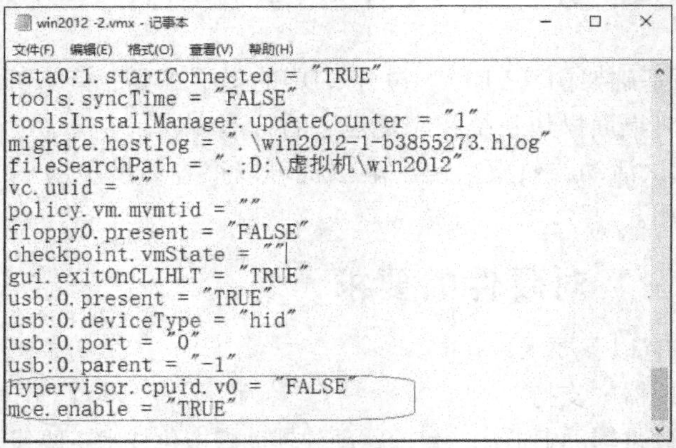

图 13-3　win2012 - 2. vmx 文件

13.2　安装 Hyper - V 及创建第一台虚拟机

在安装 Hyper - V 之前，需要确认满足以下要求：

① 以计算机的管理员或具有管理员权限的用户账户登录。

② 有足够内存支持要运行的虚拟机数量，有足够的磁盘空间存储虚拟机。

③ 虚拟机中安装系统要用到的软件。比如，要在虚拟机中测试 Windows Server 2012 R2，需要有 Windows Server 2012 R2 安装光盘或光盘映像。

13.2.1　安装 Hyper - V 角色

在 win2012 - 2 上安装 Hyper - V 的操作如下。

步骤1：以域管理员账号登录 win2012 - 2。打开【服务器管理器】窗口，依次单击【管理】→【添加角色和功能】菜单项。

步骤2：打开【添加角色和功能向导】，显示【开始之前】界面。连续单击【下一步】

按钮。

步骤 3：直到出现【选择服务器角色】界面，选中【Hyper - V】复选框，会弹出对话框询问【添加 Hyper - V 所需功能?】，单击【添加功能】按钮，添加用于创建和管理虚拟机的工具，返回【选择服务器角色】界面，如图 13-4 所示。单击【下一步】按钮。

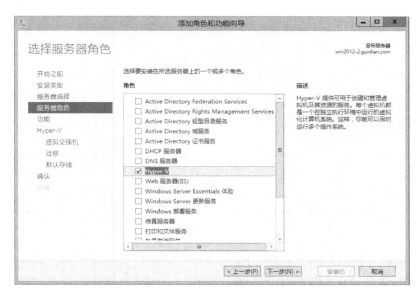

图 13-4　【选择服务器角色】界面

步骤 4：出现【选择功能】界面。单击【下一步】按钮。

步骤 5：出现【Hyper - V】界面，显示 Hyper - V 简介和安装注意事项。单击【下一步】按钮。

步骤 6：出现【创建虚拟交换机】界面，选择一块网卡，作为虚拟网络与其他计算机进行通信用，如图 13-5 所示。单击【下一步】按钮。

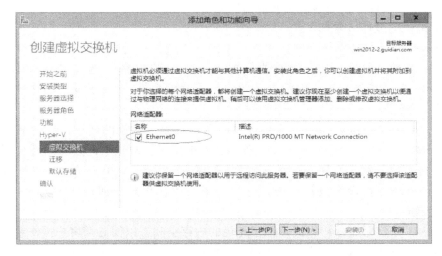

图 13-5　【创建虚拟交换机】界面

步骤7：出现【虚拟机迁移】界面，如图13-6所示，使用默认设置，暂不做迁移，单击【下一步】按钮。

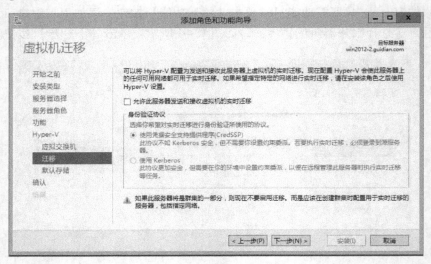

图13-6　【虚拟机迁移】界面

　　步骤8：出现【默认存储】界面，Hyper－V使用默认位置存储虚拟硬盘文件和虚拟机配置文件。使用默认设置，单击【下一步】按钮。在生产环境中，应将虚拟机存储到独立的磁盘。

　　步骤9：出现【确认安装所选内容】界面，单击【安装】按钮，开始安装Hyper－V。

　　步骤10：安装完成后，显示安装结果信息，单击【关闭】按钮。

13.2.2　创建虚拟机

　　在Hyper－V中创建虚拟机比较简单，接下来创建一台用于安装Windows Server 2012 R2操作系统的虚拟机，基本硬件配置为：虚拟CPU数量1个，内存1 GB，硬盘40 GB，存放到"D:\Hyper－V"文件夹，该虚拟机能被物理网络访问。

　　创建虚拟机的操作步骤如下。

　　步骤1：打开【服务器管理器】窗口，单击【工具】→【Hyper－V管理器】菜单项。

　　步骤2：出现【Hyper－V管理器】窗口，在导航窗格中选择【win2012－2】，如图13-7所示。在【操作】窗格中单击【新建】→【虚拟机】。显示【开始之前】界面，单击【下一步】按钮。

　　步骤3：出现【指定名称和位置】界面，设置新建虚拟机的名称，在【名称】文本框中输入"win2012－a"，选中【将虚拟机存储在其他位置】复选框，然后在【位置】文本框中输入存放虚拟机的路径"D:\Hyper－V\"，如图13-8所示。单击【下一步】按钮。

　　步骤4：出现【指定代数】界面，选中【第二代】单选按钮，如图13-9所示，单击【下一步】按钮。

　　步骤5：在【分配内存】界面，指定充足的内存空间，以便启动客户操作系统，在【启动内存】文本框中输入"1024"，如图13-10所示。单击【下一步】按钮。

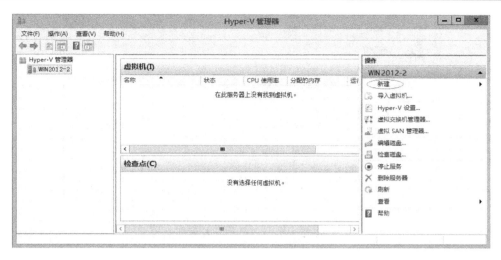

图 13-7　【Hyper – V 管理器】窗口

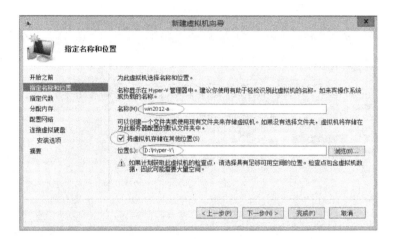

图 13-8　【指定名称和位置】界面

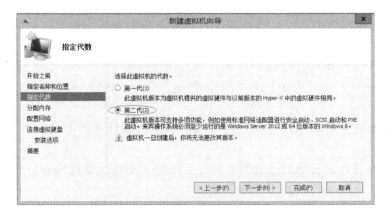

图 13-9　【指定代数】界面

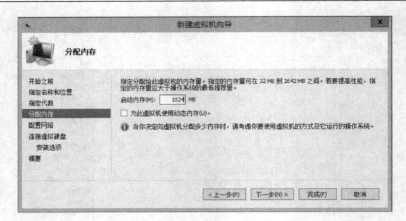

图 13-10　【分配内存】界面

步骤 6：出现【配置网络】界面，单击【连接】下拉箭头，选择前面创建的虚拟交换机，如图 13-11 所示，用于连接虚拟机。单击【下一步】按钮。

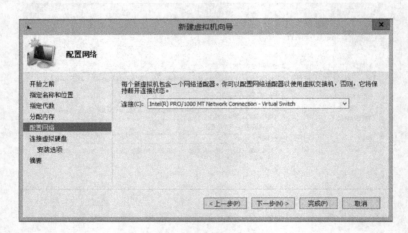

图 13-11　【配置网络】界面

在 Hyper – V 虚拟机中，通常选择连接到物理网络的虚拟交换机，因为 Hyper – V 的服务器一般是对外提供服务的。

步骤 7：出现【连接虚拟硬盘】界面，选中【创建虚拟硬盘】单选按钮，使用默认设置的名称和存储路径，在【大小】文本框中输入 "40"，如图 13-12 所示。单击【下一步】按钮。

步骤 8：出现【安装选项】界面，选中【以后安装操作系统】单选按钮，单击【下一步】按钮。

步骤 9：出现【正在完成新建虚拟机向导】界面，验证所做的选择，然后单击【完成】按钮。

图 13–12　【连接虚拟硬盘】界面

13.2.3　给虚拟机添加 DVD 光驱并插入光盘映像

创建的第二代虚拟机没有 DVD 光驱，需要手动添加 DVD 光驱设备，操作步骤如下。

步骤 1：打开【服务器管理器】窗口，单击【工具】→【Hyper – V 管理器】菜单项。

步骤 2：打开【Hyper – V 管理器】窗口，在详细窗格的【虚拟机】部分，单击虚拟机名称 "win2012 – a"，然后在右侧【操作】窗格中【win2012 – a】区域，单击【设置】。

步骤 3：打开【win2012 – 2 上 win2012 – a 的设置】对话框，如图 13–13 所示，依次单击【SCSI 控制器】→【DVD 驱动器】→【添加】。

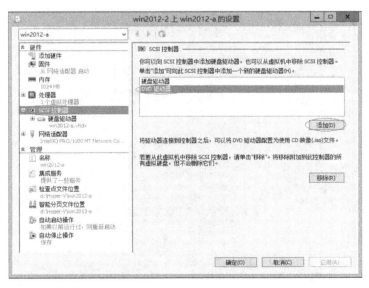

图 13–13　【win2012 – 2 上 win2012 – a 的设置】对话框

步骤 4：一个新的 DVD 驱动器被添加到左侧硬件窗格中，选择新添加的【DVD 驱动器】，然后在右侧详细窗格中选中【映像文件】单选按钮，再单击【浏览】按钮，找到 Windows Server 2012 R2 安装光盘映像文件 "C:\windows_server_2012_r2.iso"，如图 13-14 所示。

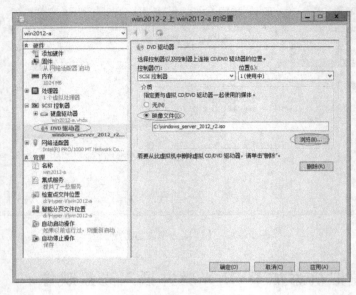

图 13-14   添加 DVD 驱动器

步骤 5：在左侧导航栏单击【固件】，然后在【启动顺序】列表框中选择【DVD 驱动器】，再通过单击【向上移动】或【向下移动】按钮，调整顺序，如图 13-15 所示。最后单击【确定】按钮。

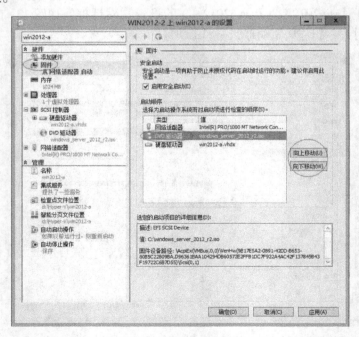

图 13-15   调整启动顺序

13. 2. 4　给虚拟机安装操作系统

在 Hyper – V 中，虚拟机一旦创建好，就可以像物理计算机一样使用。给虚拟机 win2012 – a 安装操作系统过程如下。

步骤 1：连接虚拟机的过程如图 13–16 所示。打开【服务器管理器】窗口，单击【工具】→【Hyper – V 管理器】菜单项。

步骤 2：出现【Hyper – V 管理器】窗口，在详细窗格的【虚拟机】列表框中，右键单击虚拟机"win2012 – a"，然后在弹出的菜单中单击【连接】菜单项。

步骤 3：出现【虚拟机连接】窗口，单击【操作】→【启动】菜单项。

步骤 4：虚拟机将会启动，搜索启动设备并加载安装程序包。按正常安装过程继续完成安装。

步骤 5：配置虚拟机 win2012 – a 的 IP 地址为 192. 168. 100. 30。

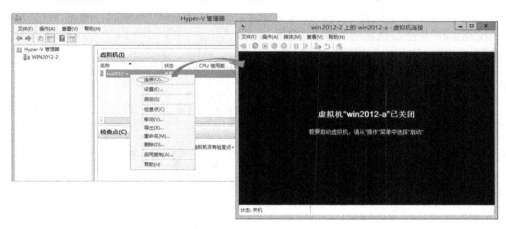

图 13–16　连接虚拟机

13. 2. 5　安装集成服务

Hyper – V 集成服务是一套捆绑的软件，在虚拟机中安装后，可以提高主机服务器和虚拟机之间的集成。比如，时间同步服务，能够使虚拟机的时间与所在的物理主机的时间同步；Hyper – V 管理员可以将文件由物理主机复制到运行的虚拟机中，而无须使用网络连接。安装集成服务操作步骤如下。

步骤 1：打开【服务器管理器】窗口，单击【工具】→【Hyper – V 管理器】菜单项。

步骤 2：出现【Hyper – V 管理器】窗口，在详细窗格的【虚拟机】列表框中，右键单击虚拟机"win2012 – a"，然后在弹出的菜单中单击【连接】菜单项。

步骤 3：出现【虚拟机连接】窗口，单击【操作】→【插入集成服务安装盘】菜单项。该操作将在虚拟机 DVD 驱动器中加载安装盘，安装方式由所安装的操作系统决定，可能需要手动启动安装。

步骤 4：单击【虚拟机】窗口中的任意位置，进入到虚拟机系统，打开【DVD 驱动器】，使用适合于来宾操作系统的方法从 CD 驱动器启动安装程序包。安装完成后，所有集成服务均可使用。

13.3　创建及配置 Hyper – V 虚拟网络

13.3.1　虚拟网络及虚拟交换机连接类型

在 Hyper – V 中，虚拟机之间可以通过连接到同一台虚拟交换机来组建虚拟网络，每台虚拟交换机都是独立的，它们之间并没有连通。我们组建的虚拟网络的类型取决于虚拟交换机的连接类型，虚拟交换机有外部、内部和专用三种连接类型。要改变虚拟网络的类型，只要切换虚拟交换机的连接类型即可。

图 13–17 所示为虚拟交换机的连接类型示意图。虚拟交换机的三种连接类型描述如下。

① 外部。虚拟交换机绑定到一块指定的物理网卡，能与物理网络互相通信。

② 内部。虚拟交换机没有与物理网络连接，不能与物理网络通信，但 Hyper – V 计算机上有一块虚拟网卡连接到该虚拟交换机上，因此，Hyper – V 计算机能与连接到该虚拟交换机的虚拟机通信。

③ 专用。只有虚拟机连接到该虚拟交换机。

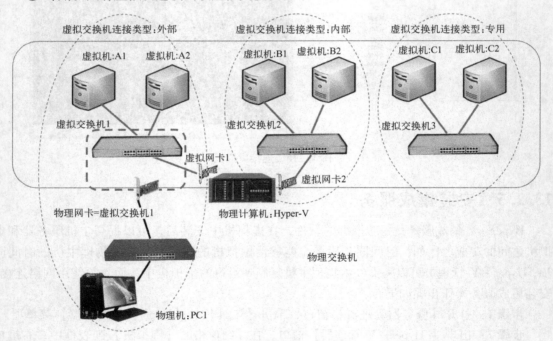

图 13–17　虚拟交换机连接类型示意图

13.3.2　创建虚拟交换机

如果需要更多的虚拟交换机，可以按以下步骤创建虚拟交换机。

步骤 1：打开【服务器管理器】窗口，单击【工具】→【Hyper – V 管理器】菜单项。

步骤 2：出现【 Hyper – V 管理器】窗口，在左侧窗格中选择 "win2012 – 2"，然后右键单击，在弹出的菜单中单击【虚拟交换机管理器】菜单项。

　　步骤3：出现【虚拟交换机管理器】界面，在左侧导航窗格中单击【新建虚拟网络交换机】，出现【创建虚拟交换机】界面，然后在【你要创建哪种类型的虚拟交换机?】下选择【内部】，如图 13–18 所示 。再单击【创建虚拟交换机】按钮。

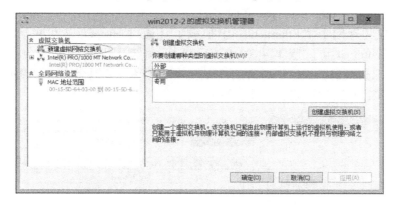

图 13-18　【创建虚拟交换机】界面

　　步骤4：在导航窗格中出现新建的虚拟交换机，并显示【虚拟交换机属性】界面，在【名称】文本框中输入虚拟交换机的名称"内部网络"，如图 13–19 所示。然后单击【确定】按钮。

图 13-19　【虚拟交换机属性】界面

　　为便于在物理机上查看网络连接信息，将安装 Hyper－V 时创建的虚拟交换机名称更改为"外部网络"。单击导航窗格中的【Intel(R) PRO/1000MT Network Connection】，在【名称】文本框中输入虚拟交换机的名称"外部网络"。

　　打开物理计算机 win2012 - 2 的【网络连接】窗口，可以看到有两块虚拟网卡。

　　"vEthernet（内部网络）"与名为"内部网络"的虚拟交换机相连，使得 win2012 - 2 能与连接到名为"内部网络"的虚拟交换的虚拟机通信。

　　"vEthernet（外部网络）"与名为"外部网络"的虚拟交换机相连，而这台虚拟交换机实际就是由物理网卡"Ethernet0"转变而来的。

　　Hyper - V 在物理网卡"Ethernet0"上加载了【通过 Hyper - V 可扩展的虚拟交换机】组件，关闭了【Internet 协议版本 4（TCP/IPv4）】，将该网卡转变成一台虚拟交换机，即"外部网络"虚拟交换机。这使得所有连接到"外部网络"虚拟交换机的虚拟机都能与物理网络通信，它们之间的关系如图 13-20 所示。

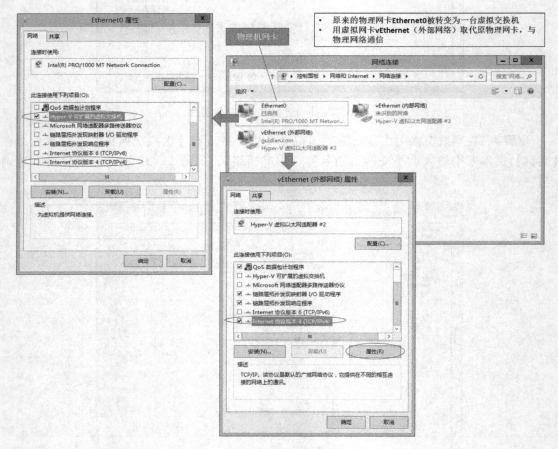

图 13-20　【网络连接】变化示意图

13.3.3　将虚拟机接入或移到虚拟网络

　　将虚拟机连接到某个虚拟网络，或是将虚拟机由现在的虚拟网络移动到其他虚拟网络，只需要重新将虚拟机连接到指定的虚拟交换机即可。

　　要将 win2012 - a 从外部网络移到内部网络，过程参见图 13-21，具体操作步骤如下。

步骤 1： 打开【服务器管理器】窗口，单击【工具】→【Hyper - V 管理器】菜单项。

步骤 2：出现【Hyper – V 管理器】窗口，在详细窗格的【虚拟机】列表框中，单击虚拟机"win2012 – a"，然后在操作窗格中【win2012 – a】区域，单击【设置】。

步骤 3：出现【win2012 – 2 上 win2012 – a 的设置】对话框，在左侧导航窗格中，单击【硬件】下的【网络适配器 外部网络】，然后单击详细窗格中的【虚拟交换机】下拉箭头，选择【内部网络】，最后单击【确定】按钮。

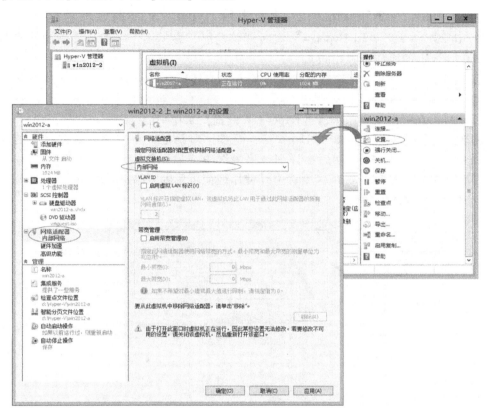

图 13-21　将虚拟机移到指定的虚拟网络

13.4　虚拟机的迁移

Hyper – V 实时迁移功能可在不影响用户对虚拟机的使用情况下进行，将运行中的虚拟机从一台物理服务器移动到另一台物理服务器。通过将待迁移虚拟机的内存内容预先复制到目标服务器，实时迁移可将传输虚拟机所需时间降到最低。实时迁移是完全精确的，这意味着管理员或脚本发起的实时迁移将确定哪台计算机成为迁移的目标位置。待迁移虚拟机的来宾操作系统并不知道正在进行的迁移操作，来宾操作系统也无须任何特殊配置。

13.4.1　迁移准备

1. 在 win2012 – 3 上安装 Hyper – V

要进行虚拟机迁移，需要至少两台 Hyper – V 物理主机，并且网络是连通的，我们已经有了一台 Hyper – V 主机 win2012 – 2。参照之前在 win2012 – 2 上安装 Hyper – V 的过程，再将 win2012 – 3 安装成 Hyper – V 物理主机。因为虚拟机迁移后要求网络环境一样，这样迁移过程中网络访问才不会中断，在 win2012 – 3 的 Hyper – V 中同样创建一台"外部网络"虚拟交换机。

还需要将虚拟机 win2012 – a 重新接入到"外部网络"。

2. 在 win2012 – 2 和 win2012 – 3 上启用 Hyper – V 实时迁移功能

要在 win2012 – 2 上启用 Hyper – V 实时迁移功能，参见图 13–22，具体操作步骤如下（在 win2012 – 3 上的操作步骤相同）。

步骤 1：打开【服务器管理器】窗口，单击【工具】→【Hyper – V 管理器】菜单项。

步骤 2：出现【Hyper – V 管理器】窗口，在【导航窗格】中，右键单击服务器【win2012 – 2】，在弹出菜单中单击【Hyper – V 设置】菜单项。

步骤 3：出现【win2012 – 2 的 Hyper – V 设置】对话框，在左侧导航窗格中的【服务器】区域单击【实时迁移】，然后在详细窗格中选中【启用传入和传出的实时迁移】复选框，在【传入的实时迁移】选项区中选中【使用任何可用的网络进行实时迁移】单选按钮，最后单击【确定】按钮。

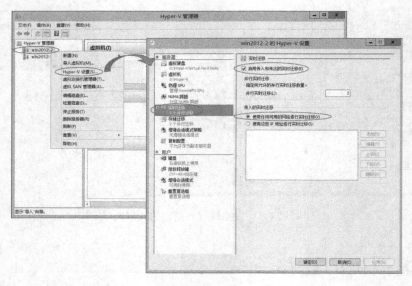

图 13–22　启用 Hyper – V 实时迁移功能

13.4.2　将虚拟机 win2012 – a 从 win2012 – 2 迁移到 win2012 –3

为便于验证迁移过程，我们先打开 win2012 – 2 的 PowerShell 窗口，一直 ping win2012 – a，输入命令"ping – t 192. 168. 100. 30"。

将虚拟机 win2012 – a 从 win2012 – 2 迁移到 win2012 – 3 过程如下。

步骤 1：在 win2012 – 2 上，打开【Hyper – V 管理器】窗口，在导航窗格中，单击服务器【win2012 – 2】，在详细窗格中显示 win2012 – 2 上的所有虚拟机。

步骤 2：在详细窗格中选择虚拟机"win2012 – a"，然后右键单击虚拟机"【win2012 –

a】"，在弹出菜单中单击【移动】菜单项，如图 13–23 所示。

图 13–23　【Hyper – V 管理器】窗口 – 移动虚拟机

　　步骤 3：打开【移动"win2012 – a"向导】，显示【开始之前】界面，单击【下一步】按钮。

　　步骤 4：出现【选择移动类型】界面，选中【移动虚拟机】单选按钮，如图 13–24 所示。单击【下一步】按钮。

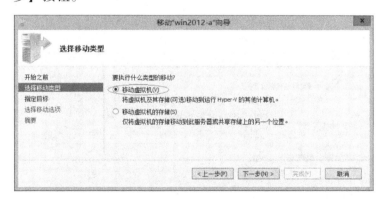

图 13–24　【选择移动类型】界面

　　步骤 5：出现【指定目标计算机】界面，在【名称】文本框中输入"win2012 – 3"作为移动的目标计算机，如图 13–25 所示。单击【下一步】按钮。

　　步骤 6：出现【选择移动选项】界面，选中【将虚拟机的数据移动到一个位置】单选按钮，如图 13–26 所示。单击【下一步】按钮。

　　步骤 7：出现【为虚拟机选择新位置】界面，单击【浏览】按钮，选择文件夹"D:\Hyper – V\"作为存放虚拟机的目标文件夹，如图 13–27 所示。单击【完成】按钮，开始执行移动虚拟机。

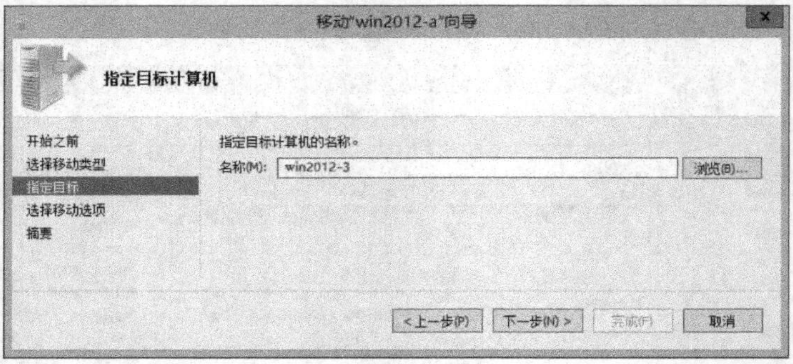

图 13-25 【指定目标计算机】界面

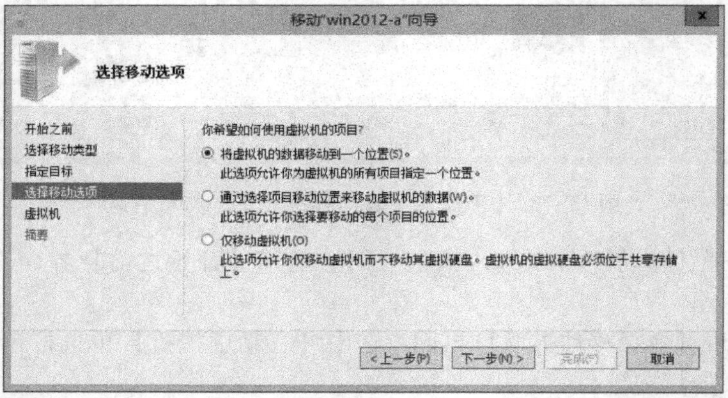

图 13-26 【选择移动选项】界面

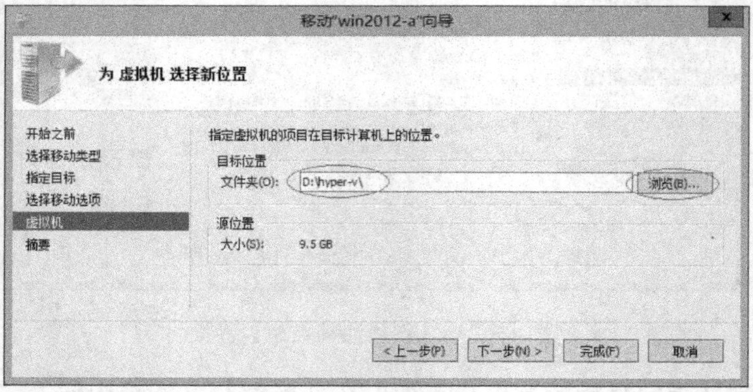

图 13-27 【为虚拟机选择新位置】界面

移动完成之后，可以在【Hyper-V 管理器】中看到，服务器 win2012-2 中没有虚拟机了，而服务器 win2012-3 中显示有一台虚拟机 win2012-a，如图 13-28 所示。注意观察执行 ping win2012-a 的【PowerShell】窗口，整个虚拟机移动过程中，ping 命令几乎不会中断，只在移动完成时，在两台 Hyper-V 服务器间进行切换时会出现很短暂的中断。

图 13-28　移动完成之后的【Hyper - V 管理器】窗口

13.5　配置 Hyper - V 复制服务实时备份虚拟机

13.5.1　Hyper - V 复制

Hyper - V 复制是一种虚拟机级别的复制解决方案，具有高效远程数据复制能力。Hyper - V 复制可以跨越 LAN/WAN，并且不依赖于其他的软硬件技术。

Hyper - V 复制与存储和工作负载无关；复制服务可单独运行，也可与故障转移集群配合实现；Hyper - V 复制服务器可以是独立服务器，也可以是域成员；除非作为故障转移集群的部分，Hyper - V 复制主服务器和备用服务器不需要在相同的域里。

13.5.2　配置 Hyper - V 复制的条件

要配置 Hyper - V 复制服务，需要具备以下条件：
① 硬件上能够支持 Windows Server 2012 R2 运行 Hyper - V；
② 在主、备端的服务器上提供充足的空间存储虚拟化操作产生的文件；
③ 在主、备端的服务器之间网络连接通畅；
④ 正确配置防火墙规则允许主、备服务器之间的复制；
⑤ 满足 X. 509v3 标准认证（如果要求或需要使用证书验证）。

13.5.3　配置 Hyper - V 复制

配置 Hyper - V 复制分两部分进行。

1. 在备用服务器上启用 Hyper-V 复制

将 Hyper-V 服务器配置为复制服务器，可以接受来自一台（或多台）主服务器的传入复制通信。

现在虚拟机 win2012-a 已经迁移到了 Hyper-V 主机 win2012-3 上，那么我们就将 win2012-3 视为参与复制的主服务器，而把 win2012-2 视为参与复制的备用服务器（复制服务器）。

要在 win2012-2 启用 Hyper-V 复制，操作步骤如下。

步骤 1：在 win2012-2 上，打开【Hyper-V 管理器】窗口，在导航窗格中，右键单击服务器【win2012-2】，在弹出菜单中单击【Hyper-V 设置】菜单项。

步骤 2：出现【win2012-2 的 Hyper-V 设置】对话框，在左侧导航栏中单击【复制配置】，然后在【复制配置】界面中，选中【启用此计算机作为副本服务器】复选框，再选中【使用 Kerberos（HTTP）】复选框，其默认端口为 80，在【授权和存储】选项区，选中【允许从任何经过身份验证的服务器中进行复制】单选按钮，然后在【指定副本文件的默认存储位置】下的文本框中输入存储路径，如图 13-29 所示。最后单击【确定】按钮。

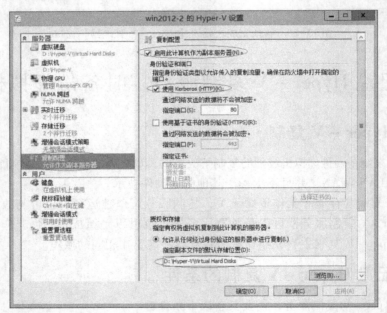

图 13-29   【win2012-2 的 Hyper-V 设置】对话框

Hyper-V 复制可指定允许哪台服务器将虚拟机复制到复制服务器。Hyper-V 复制可选择用于恢复的虚拟机文件的存储位置。例如，可以存储到 SAN、SMB 文件服务器，或使用直接附加存储。要针对配置的复制端口允许任何传入的虚拟机复制通信，还需要创建传入的防火墙规则，实验中可先关闭防火墙。

2. 在主服务器上启用虚拟机复制

步骤 1：在 win2012-2 上，打开【Hyper-V 管理器】窗口，在左侧导航窗格中，单击服务器【win2012-3】。

步骤 2：在详细窗格中选择虚拟机"win2012 – a"，然后右键单击虚拟机"win2012 –
a"，在弹出菜单中单击【启用复制】菜单项，如图 13–30 所示。

图 13–30　启用复制

步骤 3：打开【启用复制】向导，显示【开始之前】界面，单击【下一步】按钮。

步骤 4：出现【指定副本服务器】界面，在【副本服务器】文本框中输入"win2012 –
2"，如图 13–31 所示。这里可以是副本服务器的 NetBIOS 或完全限定的国际域名（FQIDN）。
如果副本服务器是故障转移群集的一部分，需要输入 Hyper – V 副本代理的名称。单击【下
一步】按钮。

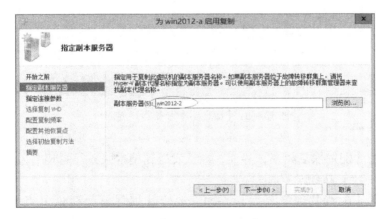

图 13–31　【指定副本服务器】界面

步骤 5：出现【指定连接参数】界面，将自动填充在前面为副本服务器配置的身份验证
和端口设置，前提是远程 WMI（Windows Management Instrumentation，Windows 管理规范）
处于启用状态，如图 13–32 所示。单击【下一步】按钮。

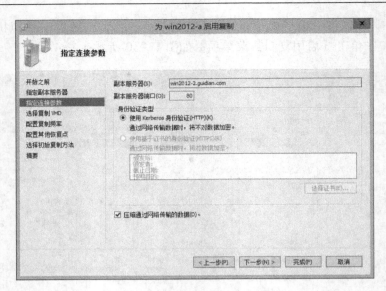

图 13-32　【指定连接参数】界面

步骤 6：出现【选择复制 VHD】界面，清除不希望进行复制的任何 VHD 的复选框，如图 13-33 所示。然后单击【下一步】按钮。

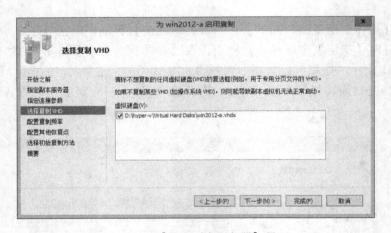

图 13-33　【指定副本服务器】界面

步骤 7：出现【配置恢复频率】界面，默认发送到副本服务器的频率为 5 分钟，使用默认值。单击【下一步】按钮。

步骤 8：出现【配置其他恢复点】界面，选中【仅保留最新恢复点】单选按钮，如图 13-34 所示。然后单击【下一步】按钮。

步骤 9：出现【选择初始复制】界面，在【初始复制方法】选项区选中【通过网络发送初始副本】单选按钮，稍后通过网络进行初始复制，在【计划初始复制】选项区选中【立即启动复制】单选按钮，如图 13-35 所示。然后单击【下一步】按钮。

步骤 10：出现【完成启用复制关系向导】界面，查看【摘要】中的信息，然后单击

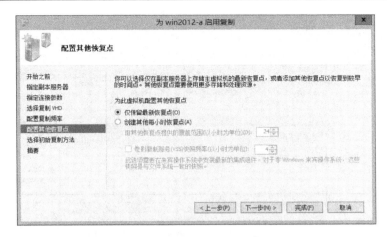

图 13-34　【配置其他恢复点】界面

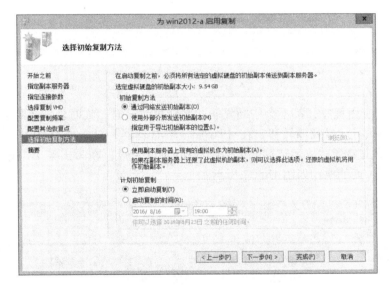

图 13-35　【选择初始复制】界面

【完成】按钮。

　　步骤 11：返回到【Hyper - V 管理器】窗口，在【win2012 - a】窗格中，单击其底部的【复制】标签，可以查看复制状态，如图 13-36 所示。

3. 设置主服务器以接收复制

　　Hyper - V 通常将主服务器上的虚拟机中发生的更改发送给副本服务器，但在故障转移后，它可反向发送数据。从当前的主服务器故障转移到副本服务器后，一旦主服务器重新联机可用，即可将复制方向从副本服务器更改回主服务器。通过此方式，可以为目前用于处理虚拟机负载的副本服务器提供复制保护。

4. 测试故障转移

　　为了确保复制的虚拟机在副本服务器上如同在主服务器上一样正常运行，可以随时执行测试故障转移。当执行测试故障转移时，副本服务器上会创建一个临时的虚拟机。在测试虚

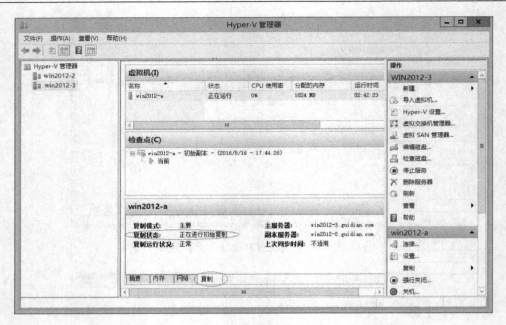

图 13-36　查看复制状态

拟机上运行任何应用程序，都不会中断复制。当结束测试时，临时虚拟机将会被删除。

　　步骤 1：要执行测试故障转移，在【Hyper－V 管理器】的导航窗格中选择【win2012－2】，然后右键单击要测试故障转移的虚拟机【win2012－a】，在弹出菜单中单击【复制】→【测试故障转移】菜单项，如图 13-37 所示。

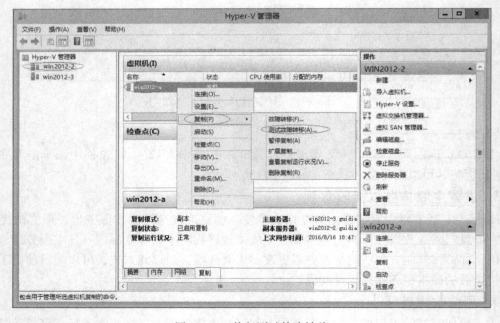

图 13-37　执行测试故障转移

步骤 2：出现【测试故障转移】对话框，如图 13–38 所示，选择要使用的恢复点。这将创建和启动名称为 "win2012 – 1 – 测试" 的虚拟机。单击【测试故障转移】按钮。

步骤 3：在测试虚拟机上进行测试。例如，可以验证虚拟机的启动、暂停和停止，以及虚拟机中的任何应用程序是否正常运行。

步骤 4：在结束了测试之后，右键单击要测试故障转移的虚拟机 win2012 – a，在弹出菜单中单击【复制】→【停止测试故障转移】菜单项，测试虚拟机将被删除。

5. 执行故障转移

如原虚拟机 win2012 – a 出现故障，在副本服务器上执行故障转移。在进行故障转移后，需要将虚拟机重新联机。有可能出现数据丢失的情况，这是因为没有机会在可能尚未复制的主虚拟机上传输更改。执行故障转移的过程如下。

步骤 1：打开【Hyper – V 管理器】并连接到副本服务器。

步骤 2：右键单击虚拟机【win2012 – a】，在弹出菜单中单击【复制】→【故障转移】菜单项。

步骤 3：出现【故障转移】对话框，选择要恢复的快照，如图 13–39 所示。然后单击【故障转移】按钮。【复制状态】将更改为 "故障转移 – 等待完成"，并将使用之前为其配置的网络参数启动该虚拟机。

图 13–38　【测试故障转移】对话框

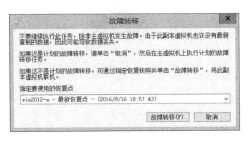

图 13–39　【故障转移】对话框

6. 开始反向复制

副本虚拟机 win2012 – a 在副本服务器上重新联机运行后，它在以后发生故障时不受保护。在服务器重新联机可用时，可以通过启用反向复制回主服务器来提供此保护。

步骤 1：打开【Hyper – V 管理器】并连接到副本服务器。

步骤 2：右键单击要反向复制的虚拟机的名称【win2012 – a】，在弹出菜单中单击【复制】→【反向复制】。

步骤 3：打开【反向复制】向导。根据提示完成反向复制向导，这与之前【启用复制】向导中提供的信息非常相似。

13.6　实训——安装与配置 Hyper – V 服务器

13.6.1　实训目的

① 掌握 Hyper – V 的安装。

② 掌握虚拟机的创建。

③ 掌握虚拟网络的创建与使用。

④ 掌握虚拟机的迁移。

13.6.2　实训环境

实训网络环境如图 13-40 所示（也可在虚拟机中进行），组成的是一个单域网络。

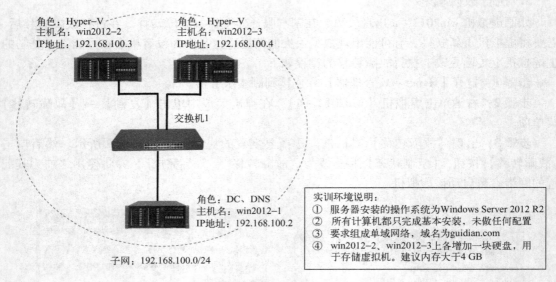

角色：Hyper-V
主机名：win2012-2
IP地址：192.168.100.3

角色：Hyper-V
主机名：win2012-3
IP地址：192.168.100.4

交换机1

角色：DC、DNS
主机名：win2012-1
IP地址：192.168.100.2

实训环境说明：
① 服务器安装的操作系统为Windows Server 2012 R2
② 所有计算机都只完成基本安装，未做任何配置
③ 要求组成单域网络，域名为guidian.com
④ win2012-2、win2012-3上各增加一块硬盘，用于存储虚拟机。建议内存大于4 GB

子网：192.168.100.0/24

图 13-40　安装与配置 Hyper - V 服务器实训环境

13.6.3　实训内容及要求

任务1：配置网络和计算机名。

任务2：在 win2012 - 1 上安装活动目录，并将所有服务器加入活动目录。

任务3：在 win2012 - 2 和 win2012 - 3 上安装 Hyper - V。

任务5：在 win2012 - 2 上创建虚拟机 win2012 - a，连接到外部网络。

任务6：在 win2012 - a 上安装 Windows Server 2012 R2，并配置网络使得可以 ping 通 win2012 - 1。

任务7：将 win2012 - a 由 win2012 - 2 不停机迁移到 win2012 - 3。

任务8：为 win2012 - a 配置故障转移。

习题

一、填空题

1. Hyper - V 需要_____位处理器的支持，并启用硬件辅助的_____。

2. Hyper - V 中的虚拟交换机有_____、_____和_____三种类型。

3．Hyper – V 的 _____功能可不影响用户对虚拟机的使用，将运行中的虚拟机从一台物理服务器移动到另一台。

4．将虚拟机连接到某个虚拟网络，或是将虚拟机由现在的虚拟网络移动到其他虚拟网络，只需要重新将虚拟机连接到_____即可。

二、问答题

1．检查点是否应该用于替代备份？

2．Windows Server 2012 R2 的 Hyper – V 对硬件有哪些要求？

3．如何才能让内部网络中的虚拟机访问到物理网络？

附录 A　英文缩略词

A（address，地址）

ACL（access control list，访问控制列表）

ADDS（active directory domain services，活动目录域服务）

ASP（active server pages，动态服务器页面）

AVMA（automatic virtual machine activation，虚拟机自激活）

BCD（boot configuration data，启动配置数据）

BIOS（basic input output system，基本输入输出系统）

Bootmgr（boot manager，启动管理器）

CSV（cluster shared volume，群集共享卷）

DFS（distributed files system，分布式文件系统）

DHCP（dynamic host configuration protocol，动态主机配置协议）

DMZ（demilitarized zone，非军事区）

DNS（domain name system，域名系统）

FAT（file allocation table，文件分配表）

FQDN（fully qualified domain name，全限定域名）

FTP（file transfer protocol，文件传输协议）

GPO（group policy object，组策略对象）

GPT（globally unique identifier partition table，全局唯一标识磁盘分区表，也称 GUID partition table）

GUI（graphical user interface，图形用户界面）

HTTP（hypertext transfer protocol，超文本传输协议）

IIS（Internet information services，Internet 信息服务）

IMAP4（Internet message access protocol – version 4，Internet 邮件访问协议版本 4）

iSCSI（Internet small computer system interface，Internet 小型计算机系统接口）

KMS（key management services，密钥管理服务）

LAN（local area network，局域网）

LDAP（lightweight directory access protocol，轻量级目录访问协议）

MAK（multiple activation key，多次激活密钥）

MBR（master boot record，主引导记录）

MDA（mail delivery agent，邮件投递代理）

MS（mail storage，邮件存储）

MTA（mail transfer agent，邮件传输代理）

MUA（mail user agent，邮件用户代理）

MX（mail exchanger，邮件交换器）

NAS（network access server，网络访问服务器）

NOS（network operating system，网络操作系统）

NS（name server，名称服务器）

NTFS（new technology file system，新技术文件系统）

OEM（original equipment manufacture，原始设备制造商）

OU（organization unit，组织单元）

OWA（outlook web app，Outlook Web 应用）

PHP（hypertext preprocessor，超文本预处理器）

POP3（post office protocol – version 3，邮局协议版本 3）

PTR（pointer record，指针记录）

RAID（redundant arrays of independent disks，磁盘冗余阵列）

RDP（remote desktop protocol，远程桌面协议）

ReFS（resilient file system，弹性文件系统）

SAS（serial attached SCSI，串行连接 SCSI 简称）

SATA（serial advanced technology attachment，串行 ATA 接口规范）

SCSI（small computer system interface，小型计算机系统接口）

SID（security identifiers，安全标识符）

SMB（server message block，服务器报文块）

SMTP（simple mail transfer protocol，简单邮件传输协议）

SSL（secure sockets layer，安全套接层）

UEFI（unified extensible firmware interface，统一的可扩展固件接口）

UPN（user principal name，用户主体名称）

UPS（uninterruptible power system/uninterruptible power supply，不间断电源）

URL（uniform resource locator，统一资源定位地址）

VDI（virtual desktop infrastructure，虚拟桌面基础架构）

VHD（virtual hard disk，虚拟硬盘）

VHDX（微软 Hyper – V 中的虚拟硬盘标准）

WAN（wide area network，广域网）

WCF（Windows communication foundation，Windows 通信基础）

WINS（Windows internet name service，Windows Internet 名称服务）

WMI（Windows management instrumentation，Windows 管理规范）

参 考 文 献

［1］ 杨云，邹汪平．Windows Server 2008 网络操作系统项目教程．3 版．北京：人民邮电出版社，2015.

［2］ MINASI M. 精通 Windows Server 2008 R2. 张杰良，译．北京：清华大学出版社，2012.

［3］ 戴有炜．Windows Server 2008 R2 网络管理与架站．北京：清华大学出版社，2011.

［4］ 鞠光明．Windows 服务器维护与管理教程与实训．2 版．北京：北京大学出版社，2010.

［5］ 谢希仁．计算机网络．5 版．北京：电子工业出版社，2008.

［6］ https://technet.microsoft.com/zh－cn/library/aa991542.aspx.